重点建设工程施工技术与管理创新 4

北京工程管理科学学会　编

中国建筑工业出版社

图书在版编目（CIP）数据

重点建设工程施工技术与管理创新 4/北京工程管理科学学会编. —北京：中国建筑工业出版社，2010.10

ISBN 978-7-112-12508-1

Ⅰ.①重… Ⅱ.①北… Ⅲ.①建筑工程-工程施工-施工技术-文集 ②建筑工程-施工管理-文集 Ⅳ.①TU7-53

中国版本图书馆 CIP 数据核字（2010）第 188288 号

本书为北京工程管理科学学会推出的《重点建设工程施工技术与管理创新》系列的第 4 本。本册除摘选了本年度优秀的施工技术及项目管理方面的文章外，还增加了纪念学会成立 30 周年的内容。论文内容主要涵盖基坑处理技术、基础工程技术、混凝土结构工程技术、钢结构工程技术、屋面工程技术、专业工程技术、其他技术、城市轨道交通工程技术及管理等方面的经验总结及成功实践。本书可作为广大施工技术及管理人员的工作参考用书。

* * *

责任编辑：刘　江　赵晓菲
责任设计：赵明霞
责任校对：马　赛　关　健

重点建设工程施工技术与管理创新 4
北京工程管理科学学会　编

*

中国建筑工业出版社出版、发行（北京西郊百万庄）
各地新华书店、建筑书店经销
北京红光制版公司制版
北京凌奇印刷有限责任公司印刷

*

开本：787×1092 毫米　1/16　印张：15　字数：365 千字
2010 年 11 月第一版　2010 年 11 月第一次印刷
定价：**35.00** 元
ISBN 978-7-112-12508-1
(19754)

编委会名单

前　言

这本论文集，是学会第六届理事会成立以来编辑出版的第四本论文集。这样，本届理事会在任期内每年编辑出版了一本论文集。

今年的论文集与往年不同。除刊登论文外，增加了纪念学会成立30周年的内容。

2010年，我们迎来学会成立30周年！为了纪念学会成立30周年，学会重要创始人之一、原学会副理事长兼秘书长丛培经教授专门撰写了纪念文章《学术服务30年》，回顾了学会成立以来，在北京市科协领导下，坚持宗旨，践行章程，引领科学，活跃气氛，传承道德，培养人才，服务首都、服务社会、服务企业、服务会员所做的点点滴滴；同时，学会编写了《北京工程管理科学学会大事记（1980～2010）》，详细记录了学会成立与发展的轨迹。经学会六届8次常务理事（扩大）会决定，将以上两篇文章刊登在今年的论文集里，以这样的方式，纪念学会成立30周年，我们从中可以更清楚地了解学会发展的历史，以便继往开来。

今年学会开展的青年优秀论文竞赛活动，各会员单位上报学术论文35篇，经专家评选，编入今年论文集的为33篇，包括基坑处理技术论文2篇、基础工程技术论文1篇、混凝土结构工程技术论文8篇、钢结构工程技术论文3篇、屋面工程技术论文2篇、专业工程技术论文4篇、其他技术论文2篇、城市轨道交通工程技术论文3篇、管理专业论文8篇，全书总计40余万字。

此论文集是会员单位2010年度里自主创新的总结，也是北京工程管理科学学会2010年的主要工作新成果之一，在庆祝学会成立三十周年之际，我们奉献给大家。

北京工程管理科学学会

理事长：田振郁

2010年8月10日

目　录

学术服务30年

丛培经

北京工程管理科学学会成立于1980年7月26日，那时称为北京统筹法研究会，1986年更名为北京统筹与管理科学学会，2006年更名为北京工程管理科学学会（以下称为我会或学会），到2010年7月26日正好走过了30个年头。30年在历史上只是一瞬间，但是对于一个学会来说，能和国家的改革开放几乎同龄，就不算短了，说明他有很强的生命力，这生命力的源泉就是他与祖国的改革开放同呼吸、共命运。《北京工程管理科学学会大事记》记录了30年中学会的主要活动，乍一看来比较琐碎，但认真想来它却是有灵魂的。学会的灵魂是什么呢？那就是学术服务，且这个灵魂可以归纳为以下特征：由专家学者型团队操作，遵循前贤的指引，紧跟政府与科协部署，面向企业与生产，重视科研与创新，大力开展科普与咨询，不断培养年轻型人才和实现服务标准化。下面根据学会的各项活动谈谈这些特征。

团队专家学者型　我会的团队，是专家学者型的，理事会成员近百人，分布在北京地区的高等学校、中央企业、本地企业、中央和地方的研究机构等组织之中，以土木建筑专业的专家学者为主，其中有一批领军人物。在大学里的理事会成员，几乎全是施工组织、企业管理、项目管理、网络计划技术等方面的骨干教师；在企业中的理事会成员，多是总工程师、总经济师或工程管理部门的负责人。这些人掌握科学技术和管理知识，具有事业心、上进心，有学术奉献精神，有号召力和研究开发能力，因此形成了我会敢想、敢干、敏感、高效的团队作风。我会的创始人李庆华先生，具有丰富的建筑施工经验，精通统筹法，有很强的创新能力、沟通能力和奋斗精神，跟随华罗庚先生推广统筹法20年，创办、领导和发展我会及中国建筑学会建筑统筹管理研究会20年，虽非教师，却桃李遍全国，著述颇丰，在北京市科协系统和中国建筑学会的学会秘书长中也属佼佼者。现任理事长田振郁先生，职称是高级经济师，任北京建工集团副总经理，热爱学会工作，坚持研究与实践，对企业管理和工程项目管理有很深的造诣，早在20世纪80年代就在工作之余坚持著述，到目前为止已经主编出版了10多部有关工程管理方面的著述。在第6届理事会的副理事长中，集团企业的总工程师有4人、总经济师有2人；学会聘任的专家组中，教授和教授级高工有近30人，相当于一所普通高等学校的教授总数。

遵循前贤的指引　世界知名数学家华罗庚先生是统筹法的创始人、传播者和实践者。李庆华先生是华罗庚先生推行统筹法时的学生、骨干和忘年交。华罗庚先生在给李庆华先生的信中写道："您这样热爱统筹方法，对我来说是个大鼓舞，我们共同来把这一方法的工作做好，为了社会主义，为了革命，我们把工作做得更好。"又说："你在北京从1965年就开始试点统筹法，成果不少，贵在能坚持下来，下一步怎么搞，你应该牵个头。"华罗庚先生担任了李庆华先生创建的两个学会的名誉理事长，协助学会在北京和全国20多个地区爱好统筹法的专家、学者，不懈地进行研究和推广统筹法的学术服务。李庆华先生为华罗庚先生的《统筹方法平话与补充》提供案例，在华罗庚先生的指导与鼓励下，编写了《统筹方法在建筑施工组织计划中的应用》和其他正式出版的书籍。李庆华先生在退休交班时，还对两个学会的新任秘书长一再嘱咐，把华罗庚先生开创的统筹法事业研究、应用进行下去。30年来，我会始终遵循着华罗庚先生这位前贤的指引而进行学术服务。华罗庚先生1982年12月2日在"中国优选法、统筹法与经济数学研究会咨询工作会议"上把在国民经济中应用数学方法总结为36个字："大统筹，广优选，联运输，精统计，抓质量，理数据，建系统，策发展，利工具，巧计算，重实践，明真理。"可以说，这是华先生创立统筹法和统筹学的核心思想，有着深刻的科学含义和现实意义，非常符合毛主席"统筹兼顾，协调发展"和胡锦涛主席"科学发展观"的思想。我们相信并重视名人效应，以沿着华罗庚先生开辟的统筹法之路前进和发展而自豪。华先生激励我们"为了社会主义，为了革命，把工作做得更好"，为我国的改革和经济社会发展作不懈的努力。

跟紧政府与科协　要为改革和发展服务，就必须适应大环境，密切注意政府对企业的指导和对市场的调控，从中及时发现学会进行学术服务的重点课题和研究方向。学会成立的前10年紧跟国家和建筑业的改革与发展步伐，引进并推广现代化管理方法，及时举办企业急需的讲座和学习班。进入20世纪90年代以后，根据国家搞活大中型企业的号召，倡导开展搞活大中型企业研讨活动和征文活动，得到了北京市市委书记李锡铭同志和市科协领导的支持。根据建筑业发展的需要，我会在全国首先引进了工程项目管理，首先编写出版了《施工项目管理》，积极参与建设系统工程项目管理的推广与创新，编辑出版有关工程管理的图书，参与编写了国家标准《建设工程项目管理规范》，大量进行项目经理培训，进行了监理工程师、造价工程师、项目管理师、IPMP人员、建造师等执业（职业）资格培训和有关教材编写。

北京市科协是我会的上级主管部门，学会遵守科协的各项制度规定，积极完成科协布置的各项工作任务，始终贯彻科协的统一工作部署，每年积极参与北京科技周和学术月活动，积极开展科普活动、学术交流活动、厂会协作活动、"金桥工程"实施、优秀青年论文竞赛等，积极参加科协开展的调研工作和学会改革活动；曾被科协确定为改革试点学会。因此学会多次获得先进学会、表扬学会等称号，获得过"金桥工程"、厂会协作、优秀青年论文竞赛等项的优秀组织奖，出现了较多科协先进人物、获奖人物和典型活动。

面向企业与生产　企业是我会的主要团体会员，也是学会成员中富有经验和活力的专家的载体，是从事生产、管理和经营的组织。面向企业与生产，结合生产为企业提供学术服务是我会的一贯宗旨。我会选择了北京建工集团这个大型企业作为挂靠单位，吸收了许多企业、尤其是北京建筑业企业的精英作为学会的理事，使我会深深地扎根在企业之中，为面向企业和生产构筑了牢固的基础。学会的所有活动几乎都是面向企业和生产的，较大的活动包括：为他们举办学习班和讲座，进行咨询服务，实施"金桥工程"，在多项重点工程上实施厂会协作，总结企业的技术和管理经验并出版书籍等。面向企业和生产容易积聚力量，可以与改革和发展相结合，有利于科学研究和管理创新，大大方便了研究和创新成果的实践以及形成生产力，易于取得实实在在的效果。我会的每项研究和实践成果无一例外地是与企业共同实现的。

重视科研与创新　学会是学术性组织，就应该坚持科研与创新，以科研与创新提供学术服务的资本，为社会做贡献。基于这个认识，加之具有丰厚的知识、技术型人力资源，使我会具备了较强的不断进行科研与创新的能力。我会组织了北京市的建筑企业乃至全国的建筑企业进行了大量的网络计划技术研究与创新，出现了大量的应用统筹法案例；举行了包括115个案例的“网络计划技术方案竞赛展览”“应用计算机编制建筑工程预算专题学术讨论会”和“网络计划计算机软件交流会”，编辑出版了《中国工程网络计划技术大全》，内含研究和实践成果149篇；成功编写了《建设工程项目管理案例精选》，内含工程项目管理案例31项；成功编写了《工程网络计划技术规程》和《网络计划技术》国家标准；发明了流水网络计划和许多新的网络计划方法；编制了网络计划图绘图程序和项目管理系统软件；1994年以后几乎每年召开年会进行学术交流，传播科研成果、项目管理研究成果和重点工程经验总结等；2003年以后每年都有1～2部书籍（论文集）被编辑出版；2008年以后，组织团体会员单位北京建工集团编写出版了《奥运及重点工程建设与管理》资料达8集，共计1000多万字。

服务方式也是需要研究和创新的，我们的原则是与时俱进。进入1990年以后，学会活动及经费来源产生困难，激烈的市场竞争使学会会员的积极性受挫，学术服务处于低谷。为了生存，提出了《学会的生命在于活动》《与时俱进，实现学会活动精品化》《工程项目管理以人为本》等搞活学会的思想。2004年创新了“学会生存发展的‘八字方针’”，即“合作、协作、服务、发展”。“合作”即与有关企业、有关学会、有关协会合作使学会增强力量，优势互补，相互依存，形成规模，共谋发展；“协作”即在明确了某项任务以后，协作各方共同组成一个组织体，努力完成该项任务；“服务”即坚持三个方向的服务——为会员单位服务、为社会服务、为科技发展服务，而以为会员单位服务为主，三者紧密结合；“发展”即学会在“服务”中不断发展，通过发展提高服务水平。坚持这“八字方针”，使我会产生了新的生机。市科协赞扬了我们的这个方针，让我们在北京市学会学研究大会上作典型发言，发言稿被推荐刊登在“华北西北十省自治区直辖市学会研究会第十二届研讨会”印发的论文集之中。

开展科普与咨询　学会在改革发展的大潮中诞生，身处改革发展浪尖之上，立志为改革发展进行学术服务。努力发挥自己学术资源丰厚的优势，随着改革发展的进程，宣传实践统筹法，宣传实践科学管理知识，总结统筹法和科学管理经验，研究、推广和应用工程项目管理，进行科学管理咨询服务等。30年来，举办了统筹法、企业管理、项目管理、招标投标、国际承包、合同管理、施工组织设计、计算机应用、项目经理培训、标准宣贯等方面的学习班200多期，委派专家举办讲座、培训各类人才，累计近3万多人次受益。学会编写出版各类资料图书数十种，影响比较突出的有10多种。

早在1985年，在我国还很少有咨询公司的情况下我会便成立了“北京项目管理咨询中心”，吸收了一批退休老专家参与咨询工作，以他们丰富的经验和学识，成功进行了许多国内外工程的咨询，提高了建设效益。在成功研究网络计划计算机软件和工程项目管理系统软件之后，紧接着又进行了长期、大量的咨询服务。建设行业推行监理制度以后，许多理事成了建设监理行业的骨干人物。部分专家学者以他们的知识和经验成为建设领域各类咨询服务队伍中十分活跃的人物。

培养年轻型人才　北京具有正在快速发展的巨大工程市场，需要大量的高素质的工程管理人才。但是无论从数量上还是质量上，原有的工程管理人才都不能满足生产发展的需要，急需从数量上补充、从素质上提高。看准了市场上这个巨大的潜在需求，学会自成立至今，花大力气围绕青年人才的培养开展了一系列工作。30年来坚持进行培训活动，提高青年人的业务水平。从1994年第三届理事会成立时起，我会就坚持不断发展青年会员，补充青年理事。2006年第六届理事会成立以后，把坚持培养年轻人才作为主业：2007年正是北京奥运工程建设的高峰期，我会不失时机地与建设部科委共同举办了“奥运工程技术与管理系列讲座”，并进行了现场观摩学习；2007年北京学术月期间，围绕“创新·发展·奥运”的主题，组织开展学术交流活动，宣传典型工程成果；积极参与市科协组织的“北京青年优秀科技论文”竞赛活动；自2007年以后每年出版一部《重点工程建设技术与管理创新论文集》，并将持续下去，这对发现和培育青年人才、推动专业交流和经验积累、凝聚会员和促进学会的发展产生积极作用；在2008年北京科技周期间，举办了“国际工程承包管理与技术”研讨会，主题为“携手建设创新型国家——全力打造具有国际竞争能力企业”，树立了北京企业的国际承包形象，为从事海外工程承包人员提供了生产经营和应对承包风险的经验，促进了国际工程管理水平提高；自2006年9月开始，参与了与北京建工集团培训中心、天津理工大学及加拿大魁北克大学共同举办的“项目管理硕士研究生班”（MBA），培养青年海外工程总承包人才和专业管理人才。

实现服务标准化 我会有两大精品学术活动，一是工程网络计划技术，二是工程项目管理技术，研究和实践活动大都是围绕着这两项精品展开的。这两项技术也是两种学问，都是属于世界性的学科，发达国家均有其标准或指导文件，而我国在较长时间该类标准都是空白，极大地影响了它们的发展，亟待对这两项技术标准化，因此我会积极承担了这些任务。1988年立项编制《工程网络计划技术规程》，经过两年的研究和编写，于1991年发布并实施。1990年参与研究编写《网络计划技术》三项国家标准，于1992年发布并实施。1998年我会成员首倡制定国家标准《建设工程项目管理规范》，1999～2000年派成员参与研究与编制，于2002年发布实施。2006年参与修订《建设工程项目管理规范》，于2006年发布实施。2008年参与修订国家标准《网络计划技术》，于2009年发布实施。1999年主持、2010年参与修订《工程网络计划技术规程》。我会成员还倡导实施建筑施工组织设计改革和编制其标准，2009年，《建筑施工组织设计规范》已经颁布实施，实现了我们的愿望。事实证明，标准的实施，把我国相应技术的普及、研究、应用和发展提高到了更高的水平。通过标准化的服务工作，也对世界上相应技术的发展作出了一定贡献。

北京工程管理科学学会大事记

（1980～2010）

1980年以前

北京工程管理科学学会于1980年7月26日成立，当时称为北京统筹法研究会，1986年更名为北京统筹与管理科学学会，2006年更为北京工程管理科学学会。

学会的主要创始人李庆华先生自1965年开始跟随华罗庚先生推广统筹法，为学会的成立做了大量基础工作，下面是李庆华先生的回忆文章摘录：

1965年6月6日华罗庚先生的《统筹方法平话》在《人民日报》上公开发表。1965年7月21日，毛泽东主席给他写了亲笔信，信中说："来信及平话早在外地收到。你现在奋发有为，不为个人而为人民服务，十分欢迎。听说你到西南视察并讲学，大有收获，极为庆幸。专此奉复，敬颂教安！"

我参加了华罗庚先生于1965年6月17日至21日在科学会堂举办的《统筹方法试点训练班》，听华先生亲自授课，学会了统筹法。班上的各组虽然配有中国科技大学的老师和学生当联络员，但是华先生还是要深入到各组查看大作业。大作业主要是绘制工序流线图，因此，我绘制了一所中学教学楼工程施工的工序流线图。这项工程工序多，关系很复杂，但是绘成工序流线图以后，关系非常清楚，图面清晰，华先生看后非常高兴，就把它带走了。后来他告诉我说："你那份大作业我要把它放在《统筹方法平话》书中作为附录，还要你写个文字说明。"

华先生的《统筹方法平话及补充》是在人民日报发表的《统筹方法平话》的基础上补充修改而成的，由中国建筑工业出版社负责印刷出版。为了增加附录的资料，华先生亲自派他的秘书王柱同志到我所在单位与我联系，要求用一号大图纸绘制一张大图，标出时间参数和主要矛盾线。1965年7月1日，我按时完成了华先生交给我的任务，协助华先生于当月出版了《统筹方法平话及补充》。由于《统筹方法平话及补充》受到了读者的热烈欢迎，出版社决定于1965年12月进行第二次印刷，我对第一次印刷的工序流线图进行了整理和修改。1966年5月，《统筹方法平话及补充》出版第二版，附录中的工序流线图采用了我试点的中学工程使用的正式施工总工序流线图，图面的质量有了很大提高，也更加符合实际工程的操作要求。此时，《统筹方法平话及补充》的发行总量已经达到231870册，是当时最受欢迎的畅销书。

1965年7月24日，华先生应邀到我的工作单位北京市五建公司讲授统筹方法。在讲课开始时他说："这个课应该让李庆华讲，他很有建筑施工方面的经验，由他讲更切合实际。"他的这种谦虚品格使在场的我非常感动。1965年8月初，科技大学要组建一个"统筹方法研究室"，华先生亲自找我的领导说："李庆华同志既搞建筑，又懂得统筹方法，是积极分子，肯实干，是比较合适的人选，能不能借给我们？请你们商量一下再告诉我。"

1965 年 9 月 27 日，华先生让我到中国科技情报研究所帮助搞统筹方法展览会，展览会中陈列了一些我的工序流线图、计划表等资料。展览会结束后，编成了《统筹方法国内资料汇编》(1)(2)(3)，我提供的展览资料也在其中。

1965 年 11 月 18 日，华先生从中国科技大学寄给我一封亲笔信，鼓励我把统筹方法用好，他在信中写道："您这样热爱统筹方法，对我来说是个大鼓舞，我们共同来把这一方法的工作做好，为了社会主义，为了革命，我们把工作做得更好。"从此，华先生对我说的"为了社会主义，为了革命，我们把工作做得更好"便成了我毕生的信条。

1965 年 12 月，北京土建学会举办"建筑施工运用统筹方法和工艺改革"学术交流会，我是中心发言人，主题是：(1) 统筹方法的作用；(2) 统筹方法和工艺改革的关系。华先生知道这件事后非常高兴。

1966 年 2 月 17 日～4 月 4 日，国家科委与北京市科协介绍了上海、常州、青岛等地的同志到我们工区向我学习统筹法。到我的工地学习的还有清华大学和同济大学的老师，以及中国建筑科学研究院、北京煤炭设计研究院、北京铁路局等单位的同志，他们都要走了一些资料，在当时的条件下，这些资料都是我自己用铁笔刻蜡版印制的。1966 年 3 月 8 日，北京市政四公司、北京设备安装公司、北京市第六建筑公司共 300 人举办"统筹方法在建筑施工中的应用"学习班，请我前去讲课。华先生对我的做法给予了很大鼓励。

1966 年 4 月，中国科技大学成立了"统筹方法研究室"，还编印了《统筹方法通讯》。1966 年 4 月 27 日，华先生让我到中国科技大学汇报我应用推广统筹法的情况。

我的第一本著作《统筹方法在建筑施工组织计划中的应用》是在华先生的亲切关怀下写成的。我把书稿交给他审核，他于 1966 年 4 月 28 日从中国科技大学写信给我，内容如下："昨天下午带些晚工，把你所写的《统筹方法在建筑施工组织计划中的应用》基本上看完了，这书很好，可以出版。"后因文化大革命开始，书稿被压了下来。直到文化大革命结束后，经建设部建工总局梁国荣局长查找与安排，才于 1977 年 1 月由中国建筑工业出版社正式出版。华先生看到这本书后非常高兴地说道："这本书写得好，实用。"在华先生的鼓励下，我编著或组织编写的正式出版书籍共有 19 部。

1973 年 6 月 4 日，我收到从大庆油田寄来的一封信，信封是华先生写的，其中的内容是他的学生陈德泉写的，他说："华老一直让我们找你未找到，见到你的信后非常高兴。推广统筹法优选法以来，华老越来越忙了。华老 6 月 6～7 日回京，若方便请你到华老家来，请代华老向梁国荣局长等领导问好！向一些老朋友问好！"经过多年的文化大革命干扰而中断的我与华先生的联系到此又恢复了，我又可以听他的教诲了。

1973 年 8 月，我在北京饭店新楼工程现场工作，华先生要去参观新楼。指挥部的总指挥伍子玉局长和我陪同华先生在现场各层参观，特别看了顶层西部，边看边谈。华先生夸奖北京饭店新楼建设中的创新精神，谈到了高层建筑的安全保卫问题，询问了统筹法在北京的推广应用情况。

1976 年粉碎"四人帮"以后，统筹方法开始了新的发展。1977 年华先生已是 67 岁高龄，此后，他走遍了祖国大地，使统筹法广泛应用于工、农业生产的许多领域中，为我国应用数学开辟了一条新的发展途径。

1979 年 2 月 6 日，北京市建筑工程局召开统筹法试点工作会议，我参加了这次会议，会后继续试点。

1979 年 9 月 1 日，北京市建委在第五工人俱乐部召开全市建筑企业应用推广统筹法施工经验交流会，北京市建筑工程局同时举办了统筹法学习班，我在班上讲课。

1979 年 12 月上旬，我组织中国人民大学、清华大学、北京建工学院、湖南大学等高等院校，在北京市住宅二公司双榆树小区工程试点应用统筹法。华先生知道后，非常支持这个试点。

1980 年

1. 1980 年 7 月，在李庆华先生的动议和组织下，《建筑技术》杂志编辑出版了统筹法应用专刊，共有文章共 18 篇，其中包括了华罗庚先生 1964 年所写的《统筹方法概况报告》和同济大学江景波教授等所写的《统筹法在建筑工程中的应用和发展》。

2. 1980 年 7 月 26 日，以李庆华先生为首的学会筹备组组织召开了北京统筹法研究会成立大会，300 多人参加了会议，其中包括许多应邀前来的外省市同志。北京市政府白介夫、韩伯平两位副市长到会祝贺并讲话，号召推广统筹法。研究会聘请华罗庚教授为名誉理事长，北京市建筑工程局伍子玉局长任理事长，副理事长有李庆华、陈德泉（应用数学研究所）、高德亮（北京市城建总公司），李庆华任秘书长（兼）。《北京日报》于 1980 年 7 月 28 日刊登了北京统筹法研究会成立的消息、北京地区推广统筹法的进展情况和取得成绩的报道，同时刊登了《统筹法简介》。研究会隶属于北京市科学技术协会，系北京市一级学会，是社团法人。

3. 由研究会筹备组组织编制的 76 住 1 改工程、78MD$_2$ 工程、大模板高层住宅工程、77 板住 1 工程的通用施工网络计划图编制成功，对统筹法在建筑施工中的应用起到了很大的示范引领作用。

4. 1980 年，李庆华先生最早提出了双代号网络图断路法，是对网络计划技术的创新性贡献。

5. 1980 年 12 月 26～27 日在北京建筑工程学院召开了年会，100 多人出席，伍子玉理事长做工作报告，梁少周、丛培经、王堪之等 9 位同志做学术报告，建工局计划处纪午生介绍建工局推广统筹法的概况。

6. 研究会 1980 年组织专家（学者）到有关单位讲学见下表。

时　间	讲学单位	内　容	主讲人	人　数
4 月 19 日	国家物资总局	统筹法	周炳炎、徐中玲	70
8 月 5 日	北京建工局	统筹法推广情况	陈德泉	500
8 月 18 日～19 日（1.5 天）	北京五建三工区	统筹法	黎　谷	30
8 月 21 日～23 日（3 天）	中建一局	网络计划	李庆华、崔起鸾	200
8 月 21 日～9 月 6 日（4 个半天）	北京五建公司	网络计划	黎　谷	100
9 月 2 日～9 月 4 日（3 天）	北京六建公司	统筹法及其应用	李庆华	200
9 月 13 日（上午）	北京建工局	网络计划优化	丁士昭	30
9 月 13 日（下午）	北京建工局	统筹法及其应用	丁士昭	300
10 月 6 日～11 月 6 日（4 个半天）	北京东城区土建学会	统筹法及其应用	李庆华、丛培经、黎谷	500

续表

时　　间	讲学单位	内　　容	主讲人	人　数
10月10日～11月11日	北京机械公司	统筹法及其应用	李庆华	300
10月10日	北京铁路分局	统筹法及其应用	陈德泉	150
10月10日	北京二建公司	统筹法及其应用	甄衡祥	200

1981年

1.“中国优选法、统筹法与经济数学研究会”成立，华罗庚先生任理事长，我会理事长伍子玉局长任该会副理事长。

2.1981年11月5～8日，在北京召开第一次全国建筑统筹法施工经验交流会。组织者是中国建筑学会施工学术委员会和北京统筹法研究会，187位来自全国26个省（直辖市、自治区）、14个中央部、基建工程兵、20所大专院校、8个科研单位以及一些新闻出版部门的代表参加会议，大会收到论文78篇。北京统筹法研究会理事长伍子玉主持会议，国家建工总局施工局局长梁国荣总结发言，国家建工总局总工程师吴世鹤和施工局总工程师汪受衷讲话。会上，成立了“中国建筑统筹管理研究会”筹委会，李庆华任筹委会秘书长。

3. 编辑《统筹法在工程中的应用》一书，其中收录了全国统筹法施工经验交流会的44篇稿件计25万字，由《建筑技术》编辑部印刷出版，发行15000册。

4. 组织人员到四川、云南、青海、甘肃、河北、山西等地进行讲学和调研，听取成立全国性统筹管理研究会的意见，得到了各地建委（建设厅）的支持。

5. 研究会1981年组织专家（学者）到有关单位讲学见下表。

时　　间	讲学单位	内　　容	主讲人	人　数
1月10日	国家建工总局施工组织设计班	统筹法在施工组织设计中的应用	李庆华	200
2月26日	北京建工局施工组织设计班	统筹法在施工组织设计中的应用	李庆华	50
9月28日～10月4日	北京建工局工程技术人员培训班	网络计划技术	李庆华 张婀娜	90
11月16日～12月4日	北京市政局工程技术人员培训班	网络计划技术	李庆华	46
12月1日	七机部基建局干部学习班	网络计划技术	李庆华	40
1月14日～11月8日	在京举办学习班	统筹法训练（每期10～15天）	研究会的专家	480

1982年

1. 1982年3月23～27日，河北水利学会的《系统工程在引滦工程上的应用研究报告》评议会在天津召开，李庆华秘书长受国家建工总局施工局汪受衷总工程师委托代表他参加会议并表示祝贺。

2. 1982年7月12日～8月7日在全国妇女干校举办的全国统筹法理论和应用研究提高班，培训骨干人员262人，动员了全国的教师24人，华罗庚教授于8月3日作了“统筹法应用”报告，并与学员进行座谈讨论。

3. 华罗庚教授1982年12月2日在“中国优选法、统筹法与经济数学研究会咨询工作会议”上谈在国民经济中应用数学方法的36个字是：大统筹，广优选，联运输，精统计，抓质量，理数据，建系统，策发展，利工具，巧计算，重实践，明真理。

4. 在1982年12月14～28日举办的统筹法学习班上，请联邦德国专家维因克曼讲授建筑工程管理、网络计划在联邦德国的应用和实例，并举行座谈。

5. 研究会1982年组织专家（学者）到有关单位讲学见下表。

时 间	讲学单位	内 容	主讲人	人 数
2月2日～3日（各半天）	北京市西城区土建学会	统筹法在施工组织设计中的应用	李庆华	70
3月9日～4月27日（8讲）	北京市市政工程局统计训练班	网络计划技术	李庆华	50
3月29日	西安冶金建筑学院应届毕业生	统筹法在施工中的应用	李庆华	90
3月30日～31日	第一构件厂工长班	网络计划绘图	丛培经	50
4月1日～2日	北京交通运输局	线性规划学习班	徐中玲，田克俊	40
4月5日～7日	北京交通运输局	网络计划	徐中玲，田克俊	40
1月11日～12月28日	举办学习班	统筹法训练（每期10～15天）	研究会的专家	2509

1983年

1. 1983年1月6日，李庆华先生到华罗庚先生家探望，华先生赞扬并鼓励他说：“你在北京从1965年就开始试点统筹法，成果不少，你贵在能坚持下来。下一步怎么搞，你应该牵个头。”

2. 1983年2月22～24日，在北京召开了第二次建筑统筹法施工经验交流会，来自全国的26个省（直辖市、自治区）、6个中央部、有关大专院校共23个单位的110多位代表参加会议，大会收到论文35篇。国家建工总局施工局局长梁国荣作总结发言，国家建工总局总工程师吴世鹤和建工总局施工局总工程师汪受衷、中国运筹学会秘书长桂湘云、中国科学院应用数学研究所吴方出席，吴世鹤和桂湘云讲话。李庆华汇报了统筹法研究和推广应用的新情况。

3. 1983年2月25日，在筹备组进行了四次工作会议、进行了充分准备和酝酿的基础上召开会议，83个单位的110多位代表到会，成立了“中国建筑学会建筑统筹管理研究会”，它是在全国建筑行业推广统筹法施工的学术组织。华罗庚先生被聘为名誉理事长，吴世鹤被聘为顾问，汪受衷任理事长，伍子玉、凌崇光（华南理工学院教授）、江景波（同济大学教授）、童芝荪（北京建工局副局长）、李庆华任副理事长，李庆华兼任秘书长，下设学术委员会、咨询服务部、编辑出版委员会、组织委员会。在这个研究会的组织与引领下，全国有20多个省（直辖市、自治区）陆续成立了建筑统筹管理研究会。

4. 1983年4月1～9日，统筹法研究会请同济大学丁士昭老师在苏州举办建筑工程项目管理学习班，期间，联邦德国专家维因克曼讲了两讲。之后，组织詹锡奇、杜训、丛培经等整理了讲课内容，成书《建筑工程项目管理》。这是我国推广工程项目管理的首次活动，开创了我国推广工程项目管理之路。

5. 1983年4月8～12日，在苏州召开"流水网络与搭接网络讨论会"，33位代表参加会议，收到论文15篇。会议推进了该两种网络计划方法的研究和应用。

6. 1983年，北京与全国两个学会成立了"统筹法应用与管理编辑组"，出版了《统筹与管理科学》杂志，先后出版了5期。

7. 1983年8月，在兰州召开"统筹法应用管理"学术讨论会，50人参加会议，汪受衷主持，建设部部长戴念慈致词，交流论文30篇。

8. 1983年11月30日～12月5日，在四川省峨眉市西南交大召开"工程成本、时间、资源优化研讨会"，25人到会。

9. 1983年4月开始，在北京举办"网络计划技术方案竞赛展览"，共展出网络计划方案115件，展出期间参观人数达1000多人，采取群众投票和评审委员会评审的办法，评出二、三等奖19件，鼓励奖11件，对获奖者颁发了证书和奖金。展品还在山西、安徽、湖北、湖南、河南等地巡回展出。

10. 1983年12月在广州市华南工学院召开"计算机在网络计划中的应用讨论会"，30人到会。

11. 经学会联系，学会委派徐中玲、田克俊二人到北京运输公司各厂进行调研和咨询，用数学方法减少货车空载，形成专著《运输工作中的数学方法》。

12. 研究会1983年组织专家（学者）到有关单位讲学见下表。

时　间	讲学单位	内　容	主讲人	人　数
1月11日～2月26日	北京市市政局工程师进修干校	管理科学	田克俊、佟一哲黎谷、卢谦等	40
3月1日～3日	中央党校	统筹法	田克俊	40
3月3日～5日	化工部基建局	网络计划技术	李庆华，卢谦	180
4月12日	西南交大毕业设计	高层建筑网络计划编制	李庆华	30
5月18日～6月6日	冶金部基建局13冶	网络计划	郑大谦、冯桂烜、马国顺	96
5月10日～6月21日	北京市政局工程师进修干校	管理科学	梁绍周、卢谦、田克俊、佟一哲等	40
8月19日～25日	山西省领导干部学习班	统筹法	郑大谦	100
11月14日～28日	安徽统筹法学习班	统筹法	李庆华	100

注：佟一哲、卢谦、梁绍周是清华大学教授；冯桂烜是19冶的工程师；马国顺是13冶的工程师；黎谷是中国人民大学的教授；郑大谦是太原工学院的教授；田克俊是中科院应用数学研究所的研究人员。

13. 研究会1983年举办的主要学习班见下表。

时　　间	讲课单位或地点	内　　容	人　　数
3月14日～18日	重庆建筑工程学院	法国专家布鲁塞尔讲工程项目管理	100
4月4日～23日	山西省建委	统筹法理论与应用	140
7月26日～8月20日	北京市	统筹法与工程项目管理	264
12月2日～25日	邯郸市、煤炭部基建局	网络计划技术	86

1984年

1. 1984年，中国建筑工业出版社出版了由北京统筹法研究会组织专家编写的《统筹法与施工计划管理》一书，以后多次大量印刷，为各地建筑行业举办统筹法培训班、大专院校的师生提供了实用教材。

2. 1984年5月14～19日，在华南工学院召开网络计划计算机软件交流会，60人到会，收到论文和软件22份。

3. 1984年11月5～8日，在湖北省沙市市召开“全国群体网络计划学术交流会”，102个单位的141位代表出席，收到论文32篇。

4. 1984年12月，北京统筹法研究会与北京市计算中心合作编制的《绘制网络计划图程序》完成，通过专家鉴定。它是国内首个网络图绘图程序，解决了网络计划绘图和调整的难题。桂湘云等专家的评价是“达到国内领先水平”。华罗庚先生听说此事时，非常高兴地说：“这样就可以绘制大图纸，较好地解决了上百个节点的网络图快速绘图、计算时间参数、找主要矛盾线的问题；可以向全国推销，举办学习班。”后来，北京统筹法研究会与北京市计算中心合作成立了“电脑开发部”，不断改进、升级了这个软件。

5. 研究会1984年举办的主要学习班见下表。

时　　间	讲课单位或地点	内　　容	人　　数
2月9日～29日	中建二局	统筹与科学管理	60
3月10日～31日	煤炭部	网络计划技术	115
4月2日～24日	北京市	计算机应用基础知识	56
4月3日～5月10日	北京市	施工企业经济管理干部辅导讲座	60
6月9日～7月14日	北京市	计算机应用培训班	96
6月11日～30日	邯郸市、煤炭部建筑安装公司	网络计划学习班	60
7月16日～8月20日	北京市商业管理干部学院	网络计划与计算机培训班	186
8月22日～25日	华北电管局	总工程师学习班	40

1985年

1. 1985年5月，北京市科协批准我会成立“北京项目管理咨询中心”，吸收了一批退休老专家开展工程咨询工作，为学会开展科技咨询服务和为学会生存的经济需求提供了保证。

2. 1984年沙市会议的论文编辑成为《全国群体网络计划学术交流会论文集》，于1985年6月出版发行。

3. 1985年9月1日，北京项目管理咨询中心承接了中国国际贸易中心工程的咨询，任务是为基础工程进行国际招标与评标，成功完成后受到了业主和承包商的一致好评。

4. 8月在南昌召开了计算机应用成果交流会。

5. 1985年10月，宝钢13冶技术处马国顺工程师致胡耀邦同志一封信，并附所编《网络计划技术》等四册书，建议"把网络计划技术的推广应用列入国民经济发展计划，并在建筑业中首先试行，在宝钢二期工程中全面推广应用网络计划技术"。10月27日，胡耀邦同志亲笔署名批示"转经委参阅"。经委袁宝华同志批示："拟同意马国顺的建议，请企协及企业局阅后送德瑛、元靖同志阅处，稿登《工作动态》。"德瑛同志批示："请克文同志和施工局抓紧贯彻。"国家计委编制了推广网络计划的规划，加大推广力度和广度。自此，开启了又一轮学习网络计划技术的高潮。

6. 北京统筹法研究会成立4年来，共编辑出版各类资料57种计200万字，发行15万册。

7. 学会组织专家（学者）到有关单位讲学见下表。

时　间	讲学单位	内　容	主讲人	人　数
8月25日～9月6日	淮南市	网络计划技术与微机应用	李荣林 钱昆润	47
9月7日～11日	淮南市	招标投标	童明亮	80

注：李荣林是北京市计算中心的工程师；钱昆润是南京工学院教授；童明亮是安徽省工程师。

8. 研究会1985年举办的主要学习班见下表。

时　间	讲课单位或地点	内　容	人　数
1月10日～25日	长春市	网络计划、招投标、计算机应用学习班	120
3月11日～13日	华北电管局	总工程师学习班	45
3月20日～4月6日	北京市、中建一局礼堂	建筑工程应用程序学习班	34
4月8日～5月11日	山西省煤炭化工研究所	现代化管理	28
4月10日～16日	中建一局	钢筋翻样程序设计学习班	16
4月24日～5月15日	马鞍山钢铁公司	网络计划技术提高班	120
5月15日～25日	北京市、中建一局礼堂	招投标学习班	279
7月23日～8月2日	北京市	绘制网络图程序学习班	10

1986年

1. 1986年年初，北京市科协召开第三次代表大会，李庆华秘书长当选为第三届北京市科协委员。

2. 为了规范名称和加强管理，经北京市科协批准确定，北京统筹法研究会更名为北京统筹与管理科学学会，学会的原来性质不变。

3. 1986 年 9 月 15～19 日，在郑州召开“应用计算机编制建筑工程预算专题学术讨论会”，收到论文 19 篇。

4. 1986 年 9 月，城乡建设与环境保护部编辑出版《中国建筑技术政策》，其中登载了李庆华的文章《国内外网络计划技术应用和我国的发展目标》和高拯的文章《网络计划技术在建筑企业的应用》。

5. 1986 年 10 月 8 日，在合肥市召开中国建筑学会统筹管理研究会第二次会员代表大会，成立第二届理事会，名誉理事长杨慎（建设部总会计师），理事长江景波（同济大学校长），副理事长孙尚高（建设部施工管理司）、童芝荪、卢谦、周延丰（云南）、李庆华，秘书长李庆华（兼）。

6.《计算机绘制网络计划图程序》获得北京市科技进步二等奖。

7. 学会组织专家（学者）到有关单位讲学见下表。

时　间	讲学单位	内　容	主讲人	人　数
4 月 15 日～29 日	铁四局三处（淮南市）	计算机绘制网络图	李荣林、姜跃妮	36
5 月 13 日～5 月 20 日	鞍钢建设公司	计算机绘制网络图	李荣林、宋宪臣等	40
5 月 21 日～5 月 27 日	沈阳市三建公司	计算机绘制网络图	李荣林	10
6 月 27 日～7 月 9 日	青海省建筑总公司	工程预算程序	王堪之	49
7 月 10 日～7 月 25 日	铁四局（合肥市）	网络计划技术与计算机绘图	李荣林、赵国富	26
9 月 5 日～24 日	铁四局四处（合肥市）	网络与计算机绘图	李荣林、赵国富	24

注：李荣林、宋宪臣、姜跃妮、赵国富是北京计算中心的工程师；王堪之是中建北京建筑研究院的工程师。

8. 学会举办的主要学习班见下表。

时　间	讲课单位或地点	内　容	人　数
2 月 24 日～28 日	建设部招待所	联邦德国专家西蒙兹讲授工程项目管理	177
3 月 7 日～13 日	广州市科技馆	联邦德国专家西蒙兹讲授工程项目管理	170
4 月 11 日～13 日	邯郸市	网络计划技术	50
7 月 25 日～8 月 23 日	北京商业管理干部学院	落实胡耀邦同志关于推广应用网络计划技术的批示	187
10 月 7 日～27 日	安徽省黄山市	现代化管理学习班	98
12 月 10 日～17 日	煤炭部礼堂	网络计划学习班	118

1987 年

1. 2 月 21 学会换届，成立第二届理事会。童芝荪任理事长，副理事长有李庆华、万嗣铨（建委副主任）、张连生（北京市政局局长）、谷宝贵（北京机械管理学院院长），李庆华兼任秘书长，副秘书长有魏绥臣、赵国栋，常务理事有冯允成（北京航空航天大学教授）、吴之明（清华大学教授）、徐伟宣（中科院应用数学研究所研究人员）、侯宝珠（北京市一商局计划处长），聘请伍子玉为名誉理事长、陈德泉（中科院应用数学研究所研究人员）为顾问。

2. 1987 年 8 月 9～7 日，在同济大学召开“工程项目管理专题讨论会”，成立“中国建筑学会建筑统筹管理研究会高校建筑管理学科研究会”，江景波教授为名誉理事长，潘宝根教授为理事长，林知炎教授为秘书长。

3. 学会继续在北京市和全国举办网络计划、项目管理、招投标、计算机应用等学习班。

4. 1987 年 11 月 9 日，我会在给北京市科协的汇报中提供了下表中的活动情况。

	年　份	咨询项目	合同金额（元）
咨询服务	1986	15	71880
	1987	13	131090
	小　计	28	202471
	年　份	编辑材料种类（字数）	印　数
编辑出版	1986	7（81.8 万字）	4150
	1987	3（1.3 万字）	700
	小　计	10（33.1 万字）	4850

5. 学会 1987 年组织专家（学者）到有关单位讲学情况见下表。

时　间	讲学单位	内　容	主讲人	人　数
1 月 12 日～20 日	攀钢	计算机绘制网络图	陆卫国	50
3 月～4 月	北京	计算机绘制网络图	李荣林等	50
5 月 5 日～21 日	北京	项目管理	李庆华	40
10 月 8 日～20 日	杭州	计算机绘制网络图	李荣林等	50
9 月 7 日～12 日	北京	网络计划	陈家祥、丛培经	100

1988 年

1. 1988 年年初，我会被市科协评为 1986～1987 年先进学会。

2. 1988 年 2 月 10 日召开了 1988 年迎春学术年会，会议中童芝荪理事长作工作报告，进行了学术交流，召开了全体理事会，增补了理事，表扬了学会先进工作者和会员积极分子，96 人到会。会议收到论文 13 篇，4 位作者进行大会发言。

3. 1988 年初，学会的项目管理咨询中心为也门阿拉公路项目进行的评标咨询服务，被北京市科协评为 1987 年最佳学会活动；学会的国际工程招标投标培训，也被北京市科协评为 1987 年最佳学会活动。

4. 1988 年 12 月 24 日，张青林给北京统筹与管理科学学会做施工企业改革报告。

5. 立项编制《网络计划技术规程》，获建设部批准。

6. 1988 年由中国对外经济贸易咨询公司编辑、纺织工业出版社出版的《世界咨询业名录》第 11 页中，介绍了“北京统筹与管理科学学会项目管理咨询中心”的业务范围、组织机构和业绩举要。

7. 1988 年的培训活动情况见下表。

时　间	讲课单位或地点	内　容	人　数
5 月 9 日～20 日	北京电力设备自动化厂招待所	建设工程招标投标学习班	66
5 月 9 日～20 日	安徽省休宁县	屋面和地下防水学习班	80
5 月 27 日～6 月 5 日	北京城建总公司党校	建设工程招标投标学习班	84
8 月 9 日～24 日	北京电力设备自动化厂招待所	施工项目管理研讨班，张青林应邀到会作项目法施工的报告	50
8 月 13 日～24 日	北京市委党校招待所	国际招标学习班	102

1989 年

1. 1989 年 1 月 10～12 日在徐州市召开“中国建筑学会建筑统筹管理研究会年会”，80 人到会，会议收到学术论文及经验资料 38 篇。

2. 1989 年 2 月开始，为北京市建筑装饰公司施工的亮马河饭店装修工程咨询，编制网络计划。

3. 1989 年 4 月，学会在京举办建设监理报告会。

4. 1989 年 5 月 11～20 日，在海南三亚市举办“海南投资开发研讨会”，由李燧雄、胡文经组织，共 19 人到会。

5. 我会的北京项目管理咨询中心举办国际建筑市场信息发布会，18 个对外企业参加。

6. 我会举行国际承包市场发展趋势报告会，李庆华作报告，100 多人参加。

7. 1989 年 4 月下旬，在重庆建筑大学召开《工程网络计划技术规程》首次编写工作会议。

8. 1989 年 10 月，北京统筹与管理科学学会与北京计算中心合作编制成功《项目管理绘图软件》，通过了专家鉴定。该项目获得了北京市科技进步二等奖，并在北京、上海、四川等 30 多个单位应用，取得显著经济效益。

9. 1989 年 11 月在北京召开《工程网络计划技术规程》初稿讨论会，会后着手编写第二稿。

10. 1989 年共举办 3 期国际工程招投标学习班，培训学员 100 多名。

1990 年

1. 我会在北京市首先发起开展“增强首都大中型企业活力研讨活动”，由学会办公室主任姜务本组织，得到了市委李锡铭书记的批示。副会长谷宝贵、办公室主任姜务本等发表“增强首都大中企业的活力”的有关文章，被《学会信息》刊登。

2. 1990 年 4 月下旬在湖南大学讨论《工程网络计划技术规程》第二稿，形成了送审稿。

3. 1990 年 10 月下旬，在北京召开《工程网络计划技术规程》送审稿审定会，专家的评议意见写道："这项标准是国内第一本达到国际同类标准水平的网络计划技术标准。"

4. 1990 年 11 月 12～16 日，中国建筑学会建筑统筹管理研究会在武汉市召开第三届会员代表大会，成立了第三届理事会，名誉理事长为杨慎、江景波，理事长是张青林，副理事长有郑坤生、万嗣铨、卢谦、崔起鸾、丁士昭、李庆华，秘书长李庆华（兼），副秘书长有魏绥臣、丛培经、王堪之、丁以珍、冯桂烜、叶树新。

5. 1990 年 10 月在北京举办了"网络计划技术软件竞赛"，15 个单位参赛，通过专家评审评出一等奖软件 1 个、二等奖软件 2 个、三等奖软件 5 个。

6. 我会与北京市计算中心合编的《项目管理计算机绘图系统软件》获北京地区优秀软件奖。

7. 1990 年举办的主要学习班的情况见下表。

时　　间	讲课单位或地点	内　　容	人　　数
4 月 9 日～21 日	北京建筑工程学院	基本建设与监理实务学习班	42
5 月 18 日～30 日	北京建筑工程学院	国际工程投标与承包管理学习班	35
5 月 21 日～6 月 2 日	北京建筑工程学院	基本建设与监理实务学习班	23
6 月 17 日～27 日	北京市委党校	项目法施工与施工企业改革研讨班	56
7 月 25 日～8 月 18 日	北京建筑工程学院	国际工程投标报价与劳务承包学习班	29
10 月 23 日～12 月 11 日	北京市机械公司	网络计划技术学习班（4 个半天）	55
11 月 1 日～9 日	北京市市政四公司	网络计划技术学习班	52

1991 年

1. 我会被北京市科协评为 1990～1991 年先进学会。

2. 年初，北京市科协召开第四次代表大会，秘书长李庆华同志连任市科协委员。

3. 1991 年 1 月 20 日，我会召开增强首都大中型企业活力研讨会，北京住宅总公司李占歧同志报告该公司的改革及利康（搬家公司和烤鸭店）三产的开拓和发展。

4. 1991 年 4 月 27～30 日，中国建筑学会建筑统筹管理研究会秘书长工作会议在福建省福州市召开，围绕以经济建设为中心，进一步活跃学术气氛，做好研究会的工作进行研讨。

5. 1991 年 8 月 19～21 日，《网络计划技术常用术语》《网络计划技术网络图画法的一般规定》《网络计划技术在项目计划管理中应用的一般程序》三项国家标准审查会议召开，审查通过了这三项标准，主要结论是：三项标准的制定填补了该领域的国内空白；三项标准具有科学性、系统性和实用性。

6. 1991 年 9 月 24～26 日，北京市科协学会部和科学学研究会学会研究专业委员会联合召开第三届学会工作与改革研讨会，以"生存和发展"为主题进行交流和讨论，我会发表了《加强学会自身建设，提高学会工作质量》一文，此文刊登在会后编辑的《学会工作研讨会论文集》中。

7. 1991 年建设部发布《工程网络计划技术规程》（JGJ/T 121—1991）。

8. 1991 年 8 月 14～15 日，在大连办班宣贯《网络计划技术》国家标准（GB/T13400.1～3）。

9. 1991 年 4 月，我国第一本《施工项目管理》一书由我会编写成功，由北京工业大学出版社出版。

10. 1991 年 10 月 15 日，我会与科技日报理论部联合举办了为期两周的“新技术、新产品开发、推广与应用”研讨班，参加人员主要是各级政府部门、企事业单位负责科技工作的领导和科技开发管理人员。

11. 1991 年 12 月 16～17 日在北京人民机械厂举行“增强首都大中型企业活力”研讨会，43 个大中型企业共 88 人到会。这是我会配合市科协召开的会议，副理事长谷宝贵发言，题目是“推行企业管理整体优化，促进企业技术进步”。

12. 到 1991 年底，项目管理咨询中心完成的咨询项目有：中国国际贸易中心、国防工业出版社、突尼斯青年之家、约旦哈桑木旺国体育城、南也门阿拉公路、苏丹恩涂满医院、苏丹粮仓、首都宾馆、金朗大酒店、山东彩电中心、深圳汕尾开发区、民族发展大厦、亮马河大厦等 26 项工程的有关咨询任务。

13. 我会倡导开展的“增强首都大中型企业活力研讨活动”活动被科协评为 1990 年最佳学会活动。

14. 1991 年举办的主要学习班见下表。

时　间	讲课单位或地点	内　容	人　数
5 月 19 日～6 月 20 日	北京商业学院	施工项目管理培训班	94
8 月 10 日～23 日	北京邮电学院	施工项目管理学习班	91
10 月 16 日～30 日	北京民政三产招待所	新技术新产品开发推广应用研讨班	24
12 月 19 日～28 日	北京建工学院图书馆	建设工程招投标与工程合同管理学习班	85

1992 年

1. 我会倡导、市科协征文的《科技进步与企业活力》一书出版，其中刊载了后勤学院我会理事（中国军事统筹管理研究会秘书长）刘天禄老师的《统筹主要矛盾，搞好大中型企业》、副理事长谷宝贵的《推行企业管理整体优化，促进企业技术进步》，以及办公室主任姜务本的文章。

2. 我会的“施工企业项目经理制的推广”获市科协“金桥工程”二等奖。

3. 丛培经副秘书长的《学会的生命在于活动》一文获首届学会学研究会优秀论文奖。

4. 1992 年 7 月 1 日《工程网络计划技术规程》实施。

5. 1992 年在银川召开全国学会秘书长工作会议，研究推广《工程网络计划技术规程》和国家标准《网络计划技术》，同时派丛培经教授为宁夏建设厅和中卫县建筑公司讲授“项目法施工”。

6. 1992 年举办的主要学习班见下表：

时　　间	讲课单位或地点	内　　容	人　数
1月13日～25日	北京商业学院	国际工程投标报价学习班	46
5月18日～30日	北京商业学院	建设工程项目管理和工程合同管理学习班	68
8月25日～9月5日	北京商业学院	房地产开发经营业务讲习班	29
10月5日～11日	北京商业学院	网络计划技术规程和国家标准师资培训班	47
12月8日～16日	北京商业学院	《工程网络计划技术规程》学习班	45

1993年

1. 1993年7月，《中国网络计划技术大全》由中国建筑学会建筑统筹管理研究会编、地震出版社出版，李庆华为主编。该书包括了自1965年以来在建筑领域从事统筹法推广应用的专家的研究和实践成果，共149篇文章，计1730千字。为了纪念华罗庚先生开创我国应用数学事业和推广统筹方法的功绩，缅怀他“为了革命，为了社会主义”的一生，在这本书的第一部分辑录了他的三篇重要著作：《统筹方法概况报告》《统筹方法平话及补充》《参加安顺第一次统筹方法训练班的一些体会》。

2. 1993年7月14至16日在北京商业学院召开全国学会秘书长工作会议，交流活动情况并讨论新形势下如何搞活学会工作。

3. 1993年举办学习班的重点是宣贯《工程网络计划技术规程》和《网络计划技术》国家标准，包括：

（1）1993年4月8至19日，在北京粮食干校举办建设项目管理及工程网络计划技术规程学习班；

（2）1993年8月上旬，学会与国家技术监督局编码研究所合作在威海市办班，宣贯网络计划技术标准；

（3）1993年11月24至29日，学会在郑州办班，宣贯网络计划技术《规程》与《标准》。

4. 年终，我会被北京市科协评为1992至1993年表扬学会，办公室主任姜务本被评为先进学会工作者。

1994年

1. 1994年8月在哈尔滨市召开中国建筑学会建筑统筹管理研究会第四次会员代表大会，38个单位的132名代表到会。会议成立了第四届委员会；理事长姚兵（建设部建筑业司司长），副理事长李庆华、郑坤生（建设部城乡建设司司长）、丁士昭、崔起鸾、丛培经、魏绥臣。常务理事杨荣良（重庆）、胡凤荣（冶金部）、孙代安（湖北）、王绍裘（安徽），秘书长魏绥臣（兼）。

2. 副理事长李庆华在哈尔滨会议的工作报告中说：10多年来，围绕各个时期的中心工作在全国举办学术报告会200多场，听众达2万多人次；举办全国性的学术交流活动10多次，提出论文500多篇，参加讨论和交流的有1000多人；为中国人民大学、清华大学、湖南大学、天津大学、同济大学、东南大学、阜新矿业学院、包头钢铁学院、太原工学院、北方交通大学等高等学校研究生论文撰写及课题应用提供指导，参加研究生论文评审和论文答辩委员会的工作；为高校教师晋升级别和工程师晋升高级职称提供咨询和评审；编写教材 95 种，计 476 万字，印刷发行量达 20 多万册。这是对我会为社会所作贡献的基本统计数据。

3. 1994 年 11 月 9 日，北京统筹与管理科学学会进行了改选换届，成立第三届理事会。张寿岩（北京市建委副主任）任理事长，副理事长有赵恩祥（北京建工总公司副总经理）、郁志桐（北京城建集团副总经理）、郝有诗（北京住宅总公司副总经理）、张闽（北京市政局副局长）、丛培经（北京建工学院教授）、魏绥臣（建设部信息中心研究员）、徐伟宣（中国科学院科技政策管理科研所所长）、甄衡祥（四通公司副总裁）、王殿平（北京城乡建设总公司副总经理）、姜惠比（国际经济合作公司总经理）、谷宝贵（北京机械管理干部学院院长）、朱嬿（清华大学教授）、郎荣燊（中国人民大学教授，系主任），秘书长丛培经（兼），副秘书长有：孙铸九（建工局）、王堪之（北京中建建科院）、龚士杰（中建一局副总工）、张婀娜（中国人民大学教授）、周治云（北京城乡总公司副处长）、赵俊国（北京住宅总公司副处长），李庆华被聘为名誉理事长。

4. 为北京建工集团宣贯国家标准《网络计划技术》和《工程网络计划技术规程》，共 100 余人听讲。

1995 年

1. 参与中国建筑经济学术委员会和中国建筑学会建筑统筹管理研究会联合发起的项目管理和贯彻 ISO—9000（1994）系列标准的有奖征文活动，收到稿件 28 篇，共评出优秀论文 5 篇。

2. 自 1995 年 4 月开始，继续在北京市政工程局、中建一局、北京城建总公司举办网络计划技术培训班，宣讲国家标准《网络计划技术》和《网络计划技术规程》，培训学员 300 多人。

3. 1995 年 6 月建设部监建便字（95）7 号文批准中国建筑学会建筑统筹管理研究会为建筑施工企业项目经理培训点。文件要求培训工作按下列统一要求操作：制定切实措施，加强培训管理工作，认真组织教学、考试和发证；培训计划和教学计划报监理司审核同意后方可开班；培训考试合格者颁发统一印制的全国建筑施工企业项目经理培训合格证书，证书编号采用统一号；每期学员毕业后，将名单成绩报建设部工程建设处。

4. 在建设部建筑业司的主持下，编写了 6 本项目经理培训教材，我会参加编写的有副理事长兼秘书长丛培经、副理事长朱嬿、副秘书长张婀娜、理事王瑞芝，丛培经是统稿人。

5. 我会在 9 月下旬正式开始培训施工企业项目经理，培训老师全部是我会成员，包括丛培经、王孝忠、朱嬿、张婀娜、王瑞芝、魏绥臣等，培训时间按建设部要求不少于 240 学时。本年共举办 4 期培训班，培训学员 200 多人

6. 1995 年 12 月 14 日学会在北京城乡建设集团总公司召开了会常务理事会会议，到会者共 23 人，会议邀请学会顾问童芝荪出席会议，张寿岩理事长主持，主要内容如下：

（1）副理事长兼秘书长丛培经汇报 1995 年工作总结；副理事长魏绥臣报告 1996 年度工作计划（草案）；副秘书长兼组织委员会主任庄佑美宣读增补人选：北京医院原基建处处长、高级经济师郭松婉和北京市城乡建设委员会工程处副处长孔繁和为理事、常务理

事、副秘书长；北京建工学院成人教育部主任王秀华副教授和北京建筑装饰设计工程公司高级统计师华隆慎为理事。

（2）理事长张寿岩指示：外地来经注册施工队伍达 54 万多人，其素质好坏将直接影响本市工程质量，因此要加大力度加强培训，提高素质。我会过去为施工企业培训了大批人才，而且现在正为企业培训项目经理，因此要发挥培训人才的优势，为建筑企业培训人才作贡献。建委决定争取在 2～3 年内把北京及外地来京建筑施工企业工长以上的骨干培训完，还要培训高级人才。学会要下大力气协助市建委有关部门做好培训工作，向企业推广科学管理方法。学会要吸取中青年成员，要创办实体。

7. 常务理事会召开后，学会办公室补充了工作人员，专职人员 4 人：郭松婉任办公室主任，利湘云任会计，刘玉兰任出纳，史美荣为办事员；副理事长丛培经、魏绥臣为兼职工作人员。

8. 学会责成庄佑英、丛培经负责创办实体。经过半年的努力，成立了“北京瑞艺建筑装饰工程有限公司”，8 月 24 日领取营业执照，10 月份开始经营，办公地址设在北京商学院内。丛培经任董事长，庄佑英任总经理。聘任李大鹏为工程部经理，韩敏任会计。后来聘任于志田任总工，负责招揽任务。

9. 1995 年 7 月 4 至 6 日在沙市参加中国建筑学会统筹管理分会秘书长工作会议，理事长姚兵参加并主持，我会丛培经、魏绥臣、王堪之、朱嫣等参加会议。姚兵在发言中指示说，“学会的生命在活动，活动的生命在效果”，这话成了我会在此之后的工作指导思想。

1996 年

1. 1996 年 1 月 26 日在北京城建集团召开了 1995 年年会暨学术交流会。

2. 学会发挥人才优势，抓住机遇为北京市建筑企业培训人才作贡献，培训项目经理。培训班设专人管理学员，监督检查学员的出勤和教室纪律。1996 年共举办了 5 期项目经理培训班，培训项目经理 600 多人。

3. 1996 年我会向科协上报的“金桥工程”项目是“推行项目管理”。北京建工集团一建公司三立大厦工程和马官营住宅小区工程提高效益 140 万元，北京建工五建公司名人广场工程获得效益 180 万元，安外 3 号楼获效益 200 万元。“推行项目管理”荣获市科协 1996 年“金桥工程”二等奖。学会荣获市科协“金桥工程”组织一等奖。

4. 由学会副秘书长王堪之高级工程师为首研究开发成功“建筑工程项目辅助管理软件”，把工程预算和网络计划联成一体，做到资源共享，有很强的屏幕编辑及自助数据处理功能，可进行网络分级镶套和数据拼接，进行强制时限调整，分割刷新网络计划，有精确的日历系统；可绘制工期成本关系“S”形曲线和甘特图，可提供收效性好的多种资源优化。

5. 学会副理事长朱嫣教授编写的《计算机在施工项目管理中的应用》一书出版，书中系统地介绍了目前在我国建筑业研制成功的各种项目管理软件系统及其应用，有很好的学习和应用价值。

6. 由会员单位北京梦龙科技开发公司研制的“智能化项目管理软件系统 PERT”进一步完善和优化，在 1996 年 10 月召开的安装协会计算机软件推广会上获得一等奖；他们新开发的一批应用软件系统投入使用，包括 8 个管理子系统。

7. 中国建筑学会建筑统筹管理研究会 1996 年 7 月在浙江省召开“工程项目管理学术研讨会”，我会有 7 名会员参加了会议，4 篇论文在大会上交流；同年 8 月，该学会在京召开了秘书长工作会议，会上交流了各省市学会开展学术活动的经验。

8. 1996 年 10 月中国建筑业协会组织了海峡两岸营建业合作交流活动，我会有 3 位会员参加，丛培经副理事长及王瑞芝理事提交了论文并在大会上交流。

9. 1996 年市建委教育处连续发布两个文件指示加强工程项目经理培训，提出了教材、学时、收费、考试、证书的“五统一”要求，对 1996 年 6 月 1 日之前培训合格人员的证书，要进行验证注册，非北京市培训的人员要先补课后注册。我会为此而努力取得市建委项目经理的培训资格，市建委教育处涂克保处长两次批示同意，但由于其他原因，终不见效。

1997 年

1. 年初，我会副理事长兼秘书长丛培经在北京市科协第五次代表大会上当选为北京市科协第五届委员会委员。学会获 1995～1996 年北京市科学技术协会先进集体一等奖。

2. 在北京住宅三公司的赞助下，1996 年年会暨学术交流会于 1 月在北京商学院召开，副理事长兼秘书长丛培经传达北京市科协五次代表大会精神，副理事长魏绥臣报告 1997 年学会工作计划（草案），副秘书长郭松婉汇报 1996 年学会工作，大会共收到论文资料 13 篇，其作者受到大会表扬，其中 8 篇作大会发言。丛培经秘书长发表了《论施工组织设计标准化》的创新性论文。

3. 本年上报科协“金桥工程”的项目是：北京梦龙科技开发公司“智能化项目管理系统”在北京市六建公司、北京市房管一公司及韩村河建筑集团公司的应用；“项目经理责任制”在北京市第一建筑工程公司、第三建筑工程公司推广，取得效益 1300 多万元。这两项成果获北京市科协 1997 年度“金桥工程”二等奖。

4. 在 1997 年北京市科技周活动中，我会共进行三项活动：一是组织大型报告会，邀请建设部总工程师姚兵在建委礼堂作报告，报告的题目是“大型企业管理理论的创新与实践”，共 200 多人到会；二是丛培经教授为三峡工程拆迁委员会作“建设程序”的报告；三是丛培经教授和王瑞芝教授为华北电管局作“施工组织设计”和“合同管理”的报告。

5. 郭松婉副秘书长参加北京学会学研究会学术研讨会，郭松婉副秘书长当选为理事。丛培经副理事长兼秘书长的论文“论学会的生命在于活动”获奖，并被推荐到“西北、华北十省市学会研究会第九届学术交流会”，收入在论文集中。

6. 1997 年 4 月份立项，组织修订《工程网络计划技术规程》，目的是：使之符合新的规范编写标准；增加搭接网络；取消有时限的网络计划；修改符号表达方式；更正小错误。

7. 于 1997 年 10 月份召开了学会秘书长工作会议，由秘书长丛培经传达和组织学习中国共产党第十五次代表大会有关科学技术部分文件；副秘书长郭松婉传达学会学研究会首届学术交流会精神及中国科协学会部马阳部长的讲话；丛培经秘书长汇报 1998 年学会工作的设想。市科协辛俊兴副主席到会并讲话，他说：“北京统筹学会在无上级拨款的条件下工作做得颇有成绩；今后应把科技工作者建议工作和季谈会的工作做得更好一些；统筹学会推行项目管理和网络计划技术软件为企业搭了桥，工作卓有成效；今后教授、科技工作者、施工单位要更加紧密地结合地在一起，特别要搞好学术交流。”

8. 1997 年 11 月 24 日，北京市科协在首都宾馆举行市属学会首批 8 对“千厂千会”协作活动单位签字仪式，北京电视台进行了晚间报导。我会是被批准的首批协作单位之一，内容是与北京建工集团总公司在东方广场工程就应用网络计划技术和项目管理进行协作，工程结束后进行该大型工程的管理经验总结。

9. 1997 年 11 月 26 日召开了常务理事会会议，由副理事长兼秘书长丛培经汇报 1997 年工作总结，副理事长魏绥臣作 1998 工作计划（草案）报告，组织委员会主任庄佑英宣布增补北方交大王瑞芝教授为理事，北京梦龙科技开发公司总工程师鞠成立为常务理事。

10. 常务理事会讨论通过了成立监事会，选举常务理事、副秘书长孔繁和任监事会主任，常务理事、副秘书长张婀娜为副主任，理事司连奎任委员。北京市科协学会部部长于欣荣到会讲了话，他说：“科协下属 150 个学会都具有人才优势，统筹学会更具人才优势。在座的常务理事都要为学会出力。统筹学会很有活力，能在变革中不断地调整，能在市场经济条件下抓住项目经理培训的机遇，充分发挥人才优势，使学会工作做得很有起色。学会的发展关键靠自身努力，应有危机感，要多方开发、谋发展。学会要靠学术活动使大家团结在一起，互相交流与学习，给会员提供机遇。提倡各学会走出去与境外交流。只有开展活动才能联络人才，才有凝聚力。”

11. 接受北京市社团办和市科协对学会的清理整顿工作，主要是资质和财务的整顿。我会在清整中进行了财务审查，建立了财务月报表，注册资金由原来三万元增至五万元。建立了财务和固定资产管理制度。经过两个多月的自审和审计，顺利通过了整顿。

12. 1997 年年终，我学会被市科协评为先进学会、先进统计单位，秘书长丛培经被评为先进秘书长，副理事长魏绥臣获《科协信息》表扬奖。

13. 由于对网络计划技术及其计算机技术的推广应用和东方广场工程实施项目经理责任制取得成绩，学会获 1996～1997 年度“金桥工程”组织工作二等奖。

14. 北京建工集团总公司被北京市科协评为“先进挂靠单位”。

1998 年

1. 继续举办项目经理培训班，培训对象是外地来京施工企业的项目经理。新培训对象较原培训对象文化水平低，工地离市区较远，因此老师讲课进行了改进：关键部分重点反复讲几次，以加深学员的认识；严格考勤制度，凡迟到 3 次、缺课 3 天以上者不发给毕业证书。本年共举办了三期培训班，培训项目经理 330 人。

2. 1 月 19 日召开了 1997 年年会暨学术交流会，会上总结了 1997 年工作；表彰了以下 6 名 1997 年度学会先进工作者并颁发了奖状：北京建工集团二建公司孙长合；北京建工集团五建公司吕望平；北京建工集团三建公司刘桂湘；北京城建集团总公司谭晓春、邹声柱、范利泉。大会交流论文 8 篇。

3.《工程网络计划技术规程》(JGJ/T 121—1991) 已经实施 8 年，根据发展的需要，学会及时立项修订，并开展了紧张的修订工作。

1999 年

1. 1999 年 4 月，中国科协和国家经贸委在大连市召开厂会协作经验交流会，我会丛培经秘书长和田振郁副理事长（北京建工集团副总经理）、工程部副部长俞振江参加会议，捧回了我会获得的“厂会协作优秀组织奖”。

2. 1999年北京科技周的主题是“环境连着你和我”。期间，与市建委及北京汇标企业管理顾问有限公司合作，聘请中国环境科学院清洁首席专家、汇标公司的顾问尹荣楼教授在北京市建委礼堂作报告，题目是“保护环境从我做起”。市科协贺慧玲副主席出席了报告会。

3. 1999年11月30日，北京统筹与管理科学学会召开第四次会员代表大会，成立第四届理事会。张寿岩任理事长，副理事长有：丛培经、朱嫱、吴培庆、郁志桐、钱信庚（北京住宅集团）、徐伟宣、焦润明（中建一局集团）、张闽（北京市政集团）、张婀娜、赵恩祥、魏绥臣，秘书长丛培经（兼），副秘书长：王堪之、孔繁和、刘书杰、陈鹏、胡风容、郭松婉、张道慷、章伯麟、张月福、赵俊国、鞠成立，李庆华为名誉理事长，下设学术委员会、组织委员会、咨询委员会、推广委员会、培训委员会。办公室主任为郭松婉（兼），监事会由孔繁和（主任）、张婀娜（副主任）、司连奎组成。

4. 1999年9月，我会被中国建筑业协会工程项目管理委员会授予“项目经理培训优秀组织奖”。

5. 完成了《工程网络计划技术规程》修改的报批稿。

6. 我会被北京市科协评为1998～1999先进学会；获“金桥工程”组织工作三等奖项目为孙辰、尹斌的《在北京市推进实施ISO 14000环境管理体系的建议》；副理事长兼秘书长丛培经被市科协评为1998～1999年度最佳秘书长。

2000年

1. 2000年2月1日发布了修改版的《工程网络计划技术规程》(JGJ/T 121—1999)。

2. 李庆华主编的《工程网络计划技术规程教程》由中国建筑工业出版社出版发行。

3. 在京举办了一期《规程》宣贯师资班；分4期对北京城建、住总、市政、城乡集团进行宣贯。《规程》的内容已经纳入了项目经理系列培训教材及有关我会参与编写的项目经理书籍之中。

4. 2000年4月，以北京梦龙公司编著的程序应用为主的“网络计划计算机技术应用”，获市科协“金桥工程”项目三等奖；学会获“金桥工程”优秀组织奖。

5. 2000年4月，北京建工集团获得市科协颁发的“先进挂靠单位奖”。

6. 2000年参与“第五届北京优秀青年论文竞赛”活动，参赛论文共有5篇；学会获得“第五届北京优秀青年论文组织奖”。

2001年

1. 在2001年5月20日科技周期间，我会召开了工程索赔研讨会，5位同志在会上宣读了论文。此次活动有利于推动北京市开展工程索赔业务。

2. 我会参加2001（第6届）北京市优秀青年论文竞赛活动，收到论文7篇，报送2篇。

3. 2001年6月下旬，我会为国家计委物资储备局举办《建设工程监理规范》培训班，期间丁士昭教授从同济大学应聘前来讲课一天，来自全国的该系统94人听课，效果很好，得到了该局领导非常高的评价。

4. 我会3位教授（丛培经、张婀娜、王瑞芝）和1位高级经济师（孙佐平）参与编写的《建设工程项目管理规范》（GB/T 50326—2001）编写成功，已经上报报批稿。

5. 2001年9月18日召开了“2001年年会暨学术月学术交流会”，122人到会，印发了学术文件28篇，5篇论文进行了大会发言，我会理事、著名项目管理专家、清华大学吴之明教授作中心发言，题目是：“谈谈对我国工程项目管理的管理”。

在学术月期间的其他活动如下：（1）举办了两期项目经理培训班，培训学员282名；为信息产业部举办《建设工程监理规范》学习班，学员42名；（2）请专家宣讲“项目管理规范化”，320人听讲；（3）与来大陆的台湾学者6人交流“建筑业发展和项目管理”。

6. 完成了在东方广场工程上进行的厂会协作，丛培经秘书长在市科协召开的大会上介绍了协作经验。

7. 年终，学会获得了北京市科协的2000～2001年度表扬学会奖，郭松婉被市科协评为先进工作者。

8. 按照市科协和社团办的要求，进行了制度建设，补充了6项制度：民主决策制度、财务管理制度、考核奖励制度、重大事故报告制度、接受使用捐赠制度和监事会工作制度。

2002年

1. 2002年5月15～16日，在北京建工集团党校举办国际工程承包讲座，建工集团65人参加学习。11月15日由杨俊杰教授级高工讲“加入WTO后建筑业的对策”；11月16日由东南大学成虎教授讲“国际工程承包合同”。

2. 2002年7月1日，在北京建工集团公司二楼会议室召开常务理事会会议，推荐学会新一届理事人选，征集在学术年会上交流的学会论文。

3. 2002年8月，丛培经秘书长参加了在太原市举行的“华北、西北10省（直辖市、自治区）学会研究会”研讨活动，我会提交的论文题目是“与时俱进，实现学会活动精品化”，已被收入了论文集。

4. 2002年9月26日，与北京建工集团签订二次“厂会协作”协议，协作内容是“首都博物馆新馆工程的项目管理研究与实践”。

5. 在2002年学术月期间，我会于9月18日在北京城建集团总公司礼堂召开第五次会员代表大会暨学术年会，100人到会，无记名投票选举理事、常务理事，修改了学会章程。会议收到了以创新为主题的学术论文82篇；进行大会交流的论文12篇。三位专家发言，题目是：项目管理在国际上的发展（蔡晨）、协同项目管理平台（鞠成立）、项目管理在国内的新发展（郁志桐）。北京市科协贺惠玲副主席出席并发言，对新一届学会理事会的工作作出了重要指示。

6. 第五届理事会人选如下：理事94人；理事长郁志桐；常务副理事长田振郁；副理事长丛培经、张闽、朱嫣、吴培庆、张家明、焦润明、蔡晨（中科院管理政策研究所）、鞠成立；秘书长丛培经（兼）；常务秘书长董肖恒（兼）；副秘书长于钦新、孔繁和、刘书杰、宋涛、陈鹏、张国昌、董英华。设以下委员会：学术委员会（主任郁志桐）、组织委员会（主任田振郁）、咨询委员会（主任张家明）、培训委员会（主任丛培经）；监事会

（主任孔繁和）；办公室主任董肖恒；名誉理事长：张寿岩、李庆华；顾问：王孝忠、王堪之、王瑞芝、吴之明、杜端甫、陈家祥、张婀娜、赵恩祥、徐伟宣、魏绥臣。

7. 2002年11月18日在北京建工集团二楼会议室召开秘书长工作会议，研究2003年学会工作计划：

（1）完成与建工集团在首都博物馆工程的“厂会协作”任务。

（2）组织编写两本书：《成功施工项目管理案例》和《优秀施工组织设计实例汇编》。

（3）参与中国建筑业协会工程项目管理专业委员会编写《中国工程项目管理知识体系》。

8. 2002年的培训活动如下：

（1）设立了“IPMP（工程）”培训点。

（2）与团体会员“梦龙科技（集团）有限公司”合作设立培训点，培训“项目管理师”。

（3）成功举办了三期项目经理继续教育培训班，宣贯《建设工程项目管理规范》，600多人次听讲。

9. 2002年12月14日在北京建工集团召开常务理事会会议，18位常务理事参加，决定事项如下：

（1）各委员会要做好计划内的工作和研究性、方向性的工作；

（2）扩大我会的组织领域，吸收开发系统、建材系统、民营系统、城区和郊区的企业加入我会；

（3）以创新为立足点开展工作，挖掘学者型兼企业家型的退休人员输送给学会；

（4）通过学术活动、培训、咨询、建立实体等创收，以支持学会的活动开支；

（5）进一步调动常务理事们的工作积极性。

10. 2002年4月25日，在福州市召开中国建筑学会建筑统筹管理分会常务理事会扩大会议，传达中国科协关于推进全国性学会改革的意见，确定第五届理事会理事推选原则和名额分配，决定正副理事长和秘书长建议名单、理事会下属组织机构；落实换届会的时间、地点和学术交流的主题。

11. 2002年8月，中国建筑学会建筑统筹管理分会在上海举行换届会议，产生第五届理事会：理事长丁士昭，副理事长丛培经、朱嫦、杨荣良、冯桂烜、杨春宁；秘书长冯桂烜（兼）。顾问：姚兵、郑坤生、杨慎、卢谦。常务理事丁士昭、丛培经、朱嫦、杨荣良、冯桂烜、杨春宁、丁浩、陆军玲、谢发明、罗福周、陈宇彤、徐兴忠、邓铁军、刘志才、丁烈云、田振郁、魏承坚。其中丛培经、朱嫦、于钦新、田振郁、刘伊生（2003年补）、王秀娟（后退出）为北京学会的理事。挂靠单位是同济大学工程管理研究所。秘书处迁至上海挂靠单位处。成立资深专家委员会，主任李庆华，副主任崔起鸾，会后又增补了卢谦、杨劲、钱昆潤、魏绥臣、王堪之、叶树新、王绍裘。

自此，结束了北京统筹与管理科学学会与中国建筑学会建筑统筹管理分会秘书处人员、财务合一的局面。会后，丛培经秘书长与冯桂烜秘书长在北京办理了相关移交手续，并共同到中国建筑学会向领导汇报。我会财务向统筹分会汇款10000元作为其启动经费。

2003年

1. 我会会员杨波的论文《高聚物纤维对改善混凝土性能的分析与应用》获第7届优

秀青年科技论文三等奖，文言的论文《北京市二环路改造工程现况 道路路面大修施工技术》获第7届优秀青年科技论文表扬奖。

2. 2003年1月28日，学会提出申请增设“项目管理委员会”的请示报告，经北京市社会团体管理办公室批复同意。

3. 2003年2月14日在学会办公室召开了学术委员会专业会议，理事长兼学术委员会主任郁志桐主持会议，就学会2003年计划中确定的组织编写《成功施工项目管理案例》等学术问题的落实进行了讨论，达成以下共识：

（1）成立《成功施工项目管理案例》编委会，由郁志桐理事长任主任和主编，田振郁、丛培经任副主任和副主编，其他常务理事和学术委员会全体委员均为编委，聘请张寿岩、李庆华两位名誉理事长为顾问。

（2）由学会的团体会员——各集团公司出面组织，提供1990年以来、尤其是1995年以来的优秀项目管理案例，按原计划实施。

4. 2003年3月17日，根据中国科协学发字［2002］062号文件“关于建立全国性学会学科带头人和科技专家库的通知”的要求，我会的科技专家和学科带头人填了表格，共计15人填表，其中科技专家12人，学科带头人3人。3个学科带头人是：李庆华（工程网络计划技术）、丛培经（工程项目管理）、魏绥臣（计算机应用）。

5. 2003年3月19～22日，举办《建设工程项目管理规范》培训班，共培训138人。

6. 2003年6月14日在北京建工集团召开了项目管理委员会和培训委员会联合会议，19人到会，会议内容如下：

（1）讨论并确定了项目管理委员会的8项职责，研究如何开展工作；

（2）研究启动建造师考前培训和IPMP认证培训；

（3）研究编写《工程建设研究与创新》书籍，学会包销3000册；

（4）加快编写《成功施工项目管理案例》；

（5）建立学会网站，努力实现学会工作网络化。

7. 2003年8月6日，在北京市政集团总公司会议室召开秘书长工作会议，会议内容如下：由秘书长汇报学会近期工作；研究落实“科技周”和“学术月”活动安排；“金桥工程”立项；研究学会的网站建设并推荐信息员。

8. 2003年的科研与著作如下：

（1）为响应第七届北京优秀青年科技论文评选，在我会范围内征集了72篇论文。其中给予学会奖的有24篇，上报市科协的有5篇。

（2）在征集优秀青年科技论文的基础上，共收集了175篇论文，经筛选，有126篇被汇编成书，由中国建筑工业出版社出版，书名为《工程建设研究与创新》，计928千字，分为10个子集，发行3000册。该书是继10年前我会编著《中国网络计划技术大全》之后的又一篇大型著作，不但内容丰富，而且体现了我会会员很高的研究能力和创新精神。

（3）我会丛培经、张婀娜两位教授参与编写的《中国工程项目管理知识体系》一书出版，共1056千字，是“国际（工程）项目管理人员（IPMP）资质认证”的指定教学用书和考核依据。

（4）部分成员参与编写的《全国建设工程项目经理继续教育培训教材》已出版，共90万字，发行5000册。

（5）张婀娜等学者作为主力成员参加了劳动部管理的国家职业资格“项目管理师”的标准制定和教材编写工作。进行该项考前培训的 22 名特聘专家库中，有我会的专家 10 名，占 45%。这项培训和认证工作已经进行了一年，且已经在全国推广，很受欢迎。

9. 经过努力，我会已经取得了以下培训资格：项目经理培训、项目经理继续教育培训、IPMP（工程）培训、“国家职业资格项目管理师认证”的考前培训。

10. 4 月和 10 月分别对两期 IPMP（工程）人员进行了考前培训。

11. 学会购置了计算机、打印机、多媒体投影仪等，设立了邮箱（BTCXH@163.COM），设立网址（WWW.BTCXH.COM），因此向自动化办公迈出了一大步。

12. 2003 年 11 月 26 日上午，在北京科技活动中心召开了 2003 年年会暨学术月学术报告会，共 102 人出席会议，市科协学会部武纯朴同志代表市科协、市建委范魁元总经济师代表市建委出席会议并讲话，郁志桐理事长主持了开幕式和发奖仪式。会议圆满完成了以下议程：

（1）副理事长兼秘书长丛培经进行 2003 年学会工作总结，提出了 2004 年学会工作建议。

（2）表扬了 14 位学会先进工作者并颁发证书和奖品。

（3）奖励了 24 篇优秀青年科技论文作者。

（4）公布了北京市科学技术协会奖励和表彰的 5 篇论文的作者。

（5）副理事长朱嬿教授代表《工程建设研究与创新》编委会进行该书的首发式献词。

（6）有 7 位同志分别代表 7 家集团公司的领导进行了有关企业管理与改革的学术报告。

（7）向全体到会者赠送了《工程建设研究与创新》《建设工程项目管理规范培训讲座》（丛培经编著）、《建筑业企业工程项目管理实用手册》（孙志强编著）三本书。

（8）举行了五届二次常务理事会会议，通过了增补顾问及理事建议，讨论了副理事长兼秘书长丛培经在会议上所作 2003 年工作总结和 2004 年工作建议报告。

（9）增补两名顾问：北京市建委总经济师范魁元，北京医院原基建处处长郭松婉高级经济师；增补 5 位理事：北京市市政总公司计划部副部长刘卫功、北京航空航天大学教授杨爱华教授、中铁十六局集团公司副总经理兼总经济师覃正标、北京建筑业企业经营管理研究会副秘书长王志勤、北京城乡建设集团工程管理部工程师廖益林。

13. 2003 年 8 月 23～24 日，在上海召开中国建筑学会建筑统筹管理分会学术年会，会议完成了 10 项议程。我会的理事会成员丛培经、朱嬿、王堪之参加了会议。

2004 年

1. 2004 年 1 月 7 日召开了常务理事及顾问联席会议，由秘书长丛培经汇报工作，研究了 2004 年的工作计划，举行了 2005 年春节茶话会。

2. 2004 年 1 月 11～13 日，与“招投标网”在哈尔滨合办“工程量清单报价培训班”，秘书长丛培经参与讲课。

3. 2004 年 2 月 11 日，与建设部信息培训中心在哈尔滨联合举办一级建造师考前培训班，学员 100 多人。

4. 2004 年 2 月 16 日，填写社会团体年度检查报告书报市科协进行年检。本次年检顺利通过。

5. 2004年2月17日，我会丛培经、周长安二人参与鉴定北京市广联达公司的成本管理软件。

6. 2004年4月15日，召开常务理事会，研究建造师考前培训和科技周活动。

7. 2004年4月中旬填写了北京市科协印发的《关于进行北京科技类社团挂靠状况调查的通知》中要求的表格。

8. 2004年4月26～29日，秘书长丛培经参与北京市建委组织进行的一级建造师的评审。

9. 2004年5月16～17日举行"第三届国际工程项目管理高峰论坛"，我会是承办单位之一，理事长郁志桐应邀在大会主席台上就座；秘书长丛培经向大会提交了论文《工程总承包项目风险管理》；我会编著的《工程建设研究与创新》一书在大会上进行交流并获得了好评。这是我会参办的第一次大型国际性学术活动，参加会议的包括中、印、英、日、韩、港五国六方的460名人员，就国际工程项目管理进行了大会交流和小会研讨，并印发了论文集。

10. 2004年5月20日上午，我会在北京建工集团第四会议室召开了常务理事会会议，理事长郁志桐、常务副理事长田振郁、常务理事和特邀人士共20人出席，会议由郁志桐理事长主持，完成了以下议程：副理事长兼秘书长丛培经汇报2005年前5个月学会的工作；传达贯彻和印发北京市科协［2004］17号《关于举办第七届科技交流学术月活动的安排》和《关于征集报送科技工作者建议的通知》；研究筹备10月份的学术月活动；研究和部署开展建造师培训工作。会议作出以下决定：

（1）参会人员按科协布置的重点，积极撰写并在本单位征集科技工作者建议，于8月底报送学会。

（2）定于10月23日召开"2004年年会暨学术交流会"，作为我会参加第七届科技交流学术月的重点活动，执行科协确定的"以人为本，科学发展"的活动主题。会议内容是：发行学会编辑的图书《工程项目管理案例精选》；发送正式出版的论文集，进行学术报告，进行表彰活动。

（3）组成一支高水平的师资队伍，采取单独办班、合作培训、接受委托等方式，开展一级建造师执业资格考前培训。6月下旬开始与北京建工学院继续教育培训中心合作办班。

（4）根据北京建工集团的要求，讨论同意吸收北京建工集团副总经济师郭延红高级经济师为我会理事，并增选为学会副理事长。

11. 2004年6月3日，为国家发改委提供一级建造师培训咨询。

12. 2004年6月10日，为中建集团和建筑业协会工程项目管理委员会的建造师师资培训班授课。

13. 2004年7月初，郭松婉作为理事参加了北京学会学研究会的第三届学术研讨会。7月23日～28日，丛培经、郭松婉二人参加了在乌鲁木齐市举行的"华北、西北十省市自治区学会研究会会议"，提供的论文是丛培经撰写的《坚持学会生存发展的"八字方针"》，并被录入该会论文集。

14. 我会的多名专家参加了全国房屋建筑工程专业一级和二级建造师考试大纲、考试用书、考试辅导教材的编写；参加了建设部组织编写的《建筑企业主要负责人、项目负责人、专职安全生产管理人员安全生产培训考核教材》的编写。为进行建造师考前培训，我会组成了14人讲师团。

15. 北京市大兴区中天职业技能培训中心加入我会，使我会具备了在北京市进行职业技能培训的资格并在10月初得到了北京市建委考核办的确认，包括项目经理、质量员、安全员、材料员、工长等近10种人员的培训资格。北京建设网已经登录了我会培训建造师和各种职业技能人员的信息。

16. 2004年我会与北京建工学院成人教育部、邮电建设公司培训中心、建设部信息中心、北京市昌平区建委等联合举办一级建造师培训班，共培训300多人。

17. 2004年9月，由常务副理事长田振郁主编的《北京东方广场工程管理与施工技术》，由中国建筑工业出版社正式出版，其中有97篇文章，计593千字。

18. 2004年10月23日，在北京建工大厦举办学术月活动，成功召开了“2004年年会暨学术报告会”，有80多位代表参加了会议。常务副理事长田振郁主持会议，副理事长兼秘书长丛培经作学会工作报告，总结了2004年的10项重要活动，对2005年的工作提出了10项建议；学会常务理事、北京市建委副总经济师林萌代表市建委发言；表彰6名先进个人和7名优秀论文作者，有5人在大会上发言；赠送了学会编辑的论文集《以人为本，科学发展》。2004年11月30日《学会信息》和科协的《一周情况》报道了我会的这次年会情况。《以人为本，科学发展》中含论文28篇，分为“以人为本”“工程承包管理”“工程项目管理”“管理与改革”四个部分，也包含了厂会协作项目首都博物馆工程的年度活动总结。

19. 2004年3～11月，秘书长丛培经参与并完成了北京市科协组织的“北京市科技类学会挂靠问题调研”并完成了调研报告。

20. 2004年12月3日，学会向北京市科协上报北京城建集团任明忠的专家建议《建设新北京，建好奥运工程——建筑企业应进行管理创新》。

2005年

1. 2005年1月12日，按照北京市科协《关于加强学会建设促进学会改革的意见》的通知，填写了科协学会部布置的评估指标。

2. 2005年2月18～21日，为浙江省嘉兴市建筑培训中心举办一级建造师考前培训班，共有85人参加学习。

3. 2005年3月，按科协指示，为北京市高级专家数据库信息更新提供资料和照片。

4. 2005年3月21日，填写社会团体年度检查报告书进行年检，后获得一次通过。连续两年一次通过年检，2006年我会可免于年检。

5. 2005年3月26日在北京建工三建礼堂举办了《建设工程施工分包招标投标管理办法》学习班，130人参加学习。

6. 2005年4月5日，为北京建工三建举办二级建造师考前培训班，共有37人参加学习。

7. 2005年4月22日在北京建工三建举办了《建设工程施工合同纠纷案件适用法律》学习班，有56人参加学习。

8. 2005 年 4 月 22 日在北京建工大厦召开常务理事会扩大会议，16 人出席，郁志桐理事长主持，丛培经秘书长汇报了学会近期的工作情况，田振郁常务副理事长就组织建设提出了建议，张寿岩名誉理事长就更好开展学会工作做了重要讲话。会议经过认真讨论和研究，做出了以下决定：

(1) 同意秘书长关于今年工作计划的建议。

(2) 增补建工集团研究发展部部长李惠平为学会理事并选为副秘书长；增补中天培训中心主任刘桂湘为理事并任办公室主任，免去董肖恒办公室主任职务（已退休）。

(3) 请各团体会员单位根据实际情况推荐调整理事，尽量使理事会年轻化。为了壮大学会力量，建议理事们推荐年轻会员报理事会。

(4) 在会员中征文，参加第八届北京优秀青年科技论文评选活动。

(5) 在 10 月份学术月期间，召开学会年会。会前，围绕学术月主题征集论文，正式出版论文集。

9. 2005 年 5 月 11 日，学会编著的《建设工程项目管理案例精选》由中国建筑工业出版社出版，书中包括 31 个案例，1372 千字，共分两部分：建设工程项目管理规划 14 篇，建设工程项目过程管理 17 篇。

10. 2005 年 5 月 18 日北京市科技周期间，举办了《建筑企业改革经验报告会》，由北京建工集团副总经理田振郁和北京市第二建筑公司党委书记田琦作报告，介绍二建的改革和发展成就，68 人参加会议。

11. 2005 年 6 月 29～30 日，在成都举办“第四届国际工程项目管理高峰论坛”，中国建筑业协会主办，中国建筑业协会工程项目管理委员会和北京统筹与管理科学学会等 7 个单位参与承办，中央电视台等 11 家媒体支持，32 个大型工程公司协办，545 人参加会议，有 6 国 7 方（中国、印度、日本、新加坡、英国、韩国、中国香港）的代表到会。围绕“项目管理全球化和中国建筑业的发展”的论坛主题，有 10 名代表作学术主题演讲，我会代表作了“工程项目管理以人为本”的书面发言；5 名代表介绍了工程项目管理的成功经验；由中国建筑业协会工程项目管理委员会和国际工程项目管理合作联盟颁发了 5 个奖项，我会秘书长丛培经获“建设工程项目管理突出贡献者”奖；举办了项目管理软件产品发布会并展示了多项项目管理软件系统；我会编著的《建设工程项目管理案例精选》在会议中展示；举办了国际工程项目管理专题研讨；12 名新评选的国际工程杰出项目经理作了英文答辩。《科协信息》2005 年 7 月 30 日第二版报道了我会作为承办单位的“第四届国际工程项目管理高峰论坛”取得成功的消息。

12. 2005 年 7 月 8 日截止优秀青年论文征集工作，共征集论文 11 篇，上报市科协 2 篇。

13. 2005 年市科协把我会作为改革试点单位。我会于 8 月 20 日上报《北京统筹与管理科学学会改革方案》，在分析我会优势、劣势、机遇和挑战以后，提出学会改革的目标、方针和措施。我会的改革方针是：“致力三项建设，打造新型学会”。

(1) 学会的改革目标如下：

1) 组织建设目标：组成一个精干的理事会班子，一支年轻的会员队伍，一个有组织力的秘书长班子，一个能办事的办公室。

2) 学术建设目标：每年举行三次大的活动：五月份举办科技周经验交流会；六月份

承办国际工程项目管理高峰论坛；十月份学术月召开年会暨学术报告会。继续选题，开展厂会协作活动。

3）能力建设目标：提高科研能力，每年在10月份出版一本以本会研究的主方向（工程网络计划技术和工程项目管理）为核心的论文集；提高培训能力，使学会具有建造师执业资格、监理工程师执业资格、项目管理师职业资格、项目经理岗位培训资质的人才培训能力，具有培训建筑施工企业各种职能人员的能力；提高咨询能力，为建筑施工企业提供投标等咨询服务。

（2）学会的改革措施包括5项组织建设措施、3项学术建设措施、5项能力建设措施。

14. 2005年9月23～29日，为北京市怀柔区建委和北京市建筑业联合会举办了两期二级建造师考前培训班，208人参加学习。

15. 2005年10月12日，与北京建工集团承包的北京国际会议中心工程项目经理部签订了第三次“厂会协作”协议，在奥林匹克公园B区国家会议中心工程进行协作，对该工程的项目管理活动进行研究和实践，最终总结出大型工程的建设项目管理的下列经验，以推动我国工程项目管理的发展：实施新版《建设工程项目管理规范》的经验；建设工程项目管理规划的经验；建设工程项目代建制的经验；建设工程项目目标控制的经验；自主创新成果；其他建设工程项目管理经验。

16. 2005年11月2～4日，在嘉兴举市举办二级建造师考前培训，共有70人参加学习。

17. 2005年11月8日，我会编辑的《工程项目管理与科学发展》论文集由中国城市出版社出版，共27篇论文，173千字，分为两部分：“发展工程项目管理”共12篇论文；“工程建设改革与科学发展”共15篇论文。

18. 2005年12月22日在北京建工大厦召开理事长扩大会议，14人到会，听取并审议通过了年度工作总结报告，批准了2006年工作要点。由于我会是科协的改革试点之一，故学会2006年要以改革为中心，努力完成计划任务。在2006年科技周期间召开“国家重点工程管理高级研讨会”，10月份学术月期间举行学术交流会并进行换届选举。同意按照学会章程收取会费的建议，收费标准是：团体会员每年收取500～2000元；个人会员每人每年收取50～100元；交费时间是每年4月底之前。

2006年

1. 在北京市科协2004～2005年度评比活动中我会获得表彰。

2.《科协信息》2006年6月30日报道，我学会的李庆华、丛培经、魏绥臣、郭松婉被授予“老学会工作者”称号；丛培经秘书长的《对学会肩负促进企业自主创新使命的认识》被《科协信息》刊登。

3. 学会与国家体育场工程签订厂会协作协议，协作事项如下：总结工程管理规划的经验、工程组织管理经验、工程筹资和投资管理经验、工程进度管理经验、工程质量管理经验、工程成本管理经验、工程采购与合同管理经验、工程风险管理经验、工程沟通管理经验、工程技术管理经验、工程的各种创新、工程信息管理经验。

4. 北京市科协和北京市社团管理办公室同意我会更名的申请，我会正式更名为“北京工程管理科学学会”。

5. 2006年10月28日，学会在北京建工集团六层报告厅于召开第六次会员代表大会暨2006年学术年会，北京市科协学会部刘晓勘部长、市建委副主任张家明、市建委副总经济师林萌出席会议，理事长郁志桐了主持会议。常务副理事长田振郁做了题为“高举自主创新的旗帜　谱写北京工程管理科学学会新篇章”的工作报告；副理事长兼秘书长丛培经做了“学会财务工作报告”；监事会监事赵京兰做了“对学会工作监视情况的报告”；副理事长朱嫦做了“修改学会章程的报告”。会议通过了上述报告和修改后的学会章程。通过无记名投票的形式选举出了由90名理事组成的第六届理事会、由26名常务理事组成的常务理事会以及由三名监事组成的监事会。市科协学会部刘晓勘部长代表市科协对大会的召开表示祝贺，并提出希望：一是在北京的工程建设中担当更大的责任；二是新一届理事会要充分考虑学会的优势，为北京市的城市建设，为整个建筑行业的发展作出更大的贡献。市建委副主任张家明在大会上对学会提出要求，希望学会对北京的建设特别是在项目管理方面有所创新和发展，能带领北京市建筑企业走向全新管理进程。市建委副总经济师林萌在大会上通报了当前国内和北京市建筑业市场的总体形势，并进行了形势分析。副理事长兼秘书长丛培经作总结发言。

会上表彰了学会先进工作者、优秀论文获得者和有突出贡献的专家顾问，并颁发了荣誉证书；为对学会的创建和发展作出突出贡献的老同志，授予有突出贡献的优秀学会领导者称号并颁发了纪念品。

学会第六届会员代表大会结束后，学会组织了学术交流活动，邀请奥运工程“国家体育馆”（“鸟巢”）的总工程师李久林在会上作了该工程技术创新成就的报告。

大会还交流了由学会编写的论文集《工程建设自主创新与科学发展》。《工程建设自主创新与科学发展》于2006年10月由中国城市出版社出版，全书含论文45篇计406千字，分为三部分“工程建设理论”11篇，“工程建设管理”13篇，“工程建设技术”21篇。

学术交流后，召开了第六届常务理事会第一次会议，选举田振郁为理事长；朱嫦、吴培庆、杨健康、蔡晨、吴月华、王立平、鲍绥意、丁传波、郭延红、周景勤为副理事长；张之伟任秘书长，赵世强、王星、赵京兰、陈红、廖益林、赵俊国、李胜军、于钦新为副秘书长；俞振江为监事会主任，刘书杰为监事会副主任；聘任郁志桐为名誉理事长；聘任张家明、王立臣、张寿岩、张兴野、李庆华为顾问；聘任丛培经为专家组组长，丁传波为专家组副组长，吴月华等21人为专家组成员。成立了学术委员会、组织委员会、咨询委员会、项目管理委员会、培训委员会、技术委员会，决定了各个委员会的主任、副主任和委员。会上研究通过了学会第六届理事会和六个委员会的工作计划。

学会换届后，法人代表由丛培经改变为田振郁。在经过鼎嘉会计师事务所审计合格后，办理了财务移交手续，财务主管由丛培经改变为田振郁。

6.《建设工程项目管理规范》（GB/T 50326—2006）在2001版的基础上修改成功，于2006年6月21日发布，2006年12月1日实施。参编单位包括我会的团体会员北京建工集团；主要起草人包括我会的丛培经（第三名）、朱嫦（第六名），参编人有我会的张婀娜、王瑞芝。

2007年

1.《科协信息》报2007年1月30日第三版报道，丛培经获第四届市科协先进工作者称号。

2. 2007年1月12日，学会在北京建工集团22层第四会议室召开六届二次常务理事会（扩大）会议，研究通过了以下事项：一、关于学会第六次代表大会以来的工作小结；二、学会2007年工作计划；三、推荐张显来等5位同志为学会理事的建议；四、《北京工程管理科学学会关于缴纳会费的规定》；五、关于学会会徽的设计和说明。

3. 2007年5月11日，学会在北京建工集团22层第四会议室召开六届三次常务理事（扩大）会。会议内容为：一、听取奥运工程系列讲座筹备工作情况；二、鉴于城建集团廖益林调出原单位，讨论并通过增补罗贤标为常务理事、副秘书长。

4. 2007年6月13～15日，北京科技周活动期间，学会在建设大厦举办了《奥运工程技术与管理讲座》。邀请了国家体育场（“鸟巢”）、国家游泳中心（“水立方”）、国家会议中心、中央电视台、北京电视台、五棵松文化体育中心六个工程以及部分有特点、有特色的奥运现有场馆加固改造工程专业人员介绍这些工程施工方案、生产组织、质量控制、科技攻关、管理创新，以及风险管理、远程指挥、节约能源、环境保护、降低成本等方面的技术创新、管理创新、理念和方法创新等，并安排了对国家体育场（“鸟巢”）、国家游泳中心（“水立方”）、国家会议中心工程现场的参观学习。

本次讲座是与建设部科学技术委员会联合举办的。中铁建集团等央属5家企业集团；天津、江苏等5省市10家建筑公司以及北京5家建筑集团公司共计104人参加了本次讲座。

5. 2007年8月16～28日，学会组织部分理事、会员考察德、法、瑞、意、梵五国当地建筑。

6. 2007年9月，经过充分酝酿准备，为培养海外工程总承包人才、项目生产经营人才、各类专业管理人才，给各建筑施工企业集团进入国际市场对人才的需要给予支持，由学会培训委员会与北京建工集团培训中心—天津理工大学—加拿大魁北克大学决定共同举办的“项目管理硕士（MPM）班”开学。

7. 2007年10月23日，学会在北京建工集团22层第四会议室召开六届四次常务理事（扩大）会，研究通过了以下事项：一、2007年学术交流月暨年会时间学术报告内容；二、《2007年学会工作报告》；三、2007年《论文集》入选论文；四、对积极参加优秀论文竞赛活动的会员单位给予表彰奖励的决定；五、新增补三名理事。

8. 2007年11月10日，学会在北京建工大厦6层会议厅召开2007年年会暨学术交流大会。学会理事长田振郁做了《坚持科学发展观　扎实务实干实事——关于2007年工作总结和2008年工作构想》的工作报告；朱嬿副理事长宣布了学会对积极组织参加北京市优秀论文竞赛活动的中建一局集团、北京建工集团、北京城建集团、北京住总集团、北京城乡建设集团、北京市政集团总公司等会员单位和被评为学会2006～2007年度优秀论文（21篇）及优秀论文作者（35名）表彰的决定。作为学术交流，大会进行了以“展示研究成果、促进学科间联系渗透、融合自然科学和社会科学”为目的，以“创新·发展·奥运”为主题的学术交流活动。中建一局集团和北京建工集团分别就《中央电视台新址新技术应用》《某境外工程施工实施案例》进行了学术交流。大会还向与会人员发放了田振郁理事长2007年主编的《工程项目管理实用手册》及《重点工程建设技术与管理创新》论文集。市科协学会部刘晓勘部长做了重要讲话，对学会一年来的工作做了充分肯定，并对学会今后的发展提出三点指导意见：一、希望学会充分发挥专家、学者作用，认真进行工程管理理论研究，并用理论指导企业的工程管理工作，提高工程管理水平；同时，在工程管理实践当中，完善和创新工程管理理论；二、学会要为企业服务、为会员服务，在服务中使企业、会员认识学会的价值，从而使学会有更广阔的作为空间和更强的生命力；三、作为民间组织，要积极开展国际交往活动，在与国际交流当中，拓展视野、获取国际先进技术和先进经验，提高我们自己的水平。

清华大学土木水利学院、人大财经学院、首都对外经济贸易大学、北京航空航天大学、北京建工学院、北京经济管理干部学院等六所大专院校的专家、学者，中建一局集团、北京建工集团、北京城建集团、北京住总集团、北京城乡建设集团、北京市政集团总公司等单位的企业领导和专业技术人员共70余人出席了大会。

大会还交流了由学会编写的论文集《重点建设工程施工技术与管理创新1》。《重点建设工程施工技术与管理创新1》由中国建筑工业出版社出版，全书搜集论文36篇，总字数403千字，内容为2007年以来一批重点工程和有代表性的工程技术与管理创新成果。

9. 学会与北京电视中心工程项目经理部签订厂会协作协议，对该工程的建设活动就下列内容进行研究和总结，以创新和积累我国大型工程建设的经验：工程管理规划经验；工程组织管理经验；工程筹资和投资管理经验；工程进度管理经验；工程质量管理经验；工程成本管理经验；工程采购与合同管理经验；工程风险管理经验；工程沟通管理经验；工程技术管理经验；工程的各种创新；工程信息管理经验。

2008年

1. 2008.2月20日，学会召开副秘书长会，理事长田振郁主持会议。会议内容为：布置在北京5月科普周活动期间学会关于举办“国际工程承包技术与管理”座谈会的各项工作，

2. 2008年4月16日，学会理事长田振郁召集专门会议布置北京建工集团承包的奥运工程资料的搜集，提出了具体的工作要求和时间要求，落实了分工和责任。

3. 2008年5月9日，北京5月科普周活动期间，学会在北京建工集团六层报告厅举办了以“建设创新型企业”为主题的国际工程承包技术与管理座谈会。中建一局集团公司石平、北京城建集团亚泰公司贾士禄、北京建工集团国际工程部张伟泽、曾鹏分别以“境外劳务输出管理流程”、“利用互联网建立和完善国际工程总承包项目信息管理”、“关于国际工程投标报价的体会”“坦桑尼亚体育馆项目管理中应注意的问题”为题进行了工作介绍和经验交流。人大财经学院、首都对外经济贸易大学、北京航空航天大学、北京建工学院、北京经济管理干部学院以及中建一局集团、北京建工集团、北京城建集团、北京住总集团、北京城乡建设集团、北京市政集团总公司等单位的企业领导和专业技术人员共70余人出席了大会。

4. 2008年6月，我会理事长田振郁与专家组组长丛培经参与中国建筑业协会编写的《北京奥运工程项目管理创新》一书出版，田振郁为编委会委员，丛培经为副主编兼统稿人。书中论文分两部分：北京奥运工程项目管理创新综合篇（载文21篇），北京奥运工程项目管理创新专业篇（载文23篇），总共44篇计503千字，其中大部分是我会团体会员或个人会员的文章。

5. 2008年9月10日，学会在北京建工集团22层第四会议室召开第六届五次常务理事（扩大）会，研究通过了以下事项：一、2008年学术交流月及年会活动时间、内容、方式；二、刘连成、何丰、许金栓、周国允、王海涛、徐炳、张立平、闫伟东 唐伟为新增理事；三、2009年的工作设想；四、继续做好厂会协作的各项工作。

6. 2008年10月18日，学会召开了“2008年年会暨学术交流大会”。学会副理事长杨健康受理事会委托在会上做了“在科学发展观的指引下，凝聚广大会员，践行学会宗旨，推动学会发展”的工作报告，同时宣布了“关于对积极组织参加北京市优秀论文活动的会员单位进行表彰的决定”和“北京工程管理科学学会关于增补第六届理事会理事的决定”。年会结合2008年（第11届）北京科技交流学术月“科学与社会”的主题，针对奥运会后北京各大建筑集团在京外、境外建筑市场发展迅速的现实，在如何利用现代化的管理手段对施工项目进行科学管理方面进行研究和探索，并由北京建工集团向参会人员进行了远程监控视频系统的演示。90多位学会理事及专家顾问出席了会议，市科协学会部刘晓勘部长到会并讲话。

大会还发放了由学会理事长主编的《项目经理操作手册》，交流了由学会编写的论文集《重点建设工程施工技术与管理创新2》。

《项目经理操作手册》全书540千字，分为两大部分。第一部分以问答形式回答项目经理怎样控制和实现项目目标，怎样围绕目标进行管理和操作，为实现目标按什么思路抓工作，用什么方法进行管理。第二部分选登了20个多年从事项目管理工作的成功项目经理的实际管理经验。书的内容包括了地基、结构、钢结构、屋面、安装、装饰等土建和专业施工；包括了工期、技术、质量、安全、成本等目标控制；也包括材料、场容、索赔的专项管理；既有国内工程也有海外工程项目实例。

《重点建设工程施工技术与管理创新2》是2007年《重点工程建设技术与管理创新》论文集的续集，由中国建筑工业出版社出版，收入论文34篇，总计40余万字，由两部分组成。第一部分为技术创新，共19篇论文，内容包括：结构工程、钢结构工程、屋盖（屋面）工程、其他工程、改扩建工程等五方面的技术创新；第二部分为管理创新，共15篇，内容包括：总承包管理、工程成本管理、施工安全管理、阳光工程建设、其他管理以及房地产开发等六方面的管理理论与成功实践。

7. 我会专家组成员丛培经、张婀娜二人参加《网络计划技术》国家标准（GB/T 13400.1，2—1992）的修订工作，完成了报批稿。

2009年

1. 2009.2月6日，由田振郁理事长主持召开学会秘书长会，会议内容为：布置落实学会2009年科技周活动安排。

2. 2009年5月6日发布了我会作为起草单位的两项国家标准：《网络计划技术第2部分：网络图画法的一般规定》（GB/T 13400.2—2009）和《网络计划技术第3部分：在项目管理中应用的一般程序》（GB/T 13400.3—2009）。我会专家丛培经和张婀娜是主要起草人；2009年11月1日开始实施。《网络计划技术第1部分：术语》也于2008年底完成了送审稿，已上网征求意见。

3. 2009年5月22日，学会结合北京科技周活动的主题，举办了以“2009——降本增效科学发展”为主题的大型研讨会，邀请了北京建工集团公司、北京住总集团公司、北京城乡建设集团公司获得2008年北京科技创新成果奖的四位代表就核算体系、资产管理和全面预算管理做了专题发言，市建委副总经济师林萌结合目前建筑业面临的形势做了大会发言。学会理事、会员单位的90多人参加了会议。

4. 市科协出版的2009年北京科技周活动专刊，刊登了我会2009年5月22日科技周活动照片。

5. 2009年9月16日，学会在北京建工集团22层第四会议室召开第六届六次常务理事（扩大）会，研究通过了以下事项：一、2009年10月年会暨学术交流大会（方案）；二、学会2009年工作小结和2010年工作设想；三、2009年度学会“关于对积极参加‘北京青年优秀科技论文’竞赛活动的会员单位进行表彰的决定”和“关于对评为学会2008年度优秀论文作者进行表彰的决定”；四、增聘孙乾为学会顾问，新增谢夫海、尹长水为学会理事，增补刘春丽、谢夫海为学会副秘书长。

6. 2009年10月15日，学会召开了“2009年年会暨学术交流大会”。学会理事长田振郁在会上作了《坚持科学发展观凝聚全体会员做好学会各项工作》的报告，宣布了“关于聘请北京市建委副主任孙乾为学会顾问”和“关于增聘谢夫海等为学会副秘书长”的决定。同时，对“2008年度优秀论文作者”和“积极组织参加2009年北京青年优秀科技论文”竞赛活动的会员单位进行了表彰并颁发了荣誉证书。年会结合2009年（第12届）北京科技交流学术月“人文北京·科技北京·绿色北京——保增长、促发展”的主题，针对奥运会后北京各大建筑集团在京外、境外竞争激烈的建筑领域，如何规避风险健康发展的现实问题，请中建一局集团陈慧超和北京建工集团杨青两位专家作了“合同管理中的风险防范与控制”和“国际承包工程风险分析与规避”的两个专题报告。大会特别邀请市建委林萌副总经济师所作的形势报告。100多位学会理事、专家顾问及2008年青年优秀论文获奖作者出席了会议。

大会交流了由学会编写的论文集《重点建设工程施工技术与管理创新3》，这是学会2007年以来编辑出版《重点建设工程施工技术与管理创新》的第三集。由中国建筑工业出版社出版，全书总计400千字，收录学术论文34篇。包括工程基坑处理技术论文5篇、混凝土结构工程技术论文8篇、钢结构工程技术论文1篇、屋面工程技术论文1篇、专业工程技术论文6篇、城市交通工程技术论文7篇、其他3篇、工程管理3篇。

7. 我会专家组组长丛培经被北京市科协聘为专家组成员，参与编写《北京科技社团与首都科学发展》一书。经过近一年的工作完成了编写任务，于2009年11月经北京出版集团公司北京出版社出版。全书共580千字，分为7篇和一个附录（各学会简介）。“第七篇 1978年以来促进人才成长的重要活动”中，刊登了我会的文章《培养青年工程管理人才》，附录中有我会的情况简介。

2010年

1. 由中国建筑学会建筑统筹管理分会作为主编单位、我会作为参编单位编写的《工程网络计划技术规程》（JGJ/T 121—1999），2009年12月22日启动修订工作，主编单位改为南通建筑工程总承包有限公司，我会为参编单位，我会专家组组长丛培经教授被聘为总顾问，我会副秘书长赵世强教授为主要起草人，年底完成报批稿。

2. 我会专家组组长丛培经自2007年开始，连续4届参加中国建筑业协会举办的“全国优秀工程项目管理成果评选”，担任评委并协助建筑业协会进行评选资料汇编的编辑工作。

3. 2010年3月10日，学会与北京工商管理专修学院在北京建工集团6层第四会议室举行“校会战略合作意向书”签约仪式。北京工商管理专修学院是经过北京市教委批准、教育部备案、依托于大型国有企业的全民制民办高等院校。学院设有特色高等职业教育、网络教育、自考助学等，并开展相关的各项职业资格证书培训；双方经过友好协商，本着优势互补、共同发展、互惠互利原则，就培养专业人才、职业教育等方面达成了战略合作意向。学会理事长田振郁、北京市教委民办教育处李丽晖处长、北京民办教育协会马学雷秘书长出席了签约仪式并就开展好校会合作提出要求和希望。签约仪式上，学会向北京工商管理专修学院推荐了担任客座教授的专家、学者并进行了赠书。

4. 2010年3月19，学会召开第六届七次常务理事（扩大）会，研究通过了以下事项：一、关于“厂会合作”、“校会合作”的工作安排；二、新一届理事会理事的推荐安排。会议还组织了针对当前形势“保持可持续的科学发展”的讨论。

5. 2010年5月22日，在北京市开展科技周活动期间，我会在北京建工集团6层第四会议室举办了主题为“把握新形势坚持‘四个服务’推动低碳经济在建筑业的发展”座谈研讨会，与会的中科院科技政策与管理科学研究所、北京建工学院、中建一局集团、北京建工集团、北京城建集团、北京住总集团、北京市政（路桥）集团等围绕研讨会主题进行了讨论，大家表示：作为北京市建筑领域的骨干企业，在北京市深入推进“人文北京科技北京绿色北京”建设和低碳经济发展战略，着眼建设世界城市，以及当前建筑业转变经济发展方式方面，一定要发挥引领作用，为北京市的发展，做出我们应有的贡献。

学会单位会员50余人参加了座谈会。

6. 我会的30年大事记由丛培经、张之伟、刘春丽执笔编写成功。

7. 2010年10月，由学会编写的论文集《重点建设工程施工技术与管理创新4》由中国建筑工业出版社出版。这是学会2007年以来编辑出版《重点建设工程施工技术与管理创新》的第四集。至此第六届理事会任职期间做到了每年出版一集论文集。本论文集，收录学术论文33篇。全书总计406千字，包括基坑处理技术论文2篇、基础工程技术论文1篇、混凝土结构工程技术论文7篇、钢结构工程技术论文3篇、屋面工程技术论文2篇、专业工程技术论文4篇、其他技术论文2篇、城市轨道交通技术论文3篇、管理专业论文8篇

8. 2010年5月和10月，学会与北京建工集团合作，搜集整理了北京建工集团2005年以来承包的国家和北京市重点重点工程、奥运工程工程资料，例如编辑出版《奥运工程与重点工程技术与管理》1～4分册。《奥运工程与重点工程技术与管理》共分为8个分册，总字数超过1000万字，内容包括9部分：工程图片、工程简介、施工组织设计精选、主要技术措施、管理制度、技术成果、工法、管理成果以及工程项目的思想政治工作和廉正建设工作。《奥运工程与重点工程技术与管理》1～4分册总字数约为500万字，预计5～8分册2011年出齐。书中包括了学会与国家会议中心项目经理部、北京电视中心项目经理部“厂会合作”全部合作成果的内容。

深基坑支护技术在复杂环境近接施工中的应用

刘兴旺

（北京市机械施工有限公司）

【摘　要】土钉式桩间护水平加固土体技术适用于城区内场地狭窄，周边条件较复杂的深基坑开挖工程。其对土体的加固使土体力学参数得到大幅提高，有利于水平支护结构的安全和稳定。本文采用二分之一分担法原理及有限宽度土体土压力模型来核算土钉式桩间护水平加固土体技术与桩锚支护结合的支护形式，并应用到实际工程中。

【关键词】土钉式桩间护水平加固土体技术；土条荷载；悬臂式护坡桩；基坑位移观测

1 土钉式桩间护概述

土钉式桩间护是以较密排列的土钉作为护坡桩间土体的补强手段用以加固桩间土体，并达到提高护坡桩背后土体物理力学参数的目的。土钉式桩间护可有效解决护坡桩悬臂过大，周边条件复杂无法施工预应力锚杆的支护难题，且又避免了因使用内支撑而增加的施工难度。尤其对城区内周边条件复杂存在多种地下障碍物及构筑物的支护结构设计尤为有效。该技术对不同类型土层的提高程度也有所不同，其中对黏性土的土层参数提高最小，对砂性土提高次之，而对填土土层参数提高最大。以下结合工程实例对土钉式桩间护进行分析和探讨。

2 工程概况及周边条件

华彬国际大厦酒店工程为五星级酒店式公寓，位于北京市朝阳区建国门外大街建国饭店以南。基坑支护采用复合桩锚支护结构，降水采用管井围降法。基坑南北向约110m，东西向约50m，面积约5000m²，地下五层，基坑开挖深度21.4m。基坑东侧南部距北京建外SOHO五期（±0.000＝39.10m）两层地下车库约4.0m。该4.0m范围内地下1m左右埋设有热力、消防和污水管线（需将此部分土体保留），五期地下车库的上覆土厚度为3m，地下两层地下室，一层楼板在－7.500m位置，其基础埋深约为－13.40m，采用直臂土钉墙支护结构形式（图1）。

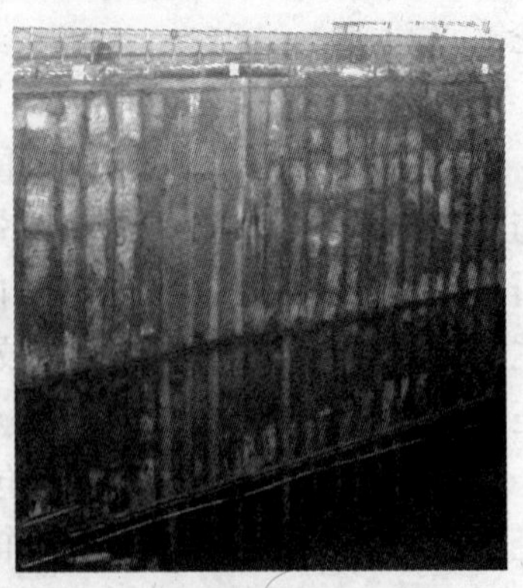

图1　现场支护结构

3 基坑地质水文条件

（1）基坑支护深度范围内土层参数见表1。

基坑支护深度范围内土层参数 **表1**

土　层	层厚（m）	重度（kN/m³）	φ（°）	c（kPa）	主动土压力系数 K_a	被动土压力系数 K_p
填土①$_1$、①$_2$	4	20	10	8	0.704	1.420
黏粉砂粉②$_1$	3	20.1	22	10	0.455	2.20
黏土②$_2$	1.5	18.7	18	20	0.528	1.894
细砂③$_2$	5	20	27	0	0.376	2.663
圆砾④	5	21	35	0	0.271	3.690
重粉黏、黏土⑤	5.5	19.4	20	20	0.490	2.040
细砂⑥	1	20.1	32	0	0.554	3.255
重粉黏、黏土⑦	12.5	19.4	20	22	0.490	2.040

（2）基坑深度范围内仅有一层地下潜水，水位埋深17.00m，分布在④圆砾层中，渗透系数 K 为40.0m/d。

4 基坑支护结构设计

（1）采用护坡桩＋预应力锚杆＋土钉式桩间护水平加固的复合支护结构形式，护坡桩直径0.8m，间距1.60m，桩长26.60m（嵌固段长5.20m）。护坡桩混凝土强度等级C25，桩身范围内设置两道预应力锚杆，一桩一锚，锚杆直径150mm，水平间距1.6m，锚杆的位置及其他设计参数如图2所示；

（2）上部11.7m范围内采用土钉式桩间护水平加固技术进行土体加固，桩间土钉直径0.1m，长度为3.0m，一桩两钉，水平间距0.3m，竖向间距1m，面层挂钢筋网片，钢筋网片用 ϕ10 膨胀螺栓固定在护坡桩上。面层喷射强度等级为C20混凝土40～60mm厚，土钉式桩间护施工方法与土钉墙相同（图3）。

5 基坑支护结构设计计算

5.1 第一道锚杆力的确定

考虑到上部支护结构的悬臂高度过大，应将第一道预应力锚杆的竖向位置上提，并尽量加大其锚杆拉力，以使第一道锚杆承担更多的悬臂段土压力作用。但由于锚杆上部为较轻的地下室结构，难以提供出足够的上覆土压力，土体剪切强度（$\tau=c+\sigma\tan\phi$）降低致使锚杆所能提供的锚拉力受限。同时第一道锚杆锚拉力过大还会影响到原有地下室结构的

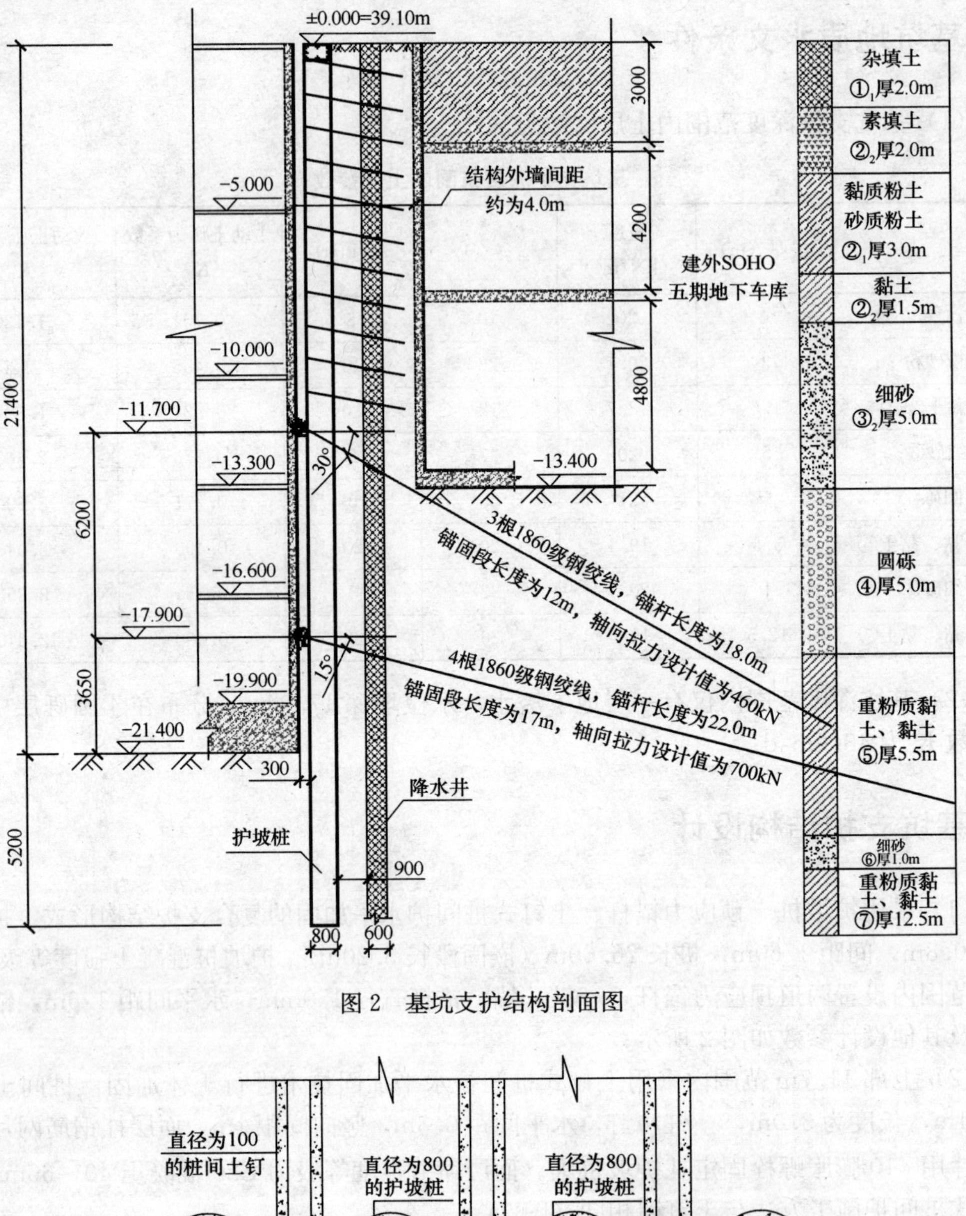

图 2　基坑支护结构剖面图

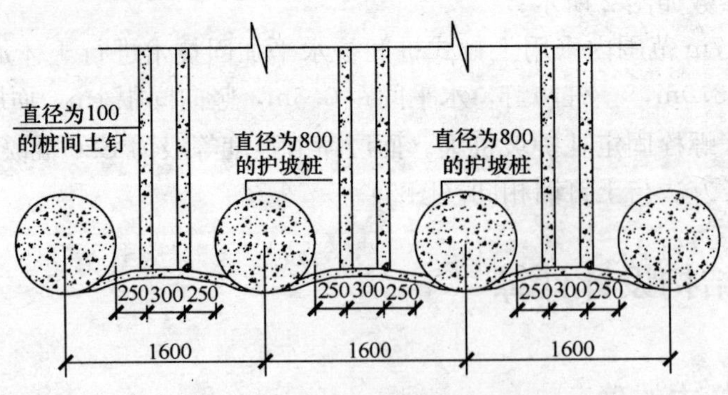

图 3　土钉式桩间护示意图

侧面及底面土体。对于锚固段大于 12m 的锚杆的粘结强度衰减较明显，且锚固段已进入黏性土层中，锚杆长度的增加对锚拉力的增加不明显。综合考虑以上因素，经计算确定第一道锚杆的张拉力为 460kN，锚杆总长为 18m，其中锚固段长度为 12m。

5.2 计算模型及方法

二分之一分担法：即假定每道锚杆所承受的力是相应于相邻两个半跨的土压力荷载值，即第一道预应力锚杆及护坡桩承担 14.8m 以上的主动土压力及弯矩。相邻的地下车库传递的荷载及 14.8m 以下主动土压力均由第二道预应力锚杆及被动土压力来承担。

5.3 土压力计算

总主动土压力取护坡桩方向 1 延米计算。根据护坡桩背后土条荷载的实际受力特点，工况 1 中采用《建筑基坑支护技术规程》中的方法计算有限宽度土体的土压力（图 4）。经计算 $b<h\tan(45°-\varphi_{k1}/2)=8.7\text{m}$，可根据规程按有限宽度土体计算水平荷载标准值。用以下方法计算作用在支护结构上任意点的有限宽度土体水平荷载标准值

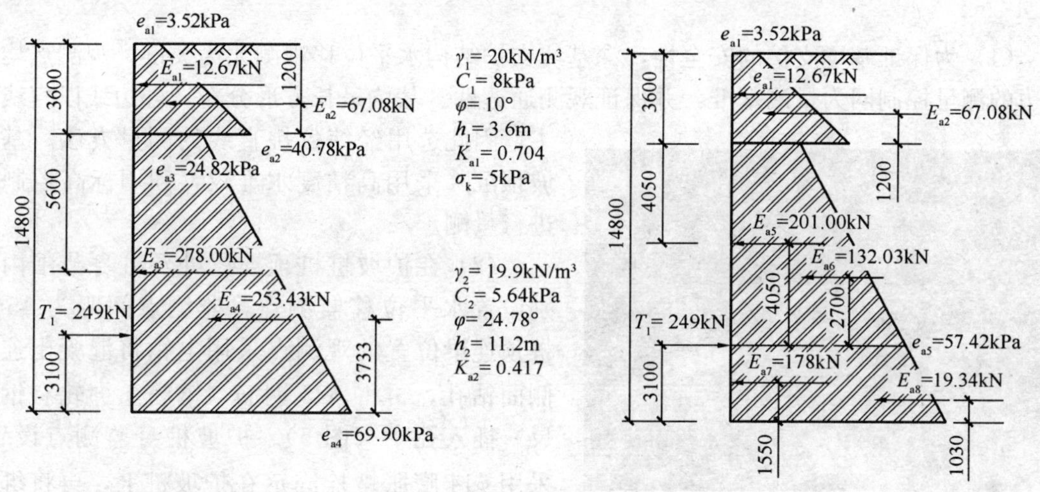

图 4 土压力分布图

φ_{k1}——基坑深度内土层内摩擦角加权平均值（取 12.2m），19.1°；

φ_{k2}——填土土层内摩擦角，10°；

e_{ak}——水平荷载标准值，kN/m²；

n_b——系数，$n_b=b/h\tan(45°-\varphi_k/2)$；

z——计算点深度；

φ_{k3}——圆砾④层内摩擦角值，35°；

K_a——主动土压力系数，$K_a=\tan^2(45-\varphi/2)$；

E_a——主动土压力，kN；

d_h——临近建筑物基础埋置深度；

T_1——预应力锚杆锚拉力的水平拉力，kN。

当计算点深度 $z\leqslant b\tan(45°-\varphi_{k2}/2)=3.6\text{m}$ 或 $z\geqslant b\tan(45°-\varphi_{k3}/2)+d_h=19.2\text{m}$ 时，按朗肯土压力理论计算主动土压力

$z=0$ 时，$e_{ak1}=\sigma_k K_{a1}=3.52\text{kN/m}^2$

$z<3.6\text{m}$ 时，$e_{ak2}=(\sigma_k+\sum\gamma_1 h_1)K_{a1}-2C_{k1}\sqrt{K_{a1}}=40.78\text{kN/m}^2$

$z=3.6\text{m}$ 时，$e_{ak3}=(\sigma_k+\gamma_1 h_1)K_{a2}-2C_{k2}\sqrt{K_{a2}}=24.82\text{kN/m}^2$

$3.6\text{m}<z<14.8\text{m}$ 时，按有限宽度土体计算水平荷载标准值，$n_b=b/h\tan(45°-\varphi_{K1}/2)=0.3454$

$e_{ak4}=[\sigma_k+(2-n_b)n_b\sum\gamma_i h_i]K_{a2}-2C_{k2}n_b\sqrt{K_{a2}}=69.90\text{kN/m}^2$

5.4 计算结论

将 11.7m 以下部分作为一个载体计算，压力比＝$T_1/(E_{a7}+E_{a8})$＝1.26，力矩比：$K=T_1h/(E_{a7}h+E_{a7}h)$＝2.6。由此得出结论：第一道预应力锚杆只能承担 11.7m 以下高度为 3.1m 的主动土压力作用，其上部 11.7m 悬臂部分的主动土压力及由此产生的弯矩直接作用在护坡桩上。单靠护坡桩不足以抵抗此部分主动土压力及其弯矩的作用。因此，在护坡桩中用密排土钉来加固悬臂段背后的土体，以达到提高土体的物理力学参数的作用。这样一方面可增加土体本身的自立高度（$z=2c/\gamma\sqrt{K_a}$），另一方面可大幅减小主动土压力及其由此产生的弯矩作用。

6 基坑位移观测

（1）为保证基坑支护的安全性，深基坑支护结构水平位移观测尤为关键，观测点均以周边的测量控制网为量测基准，并保证观测通透性。基坑呈长方形分布，外边线以直线为主，因此选用经纬仪挑直线的测量方法。基坑坡顶沉降采用高精度水准仪，利用标高控制点进行量测。

图 5　基坑位移测量

（2）在护坡桩桩顶连梁处及桩身范围内分别设置水平位移监测点，监测点间距为 15m，桩顶连梁位置的观测点采用电钻将混凝土连梁侧面钻孔，再将 $\phi22$ 钢筋（钢筋上绑轧有钢卷尺）插入孔中（图 5）。护坡桩身监测点设置，采用 $\phi14$ 膨胀螺栓固定在护坡桩上，再将绑轧有钢尺的槽钢焊在膨胀螺栓上，经过近 4 个月的观测，支护结构顶部的水平位移均在 3～14mm 范围内，桩身范围内水平位移 2～10mm，均满足支护结构变形要求。通过实测数据绘制曲线图。

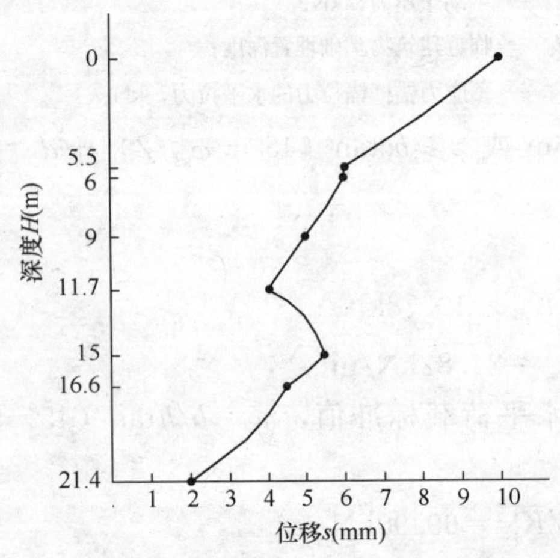

图 6　护坡桩身范围位移监测点位移

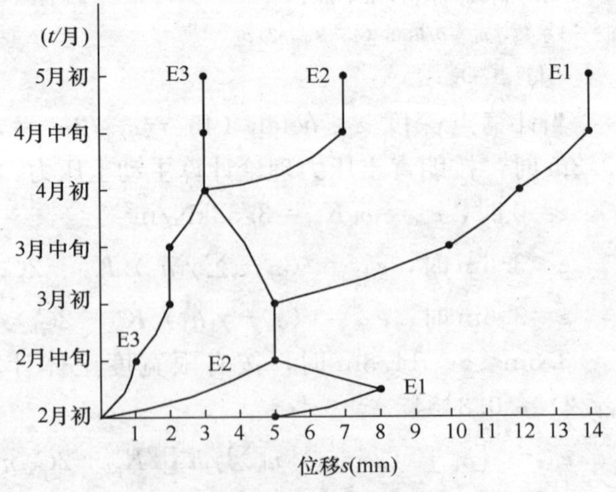

图 7　基坑周边位移监测点位移

（3）经各监测点位移比较，基坑东侧由南向北监测点依次为 E1、E2、E3，其中 E1 水平位移最大，向北其最终水平位移逐渐减小，各监测点的水平位移随时间的延续而增加，位移变化较大的时间主要集中在土钉式桩间护开挖及预应力锚杆工作面土方开挖未支护的阶段，基坑开挖完成后位移趋于稳定。桩身范围内的水平位移随深度的增加而逐渐减小，位移最大处为桩顶连梁部位。

7 结束语

现在城区内的基坑工程周边条件日趋复杂，周边受地下车库等构筑物影响的基坑逐渐增多。土钉式桩间护水平加固土体技术虽可解决悬臂过大、周边条件复杂无法施工预应力锚杆的支护难题，但其计算理论并不完善，土钉加固土体提高力学参数的数据还只限于经验，无法准确地量化。土钉式桩间护水平加固土体技术已在几个深基坑中得到了成功应用，是今后城区内复杂环境与近接施工中支护结构设计的发展方向，在以后工程中会得到进一步的研究和应用。

旋挖钻机在无水砂卵石地层围护桩施工中的应用

曲俨卿　梁　宇

（北京建工集团）

【摘　要】 在砂卵石地层进行围护桩施工时有多种方法，如使用旋挖钻机作为成孔设备的施工方法等，本文结合作者在北京地铁9号线科怡路站基坑围护桩施工过程中所做的一些现场施工记录以及施工完毕对过程的总结，针对此类地层中使用旋挖钻机施工过程中所遇到的问题进行研究并找出解决措施，可为类似地质条件下的旋挖钻机成孔施工在设备选型以及钻机配套设备的使用方面提供一定的参考。

【关键词】 围护桩；无水砂卵石；旋挖钻机

1　工程概况

1.1　总体概况

北京地铁9号线工程是北京市轨道交通线网规划中的重要线路，位于北京城西部，呈南北走向，主要分布在丰台区和海淀区；线路起于丰台区郭公庄站，至长河桥以北设置终点站白石桥站与4号线衔接，整条线路均位于北京西部永定河冲积扇的中上部，南部线路穿越地层以卵石地层为主，北部以第三纪泥岩、砾岩和卵石层为主。科怡路站为地铁9号线第三站位于南四环北侧万寿路南延路下，呈南北向布置，车站主体及附属结构均采用明挖法施工，车站主体围护结构采用钻孔灌注桩＋钢支撑体系。车站中部标准段基坑深约16.5m，采用ϕ1000@2000mm、长17.37m的钻孔灌注桩；盾构井处基坑深约18.2m，采用ϕ1000@1800、长19.79m的钻孔灌注桩，桩身入砂卵石层深度约为16m。

1.2　卵石地层概况

科怡路站主体结构施工范围砂卵石呈层分布，且具有粒径大、含量多、埋深浅、厚度大的特点。根据人工探井和地质调查成果分析，颗粒最大粒径为300mm。粒径大于等于300mm的卵石在纵向上一般分布在埋深为16.5～21.0m，分布厚度约4.5m，地下水位于桩端以下，具体地层情况见图1、图2。

图 1　埋深 13～15m 卵石分布情况图

图 2　大粒径卵石情况图

2　施工方法

2.1　成孔设备的选型

根据车站围护结构、卵石地层、地下水和周边环境条件，通过对卵石地层成孔工艺的钻进难度、安全风险、设备资源、工效、成本等方面进行比选分析，推荐采用旋挖钻机或 MZ 系列摇动式全套管钻机作为成孔设备。由于 MZ 系列摇动式全套管钻机成孔成本高、设备资源较少，最终决定采用旋挖钻机作为成孔设备进行围护桩施工。

2.2　施工流程

旋挖钻机在无水砂卵石地层成孔的基本流程：桩位放样，埋设钢护筒，旋挖钻机初步就位，然后在技术人员的指挥下进一步调整钻机垂直度，并使钻头中心与桩孔位中心重合，桩机定位要准确、水平、垂直、稳固，钻机导杆中心线、回旋盘中心线、护筒中心线应保持在同一直线，启动泥浆泵向护筒内补充优质泥浆，钻头入孔开始钻进，钻进过程中适时补充孔内的泥浆，转动钻杆桅杆，将取出的渣土弃于孔外，然后由挖机集中清理堆放。本工程围护桩均采用泥浆护壁。

2.3　施工过程控制

钻机施工前，必须对钻头直径、钻头磨损情况以及护筒直径进行检查，施工过程中设专职管理人员对钻机钻进施工进行记录，包括钻进深度、地质情况（遇卵石地层测量卵石粒径的极值）、施工中出现的问题（如漏浆、塌孔）、机械设备状况等。记录必须认真、及时、准确、清晰，能为下一步施工提出指导性建议。

旋挖钻机配备电子控制系统显示并调整钻杆的垂直度，同时在钻杆的两个侧面均设有垂直度仪，在钻进的过程中有专人负责观察两个垂直度仪，同时在平行于基坑一侧设置测量仪器，由测量人员负责校核钻杆垂直度，随时指挥机手调整钻杆垂直度。通过电子控制和人工观察两个方面来确保钻杆垂直度，从根本上保证了围护桩成孔的垂直度。

旋挖钻进是一个短进尺、多回次的重复循环过程，旋挖钻机在砂卵石地层相对于黏土地层有回次进尺短（0.4～0.5m）、回次时间长的特点，钻头随着钻入土层的深度及地层的变化，回转阻力有增加。由于旋挖钻机传动系统中液力变矩器的作用，随回转阻力增大其转速降低，内外钻杆传递扭矩的槽、键接触面上的压力也随之增大，这时操纵加压油缸对钻杆柱加压，其压力可传到钻头，增大钻头切入深度。钻进负荷由随之增大，转速进一步降低，在很短时间内是切入深度回转阻力矩逐渐增大，在钻进过程中负载和转速在很大范围内波动，这也是旋挖钻机钻进的显著特点。当钻进至进尺困难的卵石⑤、⑦层时，在负荷增大到一定程度后，操纵加压液压缸，通过动力头对钻杆柱短时间加压，加压操作可视情况，重复进行1～2次，当加压后钻头切入量也很小甚至不切入时，应即提钻，故钻进过程中，操作手应密切注视工作舱内的压力、转速仪表以及钻进负荷变化情况，适时加压、提钻。

钻进过程中当钻进深度从砂层变化至砾石、卵石层时，要减速慢进，防止地层变化处出现扩孔现象；砂、卵石层应采用慢转速慢钻进并适当增加泥浆比重和黏度，必须按要求测试进出口泥浆指标，发现超标及时调整。

2.4 施工过程常见问题及处理措施

（1）钻机钻进遇地层变化由粉细砂或中粗砂层至砾石、卵石层时，由于砾石、卵石层中土孔隙比增大，孔内泥浆液面迅速下降，即发生漏浆现象；现场施工时采用增大泥浆比重（由1.18调高至1.25～1.30）或回填优质黏土的方法来进行处理，保持泥浆液面的高度，随着泥浆漏失及孔深的增加，需要及时地向孔内补充泥浆。

（2）钻进卵石⑤、⑦层时，由于卵石粒径较大，每回次钻进深度过小时，应立即采用螺旋钻头来替代旋挖钻斗，利用螺旋钻头叶面间隙将粒径较大的卵石卡住提升至地面取出，再更换旋挖钻斗继续钻进施工。

3 旋挖钻机成孔施工分析

3.1 大功率钻机施工效率较高

基坑围护桩分别采用两台钻机施工，型号分别为宝娥BG20型以及辰龙CHL220型，根据现场施工情况以及施工记录统计结果分析（见表1），在成孔过程中扭矩小的BG20型钻机（最大输出扭矩＝191kN·m）与扭矩大的CHL220型（最大输出扭矩＝220kN·m）相比，成孔时间平均长1～1.5h，在卵石粒径较大的地层范围内，钻头进尺的时间普遍较长，成孔时间的延长增加了漏浆、沉渣过多以及塌孔的风险，在砂卵石地层中成孔时应尽量选择大功率钻机进行钻孔作业施工，成孔时间和质量都可以得到保障。

不同功率钻机成孔时间表 **表1**

序　号	旋挖钻机型号	成孔数量（根）	平均成孔时间（min）
1	宝娥BG20型	37	330
2	辰龙CHL220型	146	240

3.2 不同地层旋挖钻头的选用

围护桩成孔过程中共采用了三种旋挖钻头，针对科怡路站特殊地质情况，三种钻头均能发挥不同的工效，如图 3 所示。

(*a*)

(*b*)

(*c*)

图 3 旋挖钻头类型

(*a*) 耐磨合金钢铲式斗齿旋挖钻斗；(*b*) 耐磨合金子弹头截齿螺旋钻头；(*c*) 耐磨合金子弹头截齿旋挖钻头

耐磨合金钢铲式斗齿旋挖钻头在现场施工中主要使用于埋深 0～11、12m 土层，因为此范围土层基本为砂层以及粒径较小卵石层，所以成孔施工进尺较快，钻进至大粒径卵石层时，由于其铲式斗齿不具备切削、压碎大卵石功能，必须更换耐磨合金子弹头截齿旋挖钻头继续钻进，耐磨合金子弹头截齿可将大粒径卵石切削、碾碎成可进入钻头的小块；由于本地层卵石抗压强度较大，对钻头的磨损情况非常严重（成孔一根桩平均需要更换 3～4 个合金子弹头截齿，见图 4），而耐磨合金子弹头截齿装配、更换比较容易，为施工提供了便利；耐磨合金子弹头截齿螺旋钻头主要使用于旋挖钻头进尺困难、卵石粒径较大且抗压强度非常高的大粒径卵石地层，当旋挖钻头每回次进尺的切入量非常小时，就需要更换螺旋钻头，由于螺旋钻头的回转阻力小，可将孔下堆积在一起的大粒径卵石搅散，并利用螺旋钻头的叶片及叶片间隙部位将大卵石卡住提出，螺旋钻头的使用频率不高，成孔 5～10 根可能使用螺旋钻头一次。

施工过程中通过对比发现，耐磨合金钢铲式斗齿旋挖钻头在砂层和小粒径卵石层施工进尺速度比耐磨合金子弹头截齿旋挖钻头并没有显著的提高，而铲式斗齿磨损后更换比较

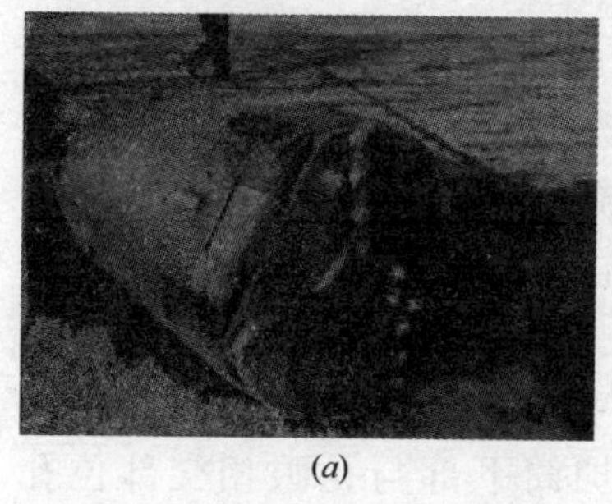

(*a*)

(*b*)

(*c*)

图 4 钻头使用情况

(*a*) 耐磨合金子弹头截齿磨损情况；(*b*) 耐磨合金钢铲式斗齿磨损情况；(*c*) 螺旋钻头的使用情况

困难，磨损的速度较快，故后期施工一直采用耐磨合金子弹头截齿旋挖钻头作为旋挖钻机的主要成孔钻头。

3.3 施工质量好

普通钻机的机架和钻杆都比较单薄，旋挖钻机的钻杆比普通钻机粗很多，机架稳固，且旋挖钻机有自动测斜装置，钻塔垂直度及钻孔深度均有仪表显示，钻机底盘可伸缩并可自动整平，因此钻进时非常稳定，可随时监视并调整钻孔的垂直度，能有效地保证钻孔垂直度。

围护桩施工完毕后，取主体结构基坑北端盾构井部位的围护桩作为研究总结对象，对科怡路站围护桩施工进行总结。主要统计了 30 根围护桩的顶部、底部偏移量，并选取了 6 根桩对桩身偏移量进行了详细统计。根据桩顶、桩底的偏移量统计结果以及土方开挖后桩体实际剔凿情况得出，桩身垂直度施工时整体控制得较好，有个别桩桩体倾斜较大，统计得出桩体倾斜度平均为 1.62cm（约 1‰，规范要求不大于 3‰），根据桩身偏移量的统计结果发现，桩位中心均仅有 1～2cm 的误差（规范要求允许偏差为：顺轴线方向±50mm，垂直轴线方向＋30～0mm）。

根据统计结果分析得出，围护桩施工过程中施工人员对旋挖钻机钻头就位、钻杆垂直度围护桩桩体尺寸（桩径）控制措施到位，成桩后质量较好，土体开挖后围护桩剔凿量较小，为下一道施工工序节省了时间，提高了施工效率。

3.4 适应性强及良好的环保性

在砂卵石地层，由于传统钻机的自重有限，不可能给钻头施加更大的压力，而旋挖钻机由于采用动力头装置，动力头的给进力加上钻杆的重量，钻进能力强，适于与各种土层及软质岩层，本场地地质条件复杂，但通过精心组织、科学管理，保质保量地完成了任务。旋挖钻机在施工过程中，噪声低、振动小、泥浆用量少，因为该机仅用泥浆护壁，而不用泥浆排渣，钻渣流动性小，可进行集中堆放，利于现场文明施工，机械化程度高，便于管理。施工现场无需提供大功率电源，钻机的所有动力来源于随机的柴油发动机，钻机的行走移动全部由自带的柴油发动机输出动力，因整体置于可自动行走的履带式底盘上，机动性大，移位迅速，独立作业性高。

3.5 缺点及不足

旋挖钻机受施工地层的制约，主要是用于土层、砂层以及较松散的、粒径较小的卵砾石层，在黏性土层钻进效果最佳，而在硬岩层、较致密的卵砾石、孤石层施工比较困难，并容易发生孔内事故和机械事故，体现不出旋挖钻进的优越性。不适用于硬质岩层，旋挖钻机设计原理表明，其不宜用于单轴抗压强度大于 15MPa 以上的卵石及岩石。

旋挖钻机与传统钻机相比，由于旋挖钻机的圆柱形钻头在提出泥浆液面时会使钻头下局部空间产生“真空”，同时由于钻头提升时泥浆对护筒下部与孔眼相交部位孔壁的冲刷作用，很容易造成护筒底孔壁坍塌，因此对护筒周围回填土必须精心进行夯实。

4 结论

（1）在无水砂卵石地层中进行钻孔灌注桩成孔时，如选用旋挖钻机作为成孔设备时，应尽量选择大功率钻机（最大输出扭矩≥220kN·m）进行钻孔作业施工，成孔时间和质量都可以得到保障。

（2）根据现场施工情况和实施效果来看，建议在砂卵石地层中，尤其是粒径较大的卵石地层中采用耐磨合金子弹头截齿旋挖钻头作为主要钻头进行施工，辅以耐磨合金子弹头截齿螺旋钻头配合施工。

参考文献

[1] 北京地铁 9 号线卵石地层围护桩成孔工艺研究［R］. 北京城建勘测设计研究院有限公司，2008.
[2] 朱育宏. 旋挖钻机在广州地铁五号线潭村站围护桩施工中的应用［J］. 广东建材，2007（8）.

基础工程

筏板基础及导墙模板施工方案的探讨

张正位　赵　硕

（北京城乡建设集团有限责任公司）

【摘　要】通过对筏板基础及导墙模板施工方案的探讨，提出一种全新的施工方案，并对我们一贯采用的施工方案进行比较，论证这种施工方案的可行性和经济性。

【关键词】筏板基础；导墙；模板施工；可行性；经济性

九华山地藏菩萨露天铜像景区二标段工程，为北京城乡建设集团有限责任公司工程承包总部中标，并由第二十二分部进行施工。该工程建设占地面积 19.61 万 m^2，估算造价 7000 万元，计划 2009 年 8 月 20 日开工，2010 年 4 月 16 日竣工。其中佛光池为该标段占地面积最大的一个水池构筑物，佛光池半径 $R=49.5$m，周长 311m，占地面积 7694m^2，钢筋混凝土筏板基础及池壁，筏板厚度 700mm，在筏板以上 300mm 的池壁墙体中部设止水钢板，导墙高 300mm，基础及外墙防水采用高分子聚乙烯丙纶复合防水卷材（sbc118），防水外设 4cm 厚聚苯板保护层。

1　筏板基础及导墙模板施工方案

针对以上工程设计，我们常用的基础及导墙的支模方案（以下简称传统施工方案）：基础及导墙外侧设砖模，导墙内侧采用木模，木模单面支模。砖模采用 240mm×115mm×53mm 页岩砖及水泥砂浆砌筑，厚度 240mm，高度 700mm，内侧抹灰，以便做施工防水。导墙内侧采用木模，12mm 厚多层板，50mm×100mm 木方做小龙骨，ϕ48、壁厚 3.5mm 钢管做大龙骨（图 1）。

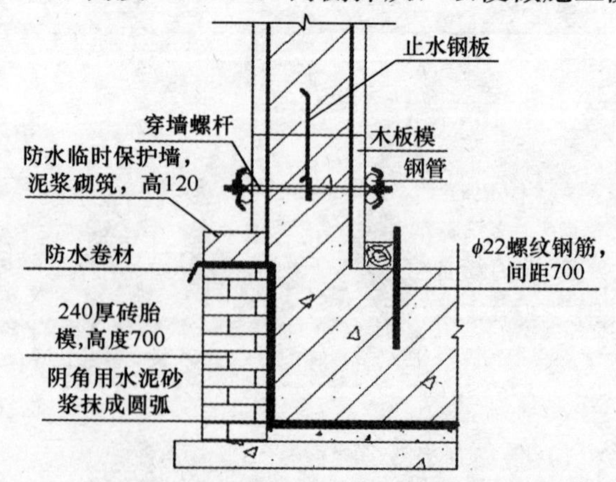

图 1　基础及导墙支模传统做法示意图

笔者通过大量工程实践，提出以下施工方案（以下简称新施工方案）：基础及导墙内外侧均采用木模，12mm 厚多层板，50mm×100mm 木方做小龙骨，ϕ48、壁厚 3.5mm 钢管做大龙骨（图 2）。

《地下防水工程质量验收规范》（GB 50208—2002）第 4.2.5 条明确规定：防水层的阴阳角处应做成圆弧形。故在模板外侧底部砌筑 10cm 高砖砌体，并在砌体与垫层交接处阴角处采用水泥砂浆抹出圆角以满足规范要求。

2 两种施工方案的经济性比较

该工程处于安徽省池州市，根据合同要求，我们计算成本均采用《全国统一建筑 1998 工程基础定额安徽省综合估价表》，其中木模板按 5 次周转计算。

(1) 传统施工方案成本计算（传统施工方案比新施工方案多 600mm 高砖模及水泥砂浆抹灰层、水泥砂浆防水保护层）见表 1。

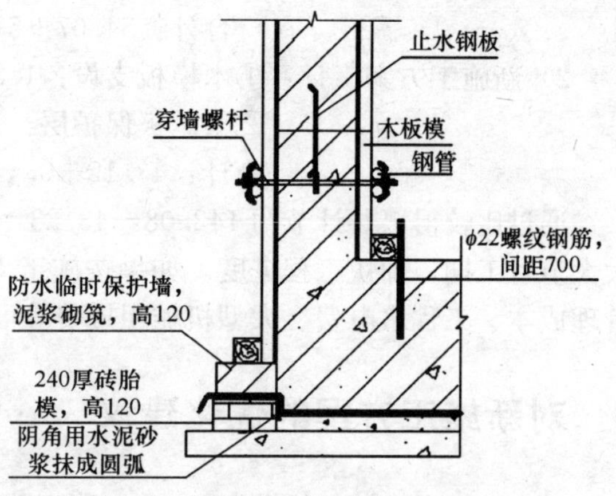

图 2 基础及导墙支模新做法示意

传统施工方案成本计算 **表 1**

定额子目	工程项目	单位	数量	单价（元）	合价（元）
4—4（换）	砖砌外墙	$10m^3$	311×0.24×0.6/10=4.48	2525.27	2525.27×4.48=11313.21
11—18	水泥砂浆抹灰	$100m^2$	311×0.6/100=1.87	878.8	1.87×878.8=1643.36
11—18（换）	水泥砂浆保护层	$100m^2$	311×0.6/100=1.87	878.8	1.87×878.8=1643.36
合　计			11313.2+1643.36+1643.36=14599.93		

(2) 新施工方案成本计算（新施工方案比传统施工方案多 600mm 高木模及防水外侧 4cm 厚聚苯板）见表 2。

新施工方案成本计算 **表 2**

定额子目	工程项目	单位	数量	单价（元）	合价（元）
5—37（换）	木模板	$100m^2$	311×0.6/100=1.87	1463.73	1463.73×1.87=2737.18
05—B18	聚苯板保护层	m^2	311×0.6=186.6	7.6	186.6×7.6=1418.16
合　计			2737.18+1418.16=4155.34		

采用新施工方案比传统施工方案节约 14599.93－4155.34=10444.59 元。

3 两种施工方案的可操作性及工期比较

(1) 传统施工方案采用单面支模，施工难度较高，容易跑模胀模。采用新施工方案可以用带止水片的穿墙螺杆加固，施工方便，模板牢固，不容易跑模胀模，更容易保证工程施工质量。

(2) 两种施工方案的工期比较

1) 传统施工方案工日：①水泥砂浆砌筑砖墙：4.48×18.9=84.67 工日

②水泥砂浆抹灰：1.87×2×15.35=57.41 工日

合计：84.67＋57.41＝142.08 工日

2）新施工方案工日：①木模板支设：1.87×23.06＝43.12 工日

②聚苯板保护层：1.87×0.06＝0.11 工日

合计：43.12＋0.11＝43.23 工日

通过比较得出共计节约 142.08－43.23＝98.85 工日。可以看出，采用新施工方案可大大节省工期，加快工程进度。如果按施工人员 33 人计算，可以节约工期 3d，这 3d 的管理成本、工程水电费、大型机械租赁费等可以通过计算得出，能节约成本约 3 万元。

4 对新施工方案的优化建议

在新施工方案中，为保证卷材防水阴角做成圆弧形，所以需在基础外侧砌筑 100mm 高砖模，施工和传统施工方案一样存在施工速度慢、技术要求高的问题，故该施工方案还可以优化，即采用预制素混凝土构件（100mm 宽×100mm 高×600mm 长）替代砖模，构件可提前预制，施工时集中装配，施工方便，既能降低劳动强度，又有能缩短工期，还能保证工程质量。笔者曾通过核算，经济成本亦不增加。优化施工方案见图 3。

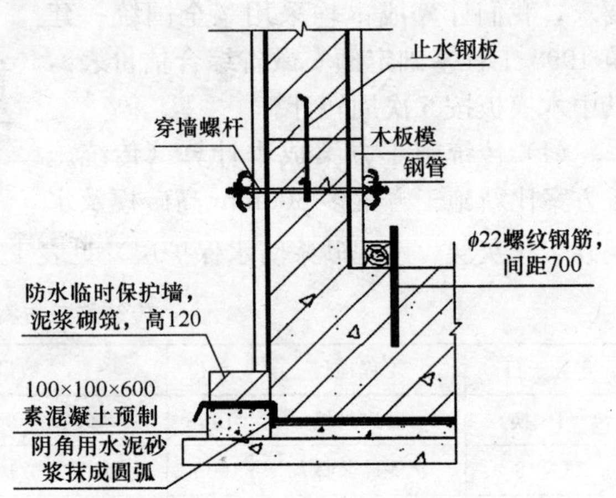

图 3　基础及导墙支模优化施工方案

5 结束语

通过对筏板基础及导墙模板施工方案的探讨，仅本工程的佛光池就为项目部带来近 4 万元的经济效益，虽然数目不大，但是如果我们行业所有这种结构形式的基础及导墙均采用这种施工方案，将为国家节约大量资源和降低建设成本。

坦桑尼亚国家体育场
水泥基渗透结晶型防水涂料施工

延汝萍　孟晓勇
（北京六建集团公司）

【摘　要】 坦桑尼亚国家体育场工程采用水泥基渗透结晶型防水涂料进行防水施工，经两年多观察，未发现渗漏现象，防水效果较好，达到预期质量目标，取得良好的社会效益。

【关键词】 防水；水泥基渗透结晶；涂料

坦桑尼亚国家体育场位于坦桑尼亚首都达累斯萨拉姆市西区，距离海边 5km，南纬 4 度附近，总占地面积 $12hm^2$，体育场占地面积 $51140m^2$，总建筑面积 $68210m^2$，是中坦两国共同出资建设的大型体育竞赛设施。它是自坦赞铁路之后，我国对坦桑尼亚援建的又一重大工程，承载着中坦两国源远流长的美好友谊。

由于本工程地处贫穷落后的非洲地区，且是我国援助项目，工程质量尤为重要。本工程防水材料采用了施工方便、防水效果良好的水泥基渗透结晶型防水涂料。

1　防水部位

采用钢筋混凝土外侧附加水泥基渗透结晶型防水材料，涂刷两遍：

（1）五层技术用房屋面；

（2）所有观众看台的水平面及垂直面；

（3）四层观众平台及卫生间、电话间、商亭等的所有楼面；

（4）三层所有房间顶板下；

（5）三层 VIP 备餐间、卫生间的楼面；

（6）二层观众平台及卫生间的楼面；

（7）首层所有房间顶板下；

（8）首层南、北挡土墙内有房间处内侧；

（9）室外观众大坡道；

（10）首层泵房地面；

（11）首层水池及泵房内墙面。

2 防水机理

水泥基渗透结晶型防水涂料是以硅酸盐类水泥、石英砂等为基材，掺入活性化学物质组成的刚性防水涂层材料。它可向混凝土内部渗透，在混凝土中形成不溶于水的结晶体，填塞毛细孔道，从而使混凝土致密、防水。

3 施工

3.1 主要材料及施工机具

(1) 主要材料：水泥基渗透结晶型防水涂料；

(2) 主要机具：电动搅拌器或搅拌棒、拌料桶、专用喷枪、半硬尼龙刷、胶皮手套、湿草袋。

3.2 基层处理

(1) 由于水泥基渗透结晶型防水涂料在混凝土中结晶形成过程的前提条件是需要湿润，所以无论新浇筑的还是旧有的混凝土，都要用水浸透，以加强表面的虹吸作用，但不能有明水。

(2) 新浇筑的混凝土表面在浇筑 20h 后方可进行防水层施工。施工的最佳时间为混凝土浇筑后 24～72h 时段。

(3) 混凝土基层表面应当粗糙干净，以提供充分开放的毛细管系统以利于渗透。

3.3 作业条件

不能在雨中施工，气温过高时以早、晚施工为宜。

3.4 调制

水泥基渗透结晶型防水涂料配比　　表 1

施工方法	质量比		体积比	
	料	水	料	水
喷涂	2	1	5	3
涂刷	5	2	2	1

将料和水按体积比或质量比（表 1）倒入拌料桶内，用电动搅拌器或搅拌棒充分搅拌均匀，搅拌时间 2～3min。根据工程需要，一次不要搅拌太多，一般在 20min 内用完为宜，如在涂刷时有黏稠现象出现，不准再加水，只要再次进行搅拌即可。

3.5 施工顺序

基层处理并验收合格→调制→涂刷第一层→涂刷第二层→细部处理→养护→验收

3.6 施工工艺

(1) 基层处理：基层表面应干净、粗糙以利于使用，对基层表面的油污、油漆、泛碱等必须清除干净。大于 1.0mm 裂缝需凿成 15mm×20mm（或 20mm×30mm）U 形槽，用钢丝刷、高压水枪清理混凝土毛面，经过清理的混凝土基面不得留有悬浮物和残渣。对侧墙混凝土留下的钢筋头必须割除，钢筋头不应露出结构层。对于穿墙螺栓孔及墙体缺陷部位应用水泥基渗透结晶型防水涂料半干料团补平，配合比为料：水＝3：1（质量比）；或使用同强度等级水泥砂浆补平，最后外表面涂刷水泥基渗透结晶型防水涂料封闭。

(2) 涂层要求均匀，各处都要涂刷，第一层的厚度应小于 1.2mm，涂刷时应注意用力，来回纵横地刷，以保证凹凸处都能涂上并达到均匀。喷涂时喷嘴距涂层要近些，以保证料浆能喷进表面微孔或微裂纹中。

(3) 当需涂第二层时，一定要等第一层初凝后仍呈潮湿状态时（48h 内）进行，如太干则应先喷洒一些水。

(4) 在热天露天施工时，应在早、晚或夜间施工，防止涂层过快干燥，造成表面起皮影响渗透。

(5) 对水平地面或台阶阴阳角必须注意将涂料涂匀，阳角要刷到，阴角及凹陷处不能有涂料的过厚沉积，否则在堆积处可能开裂。

(6) 细部处理：看台后浇带须在接槎处用云石机开槽（15mm×20mm），用钢丝刷清理混凝土毛面，清理后的混凝土基面不得留有悬浮物和残渣，用水泥基渗透结晶型防水涂料半干料团补平，配合比为料：水＝3：1（质量比）。表面涂刷防水涂料封闭。穿墙管及地面管口处应在管口周圈用水泥基渗透结晶型防水涂料半干料团封堵，配合比为料：水＝3：1（质量比），最后涂刷水泥基渗透结晶型防水涂料。

(7) 检查涂料防水层和修补：涂料防水层施工完毕，需自检涂层应达到的均匀要求，不合格者应再次进行作业修补。涂层应无爆皮现象，否则先铲除爆皮，进行基面处理，再用涂料涂刷修补。返修部位的基面，仍须保持潮湿，必要时进行喷水处理后再修补作业。

3.7 养护

(1) 养护必须用净水，必须在初凝后采用喷雾式养护，一定要避免涂层被破坏。一般每天需喷水 3 次，连续 2～3d，在热天或干燥天气要多喷几次，防止涂层过早干燥。

(2) 在养护过程中，必须在施工后 48h 内避免雨淋、烈日暴晒和污水进入。在空气流通很差的情况下（如封闭的水池），需用风扇帮助养护。

(3) 露天施工时，应采用湿草袋将涂层覆盖好，如果采用塑料布作为保护层，必须注意架空，以保证涂层的“呼吸”及通风。

(4) 对于盛装液体的混凝土结构（如水池），必须养护 3d、再放置 12d 后才能灌入液体。

3.8 注意事项

(1) 调制及施工时须戴上橡胶手套。在喷射喷浆及高空操作时，须戴上护眼罩。皮肤粘上涂料时可用食用醋水混合溶液加以中和。

（2）施工刷、喷涂时需用半硬的尼龙刷或专用喷枪，不宜使用抹子、滚筒、油漆刷或油漆喷枪。

（3）不能在雨中进行施工作业。

（4）每一遍的用量为0.5～0.6kg/m²，总用料量控制在1～1.2kg/m²。

（5）未用完的料应密封保存，贮藏于干燥的环境中。

4 施工体会

水泥基渗透结晶型防水涂料无毒，属于环保型材料。施工简便，易于操作。操作工人只需进行简单培训即可掌握施工技术要求。坦桑尼亚国家体育场项目的施工工人由两部分组成，80%是来自于中国的技术工人，20%为当地工人。坦桑尼亚是经济落后的非洲国家，工人技术水平较低。采用易于施工、操作简便的水泥基渗透结晶型防水涂料，对于本工程非常适用。且经过两年多的使用观察，未发现渗漏现象，取得良好的防水效果。

参考文献

［1］ GB 50108—2001 地下工程防水技术规范［S］.

［2］ GB 50208—2002 地下防水工程质量验收规范［S］.

［3］ GB 50207—2002 屋面工程质量验收规范［S］.

超长混凝土楼板混凝土加强带施工

孙睿昂　张胜圣

（中建一局集团第三建筑有限公司）

【摘　要】 随着建筑市场的高速发展，超长超大建筑越来越多，为了控制混凝土裂缝，依据设计规范，在结构设计时，多设计混凝土后浇带，而后浇带的施工工艺不仅工期较长，且在施工过程中不可避免地存在一些质量隐患。

如采用加强带取代后浇带，可实现超长构筑物的连续浇筑作业，混凝土一次成型，增加了混凝土的密实度，提高了混凝土的强度及抗裂、防渗性能。

本文以成都西南物流中心工程为研究对象，将超长混凝土楼板混凝土后浇带和加强带的施工进行对比分析，找出施工控制要点，并对采用加强带的施工工艺在工程中的应用进一步细化，将各种不利因素进行考虑，并在施工过程中将其消除，达到提高结构主体质量、节约施工时间、降低施工成本的目的，并为以后类似工程提供技术资料。

【关键词】 超长混凝土；混凝土加强带；后浇带；施工质量；控制要点

1　混凝土加强带施工原理及依据

超长混凝土无缝设计及施工方法是中国建筑材料科学研究院20世纪90年代中期开发出的一项专利应用技术（专利号931171326），它是利用混凝土膨胀剂的膨胀性能，制作成微膨胀混凝土（即补偿收缩混凝土），通过掺量的变化，调整膨胀性能，对整体混凝土结构不同部位的收缩进行补偿，即根据工程结构不同部位的收缩情况，采用膨胀加强带的方法将整体结构分成若干块，然后用具有不同膨胀性能的混凝土去填充，施工时可连续操作也可间歇施工，应用灵活方便，并加快了施工速度，确保了工程的整体性。

补偿收缩混凝土设计规范与普通钢筋混凝土设计规范基本相同，鉴于补偿收缩混凝土的限制膨胀要用钢筋和邻位约束才能产生预压应力，故补偿收缩混凝土最重要的技术指标是限制膨胀率。采取无缝设计时设计师应在图纸上注明混凝土强度等级、抗渗等级及限制膨胀率指标。一般普通部位混凝土水中养护14d限制膨胀率宜在0.015%～0.025%之间，膨胀加强带及后浇加强带部位混凝土宜在0.025～0.035%之间。

在选用膨胀剂种类时，应避免选用高碱高掺型及市场淘汰类产品，可参照当地市场使用情况选用成熟稳定产品（如高效改进UEA、HK－F等）。膨胀剂的合理掺量也直接影响限制膨胀率的指标，一般较好性能的膨胀剂在普通部位掺量为胶凝材料重量比的8%左右，膨胀加强带为12%左右，具体掺量应以试验结果为准。设计师在图纸上可标明膨胀剂种类（HK－F）及掺量范围（10%～15%）。

2 工程实例

西南物流中心工程单层面积 4 万 m^2，东西方向长 265m，南北方向长 140m，在东西方向和南北方向各设置 2 道结构变形缝将整个楼层划分为 9 个独立的施工区域，各区域内分别设置一条或两条温度后浇带，使每块楼板的尺寸长、宽均小于 50m。单层后浇带的数量达到 11 条，单层后浇带总长度 414.2m（如图 1 所示）。

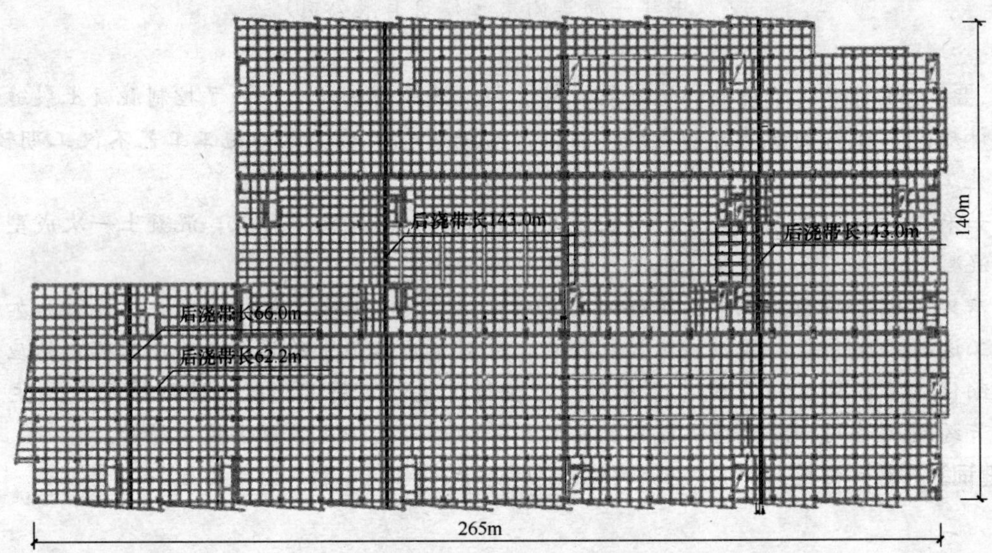

图 1 单层后浇带分布示意图

如采用加强带取代后浇带，可实现超长构筑物的连续浇筑作业，混凝土一次成型，增加了混凝土的密实度，提高了混凝土的强度及抗裂、防渗性能。

3 混凝土加强带与后浇带施工质量现状分析

3.1 常规后浇带施工质量缺陷

常规后浇带混凝土施工质量隐患统计见表 1。

常规后浇带混凝土施工质量隐患统计　　表 1

序　号	质量隐患	隐患分析	质量隐患等级
1	钢筋锈蚀产生	后浇带隐蔽需要两个月的时间，维护不易	重要
2	后浇带处裂缝	后浇带混凝土的干缩极易在新老混凝土的连接处产生裂缝	重要
3	梁底扰动	在后期清理后浇带和二次模板调整时，原支撑体系扰动，造成梁底不平	一般
4	混凝土强度降低	后浇带两侧混凝土在成品保护和后期剔凿过程中，对混凝土结构造成影响	一般

续表

序　号	质量隐患	隐患分析	质量隐患等级
5	后浇带混凝土强度不够	在施工后浇带混凝土施工期间，由于交叉作业较多，极易造成养护不到位	一般
6	后浇带裂缝处钢筋锈蚀	由于干缩裂缝，在装修期间，施工用水渗入裂缝内，使钢筋锈蚀	一般
7	梁、板钢筋变形	在未封闭期间，后浇带内钢筋不可避免被踩踏，导致钢筋变形	一般

3.2　加强带施工质量要因分析

加强带混凝土施工质量要因分析见表2。

加强带混凝土施工质量要因分析　　表2

序号	存在问题	分析原因	改进方向	确认结果
1	混凝土加强带设计宽度过小，无法达到加强带质量要求	原设计混凝土后浇带宽度为0.8m，但改为混凝土连续浇筑的加强带，如设计宽度过小易产生裂缝	经与设计单位协商加强带宽度改为1.5m宽，以达到加强带质量控制要求	一般
2	加强带混凝土外加剂（膨胀剂）掺量不科学，导致混凝土成型后开裂	加强带施工原理主要是依靠加强带与其两侧混凝土膨胀率不同整体混凝土结构不同部位的收缩进行补偿，如膨胀剂掺量有误易产生裂缝	与设计单位及混凝土供应商共同研究确定膨胀剂的掺量，并对实际效果进行现场跟踪检查	要因
3	施工方案交底不细致明确，易造成质量监督不到位	加强带施工为非常规施工，如交底不明确，易产生质量隐患	对施工方案进行层层交底，对关键环节进行重点控制	次因
4	混凝土施工缝剔凿清理不到位，混凝土成型后易产生裂缝	混凝土施工缝为薄弱部位，如控制不好，易产生质量问题	加强施工缝部位的剔凿清理控制，并进行专项验收	要因
5	混凝土浇筑振捣不密实，影响混凝土实体强度	混凝土振捣不密实将影响混凝土成型后的强度	加强混凝土班前交底，施工时进行控制监督	一般
6	如混凝土坍落度的检查不及时准确，将影响混凝土成型强度	对于抗渗混凝土坍落度控制不好将直接影响混凝土抗渗及膨胀性能	严格按方案流程进行混凝土坍落度检测，不合格混凝土严禁浇筑	要因
7	不同强度等级混凝土施工不能保证连续施工，将影响混凝土的密实性	控制要点，加强带与两侧混凝土强度等级不同，须连续浇筑，如控制不到位，将直接影响混凝土质量	加强带采用塔吊自卸，其余混凝土泵送施工，以确保混凝土施工的连续性	要因

续表

序号	存在问题	分析原因	改进方向	确认结果
8	混凝土养护不到位，将影响混凝土成型强度	混凝土养护直接影响混凝土质量，但其多不被重视、控制管理不严	加强交底，专人负责管理，进行检查	要因
9	遇恶劣天气混凝土施工及养护不到位，将影响混凝土成型后质量	成都地区多雨，雨天顶板混凝土施工对混凝土质量有一定影响	专人负责跟踪天气预报，避免雨天施工混凝土，并准备塑料布随时进行覆盖保护	次要

通过以上分析，得出以下结论：控制混凝土裂缝和确保混凝土成型后的强度及抗渗性是加强带混凝土施工质量保证的关键。

4 实施对策

4.1 与商品混凝土厂家确认混凝土配合比及外加剂掺量

经与商品混凝土厂家技术力量攻关并同时进行多次试验验证，最终确认混凝土的最佳配合比，并在混凝土中增加了聚丙烯纤维，来保证原材料的质量合格。配合比详见表 3。

加强带与非加强带部位混凝土配合比对比表 **表 3**

结构部位		顶板、梁（非加强带）C35 膨胀混凝土	加强带部位 C40 膨胀混凝土
原材料性能	膨胀剂掺量	11%	15%
	水泥强度等级	P·O42.5R	P·O42.5R
	混凝土泵送剂掺量	2.20%	2.35%
	粉煤灰掺量	10%	8%
配合比	水胶比	0.38	0.36
	砂率	41.50%	40.00%
	基准水泥	440	480
	密度（kg/m³）	2400	2410

4.2 明确加强带的设计内容

（1）加强带设置宽度 1.5m，位置同图纸设计后浇带位置。

（2）后浇带加强配筋同图纸设计后浇带加强配筋。

（3）地上结构膨胀剂掺量按设计施工，加强后浇带膨胀剂掺量为 15%左右，具体掺量按搅拌站试验室配置确定施工。

（4）加强带两侧混凝土分前、后两次浇筑，时间间隔不小于 4d，加强带混凝土浇筑随后次混凝土浇筑。

加强带混凝土强度等级提高一个等级，本工程梁板混凝土等级 C35，加强带混凝土等级为C40。

4.3 确认加强带的施工工艺

（1）按要求绑扎后浇带加强钢筋。

（2）绑扎钢丝网片，因与普通后浇带不同，加强后浇带的隔离措施要求较高。

（3）加强带的两侧梁、板绑扎钢丝网做法详见图2。

（4）混凝土浇筑时，到加强带部位后，应提前更换混凝土强度等级，严禁将普通混凝土浇筑在加强后浇带内，具体施工时将加强带混凝土方量放大1m^3，避免泵管内非加强带混凝土浇筑在加强后浇带内。

（5）浇筑完的混凝土不能受阳光直射，应及时用草席、棉毡等覆盖。混凝土硬化后有专人负责养护，养护时间不少于14d，使混凝土经常保持在湿润状态。模板拆除时间规定与普通混凝土相同。

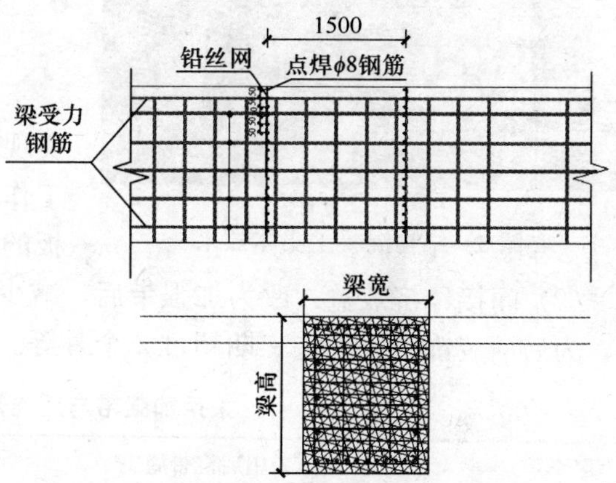

图2 加强带两侧钢丝网隔离措施

4.4 加强带施工及现场质量控制

（1）加强带的施工缝要求设置在混凝土收缩应力发生的最大部位，一般也就是长度方向的中间位置，施工缝的施工质量对于混凝土后期的收缩影响较大，此工序的现场质量控制作为重点进行控制。

（2）膨胀加强带的留置部位应准确，做法符合要求；浇筑时先进行加强带混凝土施工，后浇筑普通梁板混凝土，浇筑时按计划进行，振捣合理；混凝土公司合理调度送料；混凝土满足现场坍落度要求，严禁随意加水；普通混凝土与膨胀带内混凝土应标示清楚，浇筑至正确的部位，考虑实际施工情况，膨胀加强带混凝土方量应计算准确，并放大1m^3，以确保加强带内混凝土的施工质量。整个过程有专业工长和质检进行旁站监督，技术部对加强后浇带的施工全过程进行质量控制，不符合要求的禁止进入下道工序，并提出整改意见，严格按照方案施工。

（3）施工缝处混凝土浇筑前要清除已浇筑的混凝土松动的石子和浮浆，以及软弱混凝土层，并凿毛，之后充分湿润和冲洗干净，不得积水。在浇筑前宜在施工缝处铺一层与混凝土内成分相同的掺膨胀剂的水泥砂浆。混凝土振捣时应细致均匀，使新老混凝土紧密结合。

5 效果验证

从实际施工的混凝土实体检测和观感结果来看，实体检测强度合格率100%，至今无混凝土裂缝产生。加强带两侧混凝土接触面观感良好，无夹杂、错台、裂缝等质量问题。可以确认，加强带代替后浇带取得了预期的效果，并最终得到了业主、设计及监理的认可

图 3　结构混凝土实体效果

（图 3）。

实践证明，这种工艺施工非常简便，节约工期，同时由于混凝土一次成型，大大减少了后期的工作量以及材料运输量，提高功效 30%以上。

6　效益分析

（1）直接经济效益：加强带取代后浇带后，实现混凝土一次成型浇筑，节约了后浇带的维护工作和二次浇筑、养护、拆模。减少了架料和模板的投入，降低了施工成本，综合效益显著。

（2）间接经济效益：改为加强带后，减少了后浇带的维护工作，加快了主体施工的进度，为后期装饰装修创造工期超过 2 个月等。

采用加强带与后浇带效益分析对比表　**表 4**

序　号	采用后浇带施工	采用加强带施工	对比分析
1	后浇带的封闭、安全维护	不需要	降低成本
2	后浇带的二次浇筑、养护、拆模	不需要	节约人工
3	后浇带的支撑拆除前的模板架料投入	不需要	节约材料投入
4	后浇带混凝土浇筑在 2 个月以后	一次整体浇筑	节约工期 2 个月以上

（3）社会效益：加强带混凝土施工，得到了业主、监理及设计单位的一致好评，并为以后类似工程提供技术资料。

表 4 为采用加强带与后浇带效益分析对比表。

参考文献

［1］ 王铁梦．工程结构裂缝控制［M］．北京：中国建筑工业出版社，1997.

非洲热带地区大尺寸构件混凝土施工技术措施

延汝萍　孟晓勇

（北京六建集团公司）

【摘　要】 众所周知，混凝土由于本身特性，在空气当中具有收缩性，温度越高，收缩越大，尤其是在赤道附近的热带地区，不仅温度高，而且日照强，混凝土更易产生裂缝，控制大体积混凝土的裂缝产生是值得研究的课题。本文结合坦桑尼亚国家体育场工程，提出了以下技术措施：(1) 根据当地实际条件，选择适宜的骨料，严格控制骨料中的含泥量。严格原材料的质量管理，优选低水化热的水泥。(2) 选择添加减水剂的方法改善混凝土和易性，并达到减少水泥用量的目的。(3) 在混凝土中添加抗裂纤维，控制水泥基体内部微裂缝的生成及发展，提高混凝土的抗裂性能。(4) 选择夜间为混凝土浇筑时间，降低混凝土入模温度，减少混凝土内外温差。(5) 做好保温养护工作，适当延长拆模时间，延缓混凝土表面温度降低速度。浇水养护时间延长为14d，保证混凝土表面处于湿润状态。通过以上技术措施，有效地控制了大尺寸构件混凝土裂缝的产生，收到了良好的效果。

【关键词】 热带；大尺寸构件；混凝土；裂缝

我国的建筑企业要走出国门，非洲是一个很好的市场。大多数非洲国家地处赤道附近，气候炎热，日照强，对于混凝土的施工非常不利，尤其是对于大体积混凝土的施工。加之非洲国家大多贫穷落后，缺少物资和设备，给我们的施工带来很大困难。因此，如何在缺少物资设备且不利气候条件下进行大体积混凝土施工是一个有意义的课题。本文结合坦桑尼亚国家体育场工程，提出了自己的解决方法。

1　工程概况及特点

1.1　工程概况

坦桑尼亚国家体育场位于坦桑尼亚首都达累斯萨拉姆市西区，距离海边5km，南纬4°附近，是中坦两国共同出资建设的大型体育竞赛设施。它是自坦赞铁路之后，我国对坦桑尼亚援建的又一重大工程，承载着中坦两国源远流长的美好友谊。

本工程总占地面积12hm²，体育场占地面积51140m²，总建筑面积68210m²，建筑总高33.160m。体育场按国际田联、国际足联标准设计，满足举行洲际田径及足球比赛的要求，能够容纳近6万观众。

本工程基础为独立柱基，主体结构为钢筋混凝土框架结构，屋架结构为悬挑钢管桁架结构，屋面是骨架式张拉索膜结构。该膜结构屋面覆盖了近70%的座位。

1.2 施工概况

本工程于2005年1月开工，2007年7月竣工。2006年5月1日完成混凝土主体结构工程。工程质量目标为优良。

1.3 工程难点及特点

(1) 本工程作为现代化的大型体育场，设计新颖、施工难度大。大空间的楼层、大尺寸的混凝土构件、大跨度悬挑的钢屋架等高难度结构以及万向球支座、多维铸钢节点、PTEF膜材料、高清电子大屏幕等新技术的应用，构成了本工程的特色，体现了现代工程科技与建筑美学的充分结合。

(2) 体育场位于坦桑尼亚首都达累斯萨拉姆，天气炎热、日照强烈，很容易导致混凝土产生裂缝，尤其是大体积混凝土。由于坦桑尼亚基本上没有工业，且经济落后，当地物资匮乏，除水泥、砂石、木材外，大部分物资由中国国内提供，给我们在当地建设一个现代化的体育场带来很大难度。

2 大尺寸构件混凝土施工技术措施

本文主要介绍大尺寸构件的混凝土施工。本工程主体结构由60榀含斜梁、斜柱的主框架及连梁看台梁联系而成。构成主框架的斜梁、斜柱均为大体积异型构件。其中斜方柱断面尺寸由标高－0.300m时1000mm×2250mm逐渐变化为标高13.150m时的1000mm×3472mm。如图1所示。

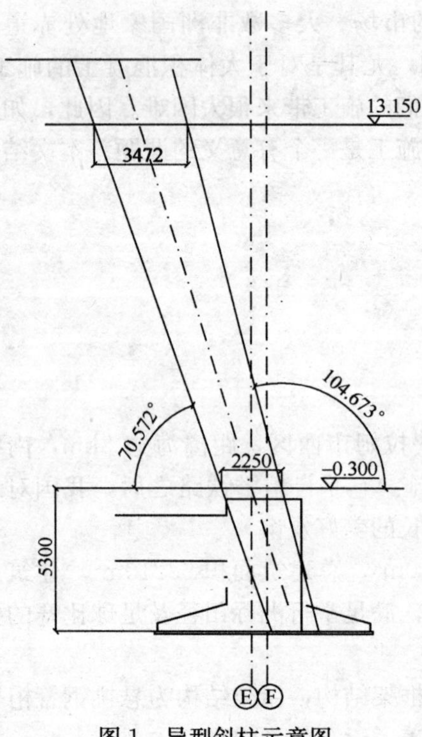

图1 异型斜柱示意图

为了防止大尺寸异型构件混凝土产生裂缝，从以下几个方面采取了技术措施：

2.1 原材料的选择及质量控制

所有进场材料必须有出厂合格证、检验报告，杜绝不合格产品进入施工现场。所有进场产品必须经过质量检验员检查，监理工程师复验，并经试验室复试合格后方可使用。

2.1.1 水泥

对于大体积混凝土来说，优选水泥为粉煤灰硅酸盐水泥和矿渣硅酸盐水泥，这两种水泥的水化热较低，有利于控制混凝土裂缝产生。但是受当地物资匮乏的限制，本工程最终选用了普通硅酸盐水泥。

经过筛选，对三个厂家生产的P.O42.5水泥做了试验，试验证明由比利时公司在当地生产的Twiga牌水泥早期强度最低，而后期强度较高（表1），于是我们选用了Twiga牌水泥。

水泥强度比较 表1

水泥牌号	水泥抗压强度（N/mm^2）	
	3d	28d
TwigaP. O42. 5	24. 7	43. 5
TangaSimbaP. O42. 5	28. 3	44. 8
TuskP. O42. 5	27. 2	42. 5

选用早期强度较低的水泥有助于控制混凝土浇筑完成后因温升过快而产生的温度裂缝。

2.1.2 骨料

骨料选择的原则：粗骨料粒径要符合级配要求，级配越好，孔隙越小，比表面积越小，水泥砂浆量和水泥用量相应越省，水化热随之降低，对防止裂缝越有好处。细骨料宜采用级配良好的中粗砂。中粗砂的孔隙率小，比表面积小，混凝土的水泥和用水量应可以减小，水化热会降低。另一方面要控制砂石料中的含泥量，石子含泥量＜1%，砂含泥量＜2%。

根据以上原则，本工程选用的骨料为产自 Mpiji 的河砂，Ⅱ区中砂，含泥量 1.9%，产自 Lugoba 的碎石，粒径 5～25mm，含泥量 0.6%。

2.1.3 外加剂

掺入减水剂和缓凝剂等外加剂改善混凝土性能，以防止其开裂。减水剂的主要作用是改善混凝土的和易性，降低水灰比，提高混凝土强度或在保持混凝土一定强度时减少水泥用量。而水灰比的降低、水泥用量的减少对防止开裂是十分有利的。缓凝剂的作用是延缓混凝土放热峰值出现的时间，由于混凝土的强度会随龄期的增长而增大，所以等放热峰值出现时，混凝土强度已增大了，从而减小裂缝出现的几率。

由于当地没有粉煤灰，为改善混凝土和易性，同时减少水泥用量，本工程选用了阿联酋公司生产的 LD80 缓凝型高效减水剂。这种缓凝型高效减水剂可延长混凝土凝结时间 1～5h以上，减水 10%～25%，节约水泥用量 10%～15%。

2.2 添加抗裂纤维

在混凝土中加入纤维，可以改善混凝土的特性，提高抗裂能力、抗渗能力、抗冲击及抗震能力、抗冻能力、耐磨能力、韧性及延展性，阻止和延缓结构主钢筋或钢板的腐蚀。

纤维混凝土应用较广泛的为钢纤维混凝土、玻璃纤维混凝土和聚丙烯纤维混凝土。本工程选用聚丙烯纤维混凝土。

2.2.1 添加聚丙烯纤维的混凝土与传统混凝土比较

（1）抗压强度没有明显变化。聚丙烯纤维为低弹性模量纤维，对混凝土抗压强度贡献不大，少量纤维加入混凝土后，可以改善混凝土的微观结构，减少混凝土的初始裂缝，提高混凝土的抗压强度。其抗压强度之与水泥强度、水灰比有关，与纤维无关。即聚丙烯纤维混凝土抗压强度可近似地等于基体混凝土抗压强度。

（2）抗拉强度略有提高。尽管在早期范围内，低弹性模量的聚丙烯纤维对混凝土强度有一定的副作用，但随着龄期的增长，聚丙烯纤维对混凝土有显著的补强作用，抑制了混凝土内部微裂缝的生成和发展，提高了混凝土的连续性和完整性。

（3）提高抗裂性。当每立方米混凝土中掺入约 0.5kg 的杜拉纤维，抗裂性提高近 70%。

（4）凝结时间略有缩短。掺入聚丙烯纤维后，混凝土的初凝时间提前 1h 左右，终凝时间也有所提前。

（5）坍落度稍微减小，黏结性增加。

（6）耐久性显著提高。聚丙烯纤维可以通过大量吸收能量，控制水泥基体内部微裂缝的生成及发展，大幅度提高混凝土抗裂能力及改善抗冲击能力，并能大幅度提高混凝土抗折强度并降低其脆性，同时也提高了混凝土的抗渗能力、抗冻能力，使混凝土耐久性大大提高。

2.2.2 聚丙烯混凝土的施工要点

（1）聚丙烯纤维完全为物理性添加物，同混凝土骨料及外加剂不起任何化学反应，故不需改变混凝土的配合比，对坍落度影响小，初凝、终凝时间变化不大，黏聚性增强，泵送性能有所改善，施工及养护工艺无特殊要求。

（2）聚丙烯纤维混凝土如用常规搅拌设备搅拌，只要适当延长搅拌时间（约 2min），纤维束即可彻底分散为纤维单丝，并均匀地分布于混凝土中，而使用强制式搅拌设备无需延长搅拌时间。

经过市场调查和比较，最终确定选用格雷斯抗裂纤维，每立方米掺量为 0.6kg，每立方米混凝土纤维数量为 1.35 亿根。其物理性能如表 2 所示：

格雷斯抗裂防渗纤维的物理性能 表 2

材　质	100%聚丙烯	直　径	18μm
抗拉强度	365MPa	密度	0.91
极限延伸率	27.2%	长度	19mm
弹性模量	3300MPa	比表面积	225m²/kg
熔　点	160℃	吸水性	无
燃　点	590℃	抗酸碱、抗盐腐蚀性高	

2.3 施工注意事项

现场垂直运输选用两台行走式塔吊，臂长 70m，塔轨 155m，基本覆盖所有混凝土结构施工区域。混凝土供应采用现场搅拌，由 7 台强制式混凝土搅拌机组成了现场混凝土搅拌站，两台混凝土输送泵配合手动布料杆完成大面积混凝土的浇筑工作。

异型斜方柱采用塔吊浇筑混凝土，混凝土工分为前台、后台两组。两组施工人员均由中国技术工人和当地工人组成。

针对当地施工特点，我们制定了周密的施工方案，并用当地语言和中文两种语言进行技术交底，搅拌站悬挂用两种语言写出的配合比，使每个施工人员都能理解施工方案。

2.3.1 配合比的确定

现场试验室在对选用水泥、骨料及外加剂分别做试验确定其特性的基础上，做了配合比试验，确定了本工程斜方柱混凝土配合比如表 3。混凝土强度等级 C30，水灰比 0.49，砂率 42%。

斜方柱混凝土配合比 表 3

项目 \ 材料名称	水泥	水	砂	石	外加剂
每立方米用量（kg/m^3）	382	187	769	1062	5.0
每盘用料（kg）	150	73	302	417	2.0

注：外加剂为减水剂 LD80，掺量 1.3%，坍落度为 140～160mm。

2.3.2 混凝土拌制

现场拌制混凝土采用袋装水泥，砂石料用小推车计量，外加剂用量筒计量。根据配合比确定每盘各种材料用量及车辆重量，分别固定好砂、石各个磅秤标准。在上料时车车过磅，骨料含水率经常测定，及时调整配合比用水量，确保加水量准确。

装料顺序：先倒石子，再装水泥，最后倒砂子。并在混凝土干料中加入抗裂纤维搅拌均匀，再加入水进行搅拌。掺外加剂时，在混凝土内掺水 50%后按每盘用量与水同时装入搅拌机搅拌。搅拌时间 90s。

斜柱倾斜度在 70°以上，因此必须控制混凝土坍落度在 160mm 以内，才能保证骨料均匀入模。

2.3.3 混凝土浇筑

坦桑尼亚首都达累斯萨拉姆市虽然位于赤道附近，但属于海洋性气候，白天日照强，温度高，夜间凉爽。因此在制定混凝土浇筑方案时明确了大尺寸构件的浇筑时间为晚 19 点以后开始，以降低混凝土入模温度。

为了避免混凝土产生离析和污染被浇筑斜柱的钢筋而产生细微的收缩裂缝，特制了 PVC 串筒，深入斜柱内，控制混凝土入模高度小于 2m。由于斜柱截面较大，必须分散均匀下料，分为 3～4 个区域分别下料。严格控制混凝土分层浇筑厚度，每层厚度 50cm。配备 4 套 70 振捣棒，2 套 50 振捣棒，同时振捣，弥补由于斜柱截面大，振捣不充分而导致混凝土表面漏石子、出现裂纹等问题。使用插入式振捣器快插慢拔，插点均匀排列，逐步移动，做到均匀振实；移动间距不大于振捣器作用半径的 1.5 倍；振捣上一层时插入下层 50mm，以消除两层间的接缝。

2.3.4 养护

混凝土的保温和养护，一是减少混凝土表面的热扩散和温度降低过快，防止产生表面裂缝；二是延长散热时间，使平均总温差对混凝土产生的拉应力小于混凝土的抗拉强度，防止贯穿裂缝产生。

为了达到保温效果，延长拆模时间，混凝土浇筑完毕 12h 后拆模，覆盖塑料薄膜并浇水，保持混凝土有足够的润湿状态，养护期延长为 14d。

3　结论

本工程采取了与中国国内传统做法不同的技术措施来解决大尺寸构件混凝土裂缝问题：

（1）添加抗裂纤维，抑制了混凝土内部微裂缝的生成和发展。

（2）选择凉爽的夜间浇筑混凝土，降低混凝土入模温度，减少混凝土内外温差。

（3）没有采用掺加粉煤灰降低水泥用量的传统方法，而是采用添加缓凝减水剂的方式改善混凝土和易性，并达到减少水泥用量、水化热的目的。

本工程于 2006 年 5 月 1 日完成混凝土主体结构，经观察，斜梁、斜柱等大尺寸异型构件未发现贯穿裂缝，说明以上技术措施在非洲热带地区大体积混凝土的施工中是有效且适用的。

参考文献

[1]　徐至钧．纤维混凝土技术及应用［M］．北京：中国建筑工业出版社，2003.

缓粘结预应力施工工艺在人民大学图书馆项目中的应用

薛　丰

（中建一局集团第二建筑有限公司）

【摘　要】本文介绍了缓粘结预应力技术在中国人民大学图书馆新馆工程结构大跨度梁板中的应用，简要地阐述了缓粘结预应力混凝土施工工艺的优缺点，并通过工程实践总结出了缓粘结预应力技术的施工方法及在施工中应注意的关键控制点，为缓粘结预应力技术在其他工程中的施工提供了参考。

【关键词】缓粘结；预应力；施工方法；控制点

1　缓粘结预应力工艺简述

缓粘结预应力技术是传统预应力技术的一次重大革新，它是继有粘结预应力、无粘结预应力后的第三代预应力技术，它摒弃了有粘结预应力施工复杂、孔道灌浆质量难以保证、张拉端做法困难的缺点，以及无粘结预应力在抗震及主要承受动荷载的结构体系中的不足，它是经过材料、结构、机械等多种专业的科技工作者研发数年推出的最新的预应力技术。它的特点主要是施工简便、与混凝土粘结锚固性能良好、质量容易保证，从而可以替代有粘结及无粘结预应力产品。简而言之，缓粘结预应力施工工艺可以按照无粘结预应力的施工方法达到有粘结预应力的受力模式，是预应力施工技术发展的趋势。

缓粘结预应力的核心技术就是缓凝材料，其钢绞线的构造如图1所示。

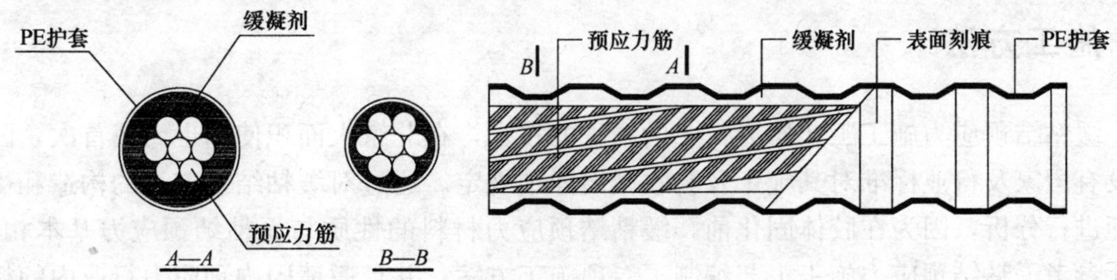

图1　缓粘结预应力筋示意图

缓粘结预应力筋是由预应力筋（钢绞线或钢丝束）、粘结剂和外包PE护套组成。缓粘结剂填充在外包PE护套和钢绞线之间，前期相当于无粘结筋的油脂，具有一定的流动性及对钢材良好的附着性。外包PE护套经过压纹设备压制出凹凸不平的波纹，与缓粘结剂一起包裹预应力筋，对钢绞线起保护作用。根据设定的固化时间，粘结剂逐渐固化，与钢绞线之间产生粘结力（粘结剂固化后具有比混凝土更高的强度），并与钢绞线成为一体，通过波纹状外表面的嵌固作用使钢绞线与混凝土之间不能滑移，达到有粘结预应力与混凝土之间的粘结效果。

2 工程概况

中国人民大学图书馆新馆工程总建筑面积 44620m^2，地下 2 层，地上 5 层，地上结构为现浇混凝土框架结构，抗震设防烈度为 8 度。由于图书馆设计使用荷载较大，且单层面积较大（建筑物南北向距离超过 100m），因此，为提高承载力并控制混凝土裂缝，设计单位分别在局部梁内和超长楼板构件内设置了预应力钢绞线（图 2）。具体如下：

梁（16.4m 跨度）：（4＋3＋3＋4）Φ^s15.2、（5＋5）Φ^s15.2、（3＋3）Φ^s15.2。

板（120mm 厚）：3Φ^s15.2@500 布置。

图 2 缓粘结预应力筋在板中布置

材料要求如下：

预应力钢筋：f_{ptk}＝1860MPa，D＝15.24mm，Ⅱ级松弛。

张拉端锚具：DZM15－1 单锚，Ⅰ类。

固定端锚具：DZM15 挤压锚，Ⅰ类。

本工程预应力全部采用缓粘结预应力施工工艺，预应力钢绞线总吨数为 70t。

3 施工方法

缓粘结预应力施工工艺作为行业内领先的技术，在北京大面积使用也尚属首次，因此还没有国家及行业标准对其施工及验收做出详细规定。通过对缓粘结预应力的构造和受力原理进行分析，因为在胶体固化前，缓粘结预应力材料的性质与无粘结预应力基本相同，因此参考无粘结预应力施工工艺编制了专项施工方案，并且邀请国内预应力行业内的权威专家对方案进行了论证。

3.1 材料选择

缓粘结预应力施工中最关键的是预应力筋张拉时间和缓粘结剂固化时间的确定。在预应力施工前必须根据整个工程的施工进度和预应力的施工进度确定预应力张拉时间，根据张拉时间确定缓粘结剂的固化时间。

本工程地上 5 层，根据施工进度计划，每层施工时间为 15d。但由于每层划分施工段较多，且设有后浇带，因此必须综合考虑整层完成时间及后浇带浇筑完成时间，取其最长时间进行固化时间设计。根据详细的施工进度计划编排，每层从开始浇筑第一段楼板混凝土开始到本层后浇带浇筑完成结束，共需要 52d，又考虑到混凝土强度达到张拉要求需要 28d 及预应力筋材料运输时间需要 2d，因此每层预应力钢筋从加工到最后张拉间隔的时间应为 82d。因为本工程预应力用量不大，通过和分包单位协商，预应力钢筋分两次进行加工，第一次加工供料为首层、二层，第二次加工供料为三层、四层。因此，每批加工的预应力筋从加工开始到张拉的最长时间为 97d，确定缓粘结施工方案，在 9 个月内可以进行张拉，以防施工过程中由于各种原因产生拖延工期。实际工程中，从缓粘结预应力筋生产到张拉最长为 3 个月。

3.2 施工流程

3.2.1 缓粘结预应力板施工流程

楼层板缓粘结预应力钢筋施工流程如下：

(1) 支搭楼板底支撑及板底、板侧模板，板侧模需配合留槽；

(2) 绑扎楼板下铁；

(3) 楼板预埋件、预留洞口；

(4) 铺设楼板缓粘预应力钢筋，铺设并固定：缓粘结预应力钢筋并束→钢束调整编束→控制顺直及曲线高度→绑扎与定位马凳固定→张拉端、固定端组件安装及固定→钢绞线伸出楼板侧模槽口；

(5) 绑扎板上铁；

(6) 浇筑混凝土；

(7) 混凝土终凝后，清理张拉端承压板面混凝土；

(8) 同条件混凝土试块达到设计强度等级 100%后开始张拉预应力筋；

(9) 整理张拉记录；

(10) 混凝土封锚（微膨胀混凝土）。

3.2.2 缓粘结预应力梁施工流程

框架梁缓粘结预应力钢筋施工流程如下：

(1) 支搭框架梁底支撑及梁底、梁单侧模板，梁内顶端模板需配合留孔；

(2) 绑扎框架梁普通钢筋；

(3) 铺设框架梁缓粘结预应力钢筋：缓粘结预应力钢筋曲线控制点弹线、焊控制点、定位筋→穿筋→张拉端、固定端组件安装及固定→缓粘结预应力钢筋调整、绑扎、固定→钢绞线伸出楼板顶并保护；

(4) 封另一侧梁侧模板；

(5) 浇筑混凝土；

(6) 混凝土终凝后，清理承压板面混凝土；

(7) 同条件混凝土试块混凝土达到设计强度等级 100%后开始张拉预应力筋；

(8) 整理张拉记录；

(9) 混凝土封锚（微膨胀混凝土）。

3.3 主要控制点

3.3.1 缓粘结预应力筋的制作

(1) 在缓粘结预应力筋制作或组装时，不得采用加热、焊接或电气焊切割的方法。在缓粘结预应力筋附近对其他部件进行气割或焊接时，应防止缓粘结预应力筋受焊接火花或接地电流的影响。

(2) 缓粘结预应力筋下料应在平坦、洁净的场地上进行。其下料长度应采用钢尺丈量，使用砂轮锯或专用切筋器切断。

(3) 缓粘结预应力筋挤压锚具挤压前，在钢绞线端头安装异型钢丝衬套与挤压套，并在挤压套外表面涂润滑油，钢绞线、挤压模与活塞杆应在同一轴心线上。液压挤压机的压力表读数按生产厂提供的参数控制，钢绞线端头应露出成型后挤压锚具外端。挤压锚具应与锚垫板固定可靠。

3.3.2 缓粘结预应力筋的铺设

(1) 缓粘结预应力筋铺放之前，及时检查其规格尺寸和数量，逐根检查并确认其端部组装配件可靠无误后，方可在工程中使用。对护套轻微破损处，采用外包防水聚乙烯胶带进行修补，每圈胶带搭接宽度不应小于胶带宽度的1/2，缠绕层数不应少于2层，缠绕长度应超过破损长度30mm，严重破损的应报废。

(2) 张拉端端部模板预留孔按施工图中规定的缓粘结预应力筋的位置编号和钻孔。预应力筋可在浇筑混凝土前穿束，严禁电火花烧伤管道内的预应力筋，同时应在外露端头裹塑料纸防锈。采用人力穿束。

(3) 板中缓粘结预应力筋铺设总体要求：

1) 缓粘结预应力筋铺设时，应按其布置图保证水平间距和预应力筋顺直。

2) 缓粘结预应力筋铺设为直线铺设，并用铁丝将缓粘结筋与非预应力钢筋扎牢，保证预应力钢筋位置为板中心偏下。

3) 缓粘结预应力筋张拉端的承压板可固定在端部模板上，或利用短筋与四周钢筋焊牢，且应保持张拉作用线与承压板相垂直，张拉端内侧预应力筋应有一定长度的平直段。当张拉端采用凹入式做法时，采用预留槽形式。

4) 缓粘结预应力筋固定端应事先组装好，按设计要求的位置绑扎牢固。

(4) 预应力筋数量及布筋间距：严格按照根据本工程设计施工图制定的预应力施工方案规定的预应力筋数量和位置铺设缓粘结预应力钢绞线。

(5) 预应力筋平顺：预应力筋长度较长，涉及总包作业面混凝土浇筑施工分段，布筋时应严格控制调整，未浇筑混凝土部分预应力筋应做好盘卷保护工作，保证预应力筋平顺，以减少张拉时的摩擦损失并保证张拉后有效应力达到设计要求。

(6) 梁内缓粘结预应力筋平顺：框架梁内缓粘结预应力筋成束布筋，刚度较好，缓粘结预应力筋平顺可有效保证。

(7) 梁内缓粘结预应力筋曲线矢高：严格按照施工方案的定位钢筋高度制作、安装定位钢筋，用绑丝把缓粘结预应力筋与定位钢筋绑扎牢固，确保预应力筋有效矢高。为保证张拉的顺利进行，预应力筋在靠近端模板处要有不小于300mm的平直段（即预应力筋与垫板垂直），并用铁丝绑扎牢靠。

(8) 锚头安装固定：见施工图节点详图，应固定牢靠，再任何情况下不受扰动。

(9) 电气焊操作：尽量使各种管线为缓粘结预应力筋让路，在穿设预应力筋之后，尽量减少电气焊次数，严禁电气焊损伤缓粘结预应力筋。

(10) 混凝土浇筑：在浇筑混凝土前，技术人员认真检查验收缓粘结预应力筋、锚具、垫板、螺旋筋的安装情况，填写"隐蔽工程验收记录"；在浇筑混凝土时，振捣棒不得碰撞缓粘结预应力筋，防止缓粘结预应力筋偏离原位或被损伤。

(11) 侧模拆除：混凝土养护后，板内顶端模板要及时拆除，拆模后清理张拉预留洞，安装张拉端锚具。

3.3.3 缓粘结预应力筋的张拉

(1) 张拉时间。根据混凝土同期试块强度报告达到张拉要求（各层板混凝土达100%设计强度）后开始进行缓粘结预应力筋张拉。

(2) 张拉顺序。根据施工流水段划分及进度，分施工段张拉，各施工段内张拉尽量均匀。

(3) 张拉控制。缓粘结预应力筋张拉控制应力及伸长值应满足设计要求。缓粘结预应力筋张拉采用张拉力与伸长值双控进行，如发现伸长值不满足规范的有关规定，应立即停止张拉，在查明原因并采取相应措施后再进行张拉。

(4) 张拉步骤：

1) 预应力张拉设备在使用前，应送有资质的检验机构对千斤顶和油表进行配套标定。在张拉前进行试运行，保证设备处于良好工作状态。清理端部及穴模后安装锚环及夹片。

2) 安装千斤顶，连接好油路系统。由于开始张拉时，张拉端各个零件之间有一定的空隙，需要用一定的张拉力才能使之收紧。张拉到初应力（张拉控制应力的10%）时，记录首次千斤顶伸长值，然后继续张拉至控制应力，再次量测伸长值。核算伸长值符合要求后，卸载锚固回程并卸下千斤顶，张拉完毕。

3) 张拉时以控制张拉力为主，同时用张拉伸长值作为校核依据，实测伸长值与计算伸长值的偏差应在－6%～＋6%范围之内。如果超出正常范围，应立即停止张拉，查明原因并采取相应的措施之后再继续作业。

3.3.4 缓粘结预应力筋的成品保护

(1) 预应力钢绞线。预应力钢绞线为高强低碳钢，由7根直径为5mm的高强冷拔钢丝捻制而成，高温对钢丝的强度影响很大，因此，在所有工序施工过程中，严禁电气焊触及钢绞线及张拉锚固端组件，导致材料退火，影响钢绞线强度和延性。

(2) 锚具封装保护：

1) 后张法预应力钢绞线锚固后的外露部分应采用机械方法切割。预应力钢绞线外露长度不宜小于其直径的1.5倍，且不宜小于30mm。

2) 缓粘结预应力锚固区封闭前应进行防腐处理：锚具夹片和缓粘结预应力筋端部，应涂满防腐油脂，并套上塑料罩；也可采用涂刷环氧树脂达到全密封效果。

3) 锚具封闭保护宜采用与构件同强度等级的细石混凝土，也可采用微膨胀混凝土、低收缩砂浆等材料。突出式锚固端锚具的保护层厚度不应小于50mm。外露预应力筋保护层厚度：处于正常环境时不应小于20mm；处于受腐蚀环境时不应小于50mm。

4) 锚固区封闭前应将周围混凝土冲洗干净，并凿毛，必要时配置1～2片钢筋和在槽壁涂刷环氧树脂类粘结剂。

3.4 节点处理

3.4.1 张拉端和锚固端

缓粘结预应力混凝土张拉端、锚固端节点大样见图3、图4。

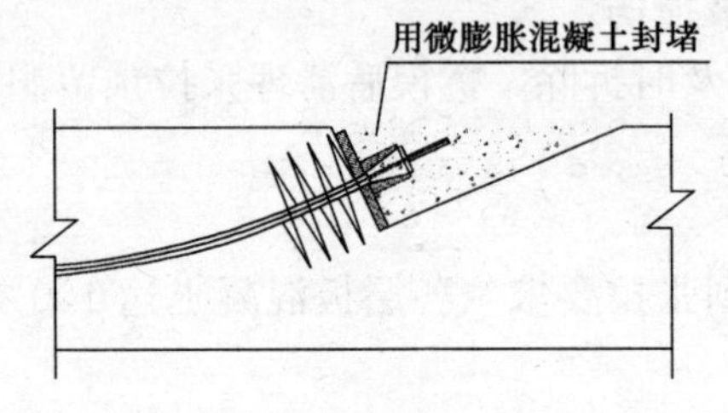

图3 锚固端挤压锚示意图

3.4.2 后浇带处节点处理

本工程结构楼板处设有后浇带，后浇带与预应力筋正交，考虑后浇带位置处的混凝土需要延后浇筑，因此在后浇带位置处采取预应力筋搭接的方法，此种方法可以保证一部分预应力筋不受后浇带的影响提前进行张拉，也减少了楼板位置处预留的张拉端数量。缓粘结预应力混凝土后浇带处张拉端、锚固端节点大样见图5。

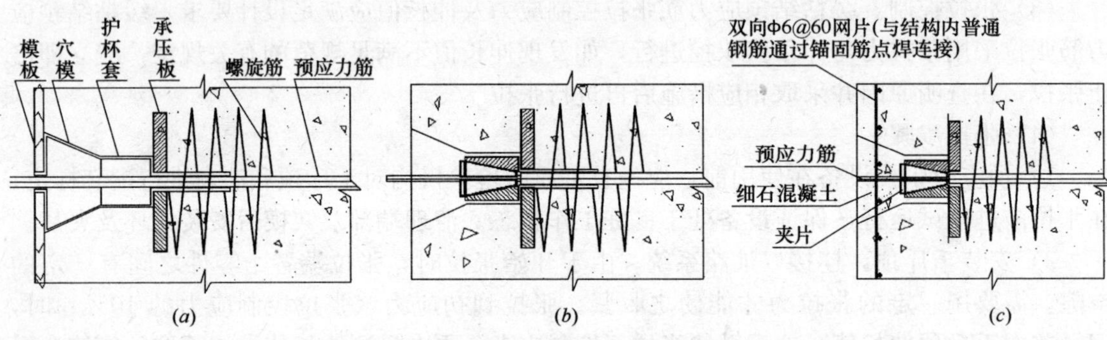

图4 穴模张拉端节点构造图

(*a*) 组装状态；(*b*) 张拉后状态；(*c*) 张拉端封堵

3.4.3 洞口处理

本工程楼板上孔洞、管道、凹槽、线盒较多，缓粘结预应力筋在平面内需做偏移，考虑到缓粘结预应力筋的侧向力作用可能使混凝土开裂。为避免和控制此类裂缝的出现，缓粘结预应力筋离开孔边不小于150mm，曲率半径按照1：6平缓绕过板上孔洞（如图6所示）。

4 结论

缓粘结预应力技术是汲取了无粘结预应力技术与有粘结预应力技术优点的一种新的预应力技术，它具有无粘结预应力钢筋的布置自由、无需设置孔道及灌浆的优点，又具有有粘结预应力技术的受力好的特点。本工程的缓粘结预应力施工过程与无粘结施工过程基本一致，与有粘结预应力技术相比，大大缩短了工期。

缓粘结预应力施工前应充分考虑现场施工工期的要求，适当留出备用时间，以便确定缓粘结剂的固化时间，确保在规定时间内进行张拉；同时，在施工中要保留同批次缓粘结预应力钢绞线，检查其在规定时间内是否固化。

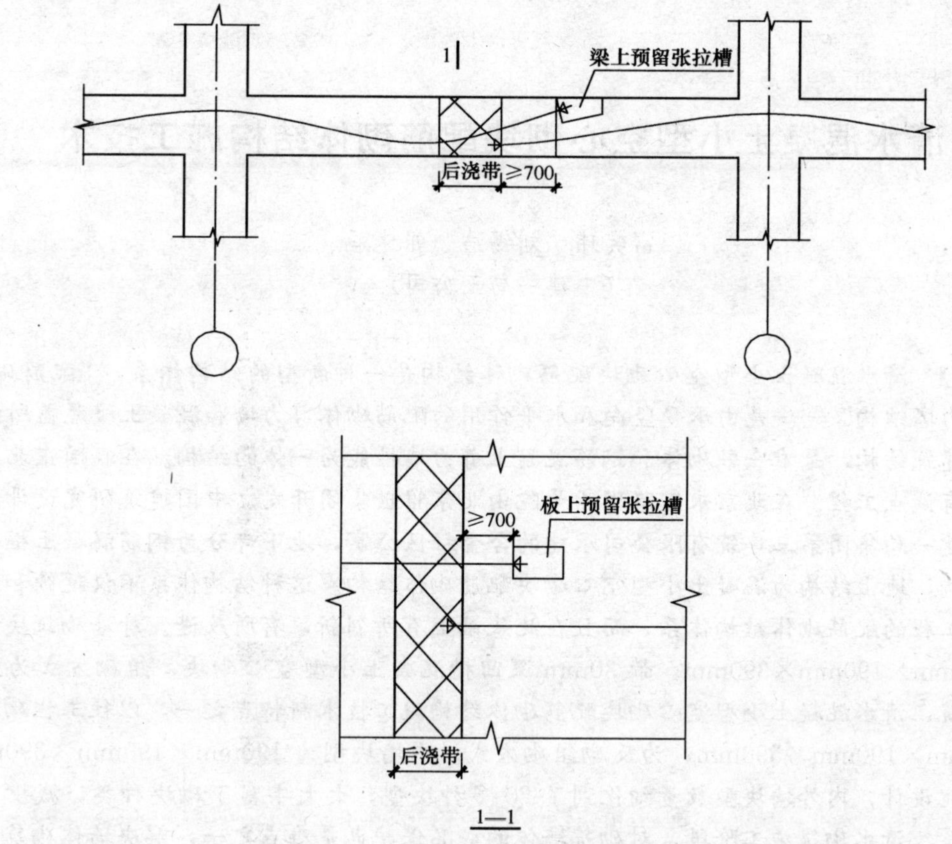

图 5　后浇带处张拉端、锚固端节点

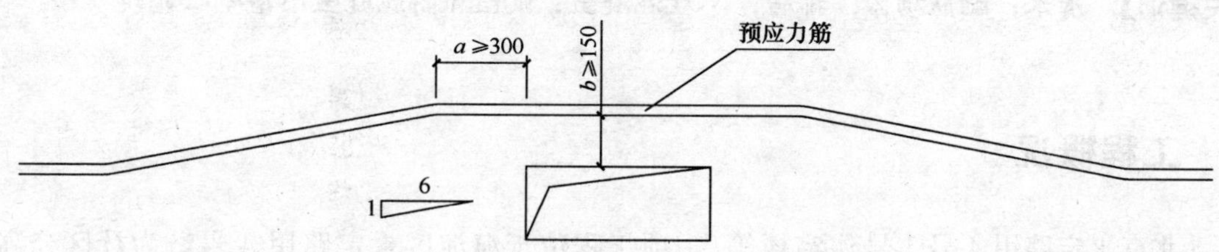

图 6　孔洞处缓粘结预应力筋的布置方式

参考文献

[1]　JGJ/T 92—2004 无粘结预应力混凝土结构技术规程［S］. 北京：中国建筑工业出版社，2004.

[2]　熊学玉，黄鼎业. 预应力工程设计施工手册［M］. 北京：中国建筑工业出版社，2003.

[3]　于慧敏，王中筑，贾希君，等. 缓粘结预应力混凝土技术在天津力神力池扩建项目中的应用［J］. 预应力技术，2007.

清水混凝土小型空心砌块配筋砌体结构施工技术

富笑玮　刘锡洁　郭建军

（中建一局三公司）

【摘　要】 清水混凝土小型空心砌块配筋砌体结构是一种新型的结构体系，“配筋砌块、砌体剪力墙结构”——是由承受竖向和水平作用的配筋砌体剪力墙和混凝土楼屋盖所组成的房屋建筑结构，是唯一融砌体和钢筋混凝土剪力墙性能为一体的结构。在我国东北、上海等地有试点工程。在北京永定路甲4号院由北京雅世集团开发、中国建筑研究设计院设计、中建一局集团第三建筑有限公司承建的合金社区公寓，地下部分为钢筋混凝土框架剪力墙结构，地上结构为混凝土小型空心砌块配筋砌体结构。这种结构体系不仅延续和继承了已往工程的配筋砌体结构体系，而且在此基础上有所创新，有所改进。外墙砌筑块型尺寸为90mm×190mm×390mm，带30mm深凹槽混凝土小型空心砌块，组砌方式为上下对扣砌筑，清水混凝土小型空心砌块配筋砌体结构施工技术新特点之一，以往工程砌块多为190mm×190mm×390mm，为反砌组砌方式。内墙块型为190mm×190mm×390mm。经过深化设计，内外墙块型数量细化到了20多种块型，大大丰富了砌块种类，减少了现场切砖量。清水砌筑施工阶段，对砌筑墙体的成品保护也是难点之一，解决墙体砌筑阶段和浇筑圈梁、顶板混凝土对砌块墙体的污染，也将在以下论述中重点体现。

【关键词】 清水；配筋砌体；排砖；芯柱混凝土；90mm高混凝土小型空心砌块

1　工程概况

北京永定路甲4号1号住宅楼等11项工程位于海淀区永定路甲4号，为社区公寓，规划总用地面积2.2hm^2，总建筑面积77848.37m^2，其中地上建筑面积48724.00m^2，地下建筑面积29124.37m^2。地上2～9层，地下2层，地下部分为钢筋混凝土框架剪力墙结构，地上结构为清水混凝土小型空心砌块配筋砌体结构。清水混凝土小型空心砌块配筋砌体结构是一种新型的结构体系，“配筋砌块、砌体剪力墙结构”——是由承受竖向和水平作用的配筋砌体剪力墙和混凝土楼屋盖所组成的房屋建筑结构，是唯一融砌体和钢筋混凝土剪力墙性能为一体的结构。

2　工程特点和难点

（1）在清水混凝土小型空心砌块配筋砌体结构施工中，由于施工技术的局限，造成大量现场切砖，通过在厂家完成多种砖型设计和深化工作，达到外立面清水施工效果。

(2) 提出 90mm 高清水混凝土小型空心砌块配筋砌体结构施工技术，混凝土小型空心砌块块型采用高 90mm、宽 190mm、长 390mm，组砌方式为上下对扣砌筑方式。解决结构受力问题，并到达预想建筑外观效果。

(3) 在砌体砌筑完成后先进行顶板模板及梁模的支设，将模板与外墙之间的缝隙进行密封处理，然后进行芯柱混凝土的浇筑，即很好地控制了墙面的污染，也加快了芯柱混凝土施工的速度。

(4) 在砌筑过程中，砂浆铺灰时将自制的 $\phi 8$ 光圆钢筋棍工具放置在砖肋的外侧，防止灰浆流淌污染墙面。

3 项目研究的背景

随着“禁实”工作在全国各地的不断推进，绝大部分城市已基本实现了“禁实”——禁止使用实心黏土砖——的目标，而作为新型墙体材料之一的混凝土小型空心砌块，很快得到了推广与应用。

我国建筑墙体自古以砌筑类材料为主，尤其是烧结黏土砖。长达上千年的砖砌体类建筑对我国房屋建筑的形式、建筑工艺、建筑风格以及人们的审美情趣都产生了很深的影响。目前，混凝土小型空心砌块较多使用于填充结构和混水结构。如何在现有混凝土小型空心砌块结构的基础上，提高结构安全可靠度，简化小砌块建筑的建造施工工艺，如何使混凝土小型空心砌块广泛应用于各类建筑，凸显小砌块建筑的特点，达到混凝土小型空心砌块在块型搭配上和颜色上灵活多样，并形成丰富的清水立面效果，是目前技术人员最为关注的。

4 项目研究的内容和分析

北京永定路甲 4 号院工程清水混凝土小型空心砌块配筋砌体结构施工中，把清水砌筑施工作为研究重点，确保配筋砌体的排砖准确、砌筑过程中的成品保护到位、砌筑灰缝饱满以及芯柱混凝土达到密实度要求。

4.1 技术措施及关键创新点

针对目前混凝土小型空心砌块结构施工技术，提出 90mm 高清水混凝土小型空心砌块配筋砌体结构施工技术，混凝土小型空心砌块块型采用高 90mm、宽 190mm、长 390mm，组砌方式为上下对扣砌筑方式。具体措施为：砌块端部侧面以及砌块中央带有竖向销键槽，混凝土小砌块之间通过砌筑专用砂浆粘结成墙体；将砌块块型定为高 90mm、宽 190mm、长 390mm，利用砌块横肋上的开口，将两砌块以错孔对扣方式组砌，砌块缺口在水平方向形成椭圆形通道，并配置水平向、竖向钢筋和有利于灌心混凝土水平流动，与垂直空洞内的灌心混凝土连成现浇混凝土网格结构。在混凝土小型空心砌块竖向孔洞内浇筑混凝土，使混凝土灌满砌体内所有空隙，达到混凝土小砌块与砌体内的现浇混凝土和钢筋共同受力，使其结构受力机理类同钢筋混凝土剪力墙体系。

4.1.1 施工工艺流程

施工工艺流程见图1。

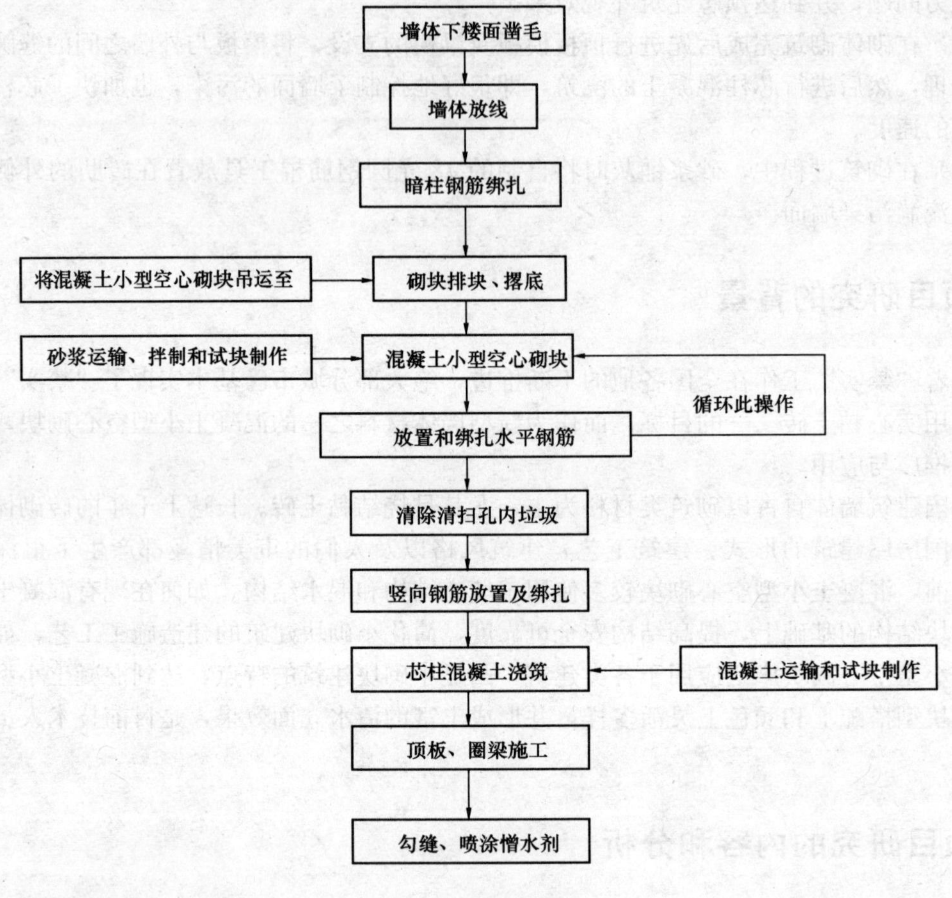

图1 施工工艺流程

4.1.2 施工操作要点

(1) 墙体凿毛

墙体放线之前砌筑墙体部位的混凝土板进行凿毛处理。

(2) 墙体放线

将基础面或楼层结构面按标高找平，依据施工图纸放出第一皮砌块的轴线、墙体边线及门窗洞口线，并经相关人员复核验收后方可进行砌筑。

(3) 暗柱钢筋绑扎

对于构造边缘翼暗柱及约束边缘暗柱，在砌筑施工前先进行暗柱钢筋的绑扎，避免砌筑完成后由于墙体水平配筋的设置造成暗柱钢筋绑扎施工的困难。

(4) 混凝土小型空心砌块的排块

1) 混凝土小型空心砌块的规格：墙体用砌块主要以390mm×190mm×90mm及390mm×190mm×190mm系列为通用系列，根据外立面为清水砌块墙面的特点，增加转角砌块、门窗框砌块、窗台砌块、连系梁等砌块。

①砌块类型：见表1。

砌 块 类 型　　　表 1

序号	1	2	3	4
块型图	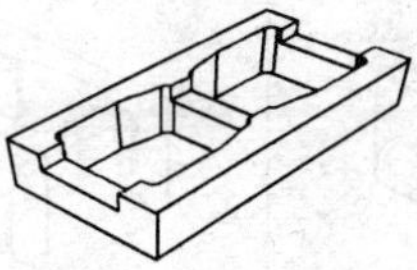	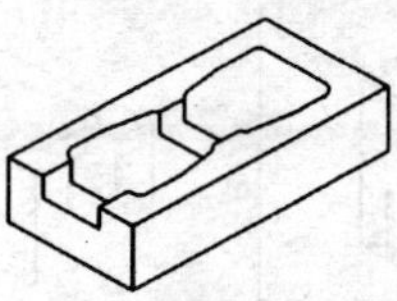	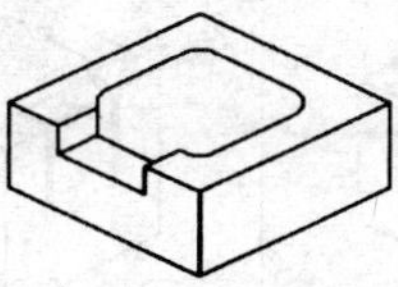	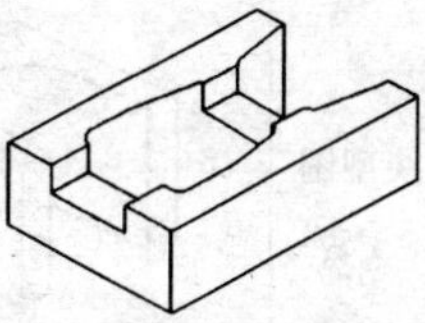
型号	ST01	ST02	ST03	ST04
用途	外墙主砌块	外墙砖 用于洞口或墙端	外墙砖半块 洞口块	七分头 外墙砖配套块型
序号	5	6	7	8
块型图	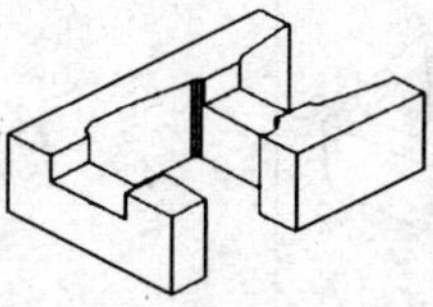	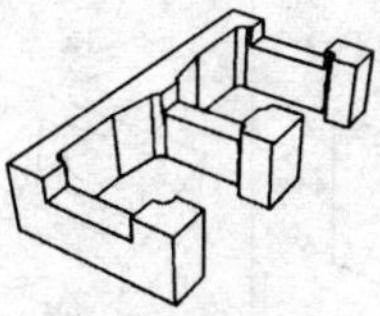	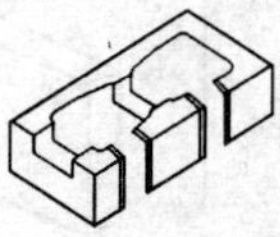	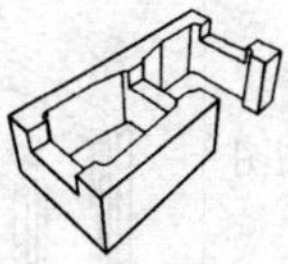
型号	ST05	ST06	ST07	ST08
用途	外墙砖 清扫口七分头	外墙砖 用于芯柱底部砌块	外墙砖一端平双 清扫口用于芯柱底部	外墙砖 内外墙交接处使用
序号	9	10	11	12
块型图	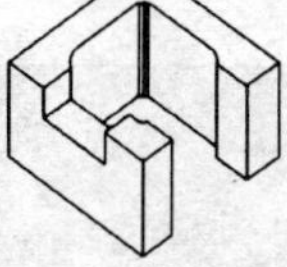	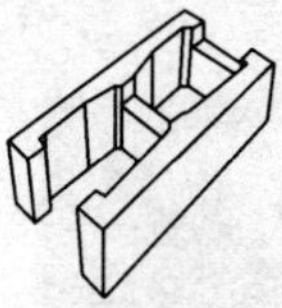	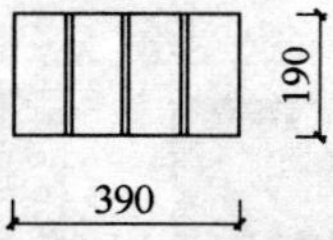 190 390 带刻痕的系梁块	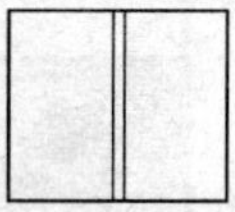
型号	ST09	ST10	ST11	ST12
用途	外墙砖 用于芯柱底部半块清扫口 或内外交接点连接	外墙砖 用于芯柱底部砌块	外墙砖刻痕砌块立 面用于窗台下部	外墙砖用于窗台下部
序号	13	14	15	16
块型图	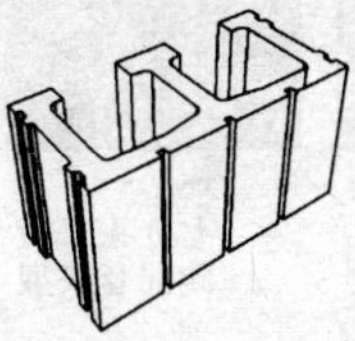	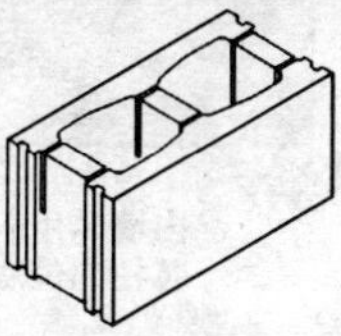	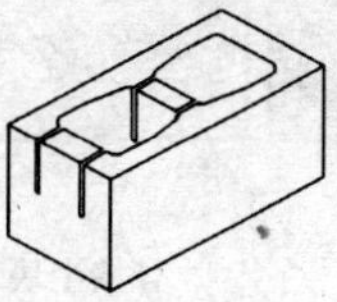	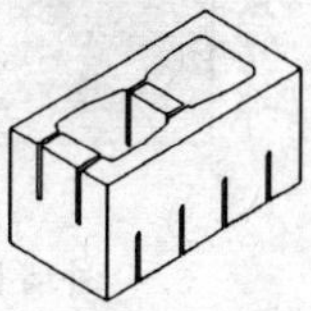
型号	ST13	ST14	ST15	ST16
用途	外墙砖刻痕砌块立面 用于清扫口	内墙砖主规格砌块	内墙砖 用于洞口或墙端	内墙砖 用于洞口或墙端芯柱底部

续表

序号	17	18	19	20
块型图				
型号	ST17	ST18	ST19	ST20
用途	内墙砖洞口、墙端连接	内墙砖洞口、墙端有芯柱底部	七分头内墙砖配套块型	内墙砖配套块型用于有芯柱底部
序号	21	22	23	
块型图				
型号	ST21	ST22	ST19103 彩色	
用途	内墙砖 用于芯柱部位底部内墙砖	内墙砖 用于内外墙交接处	外墙标准块	

②实体砌块：如图 2 所示。

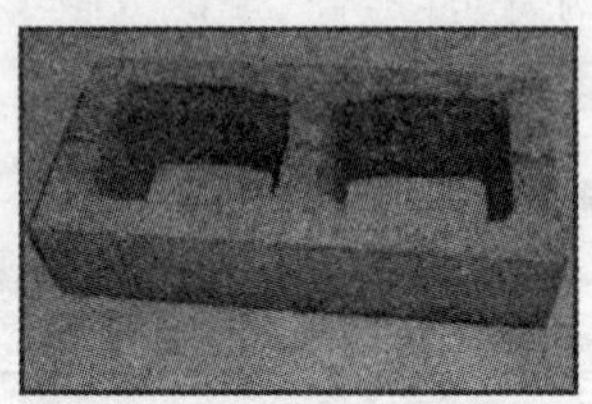

外墙90mm×190mm×390mm 标准块

外墙带30mm深凹槽标准块

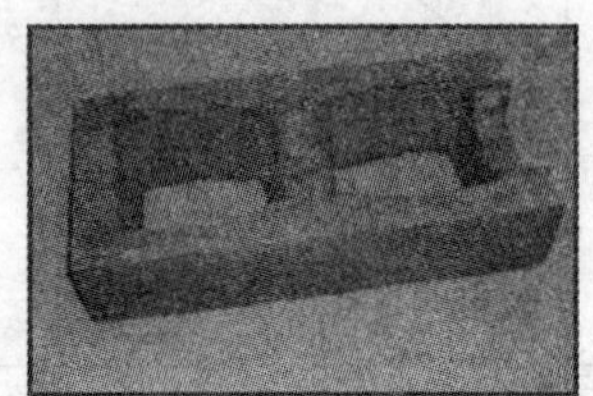

外墙洞口、转角标准块

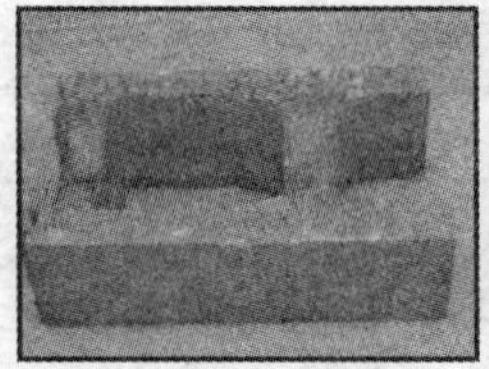

外墙七分头

外墙半块

内墙砖用于芯柱部位底部

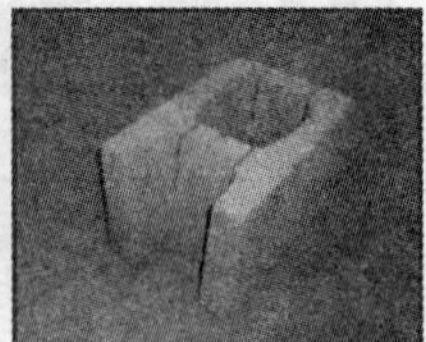

七分头内墙砖配套块型

图 2　砌块类型

2）在砌筑施工前根据结构平面图画出砌块排块图，依据排块图进行施工（图 3）。

①混凝土小型空心砌块应根据模数做到孔对孔、肋对肋，错缝搭接。

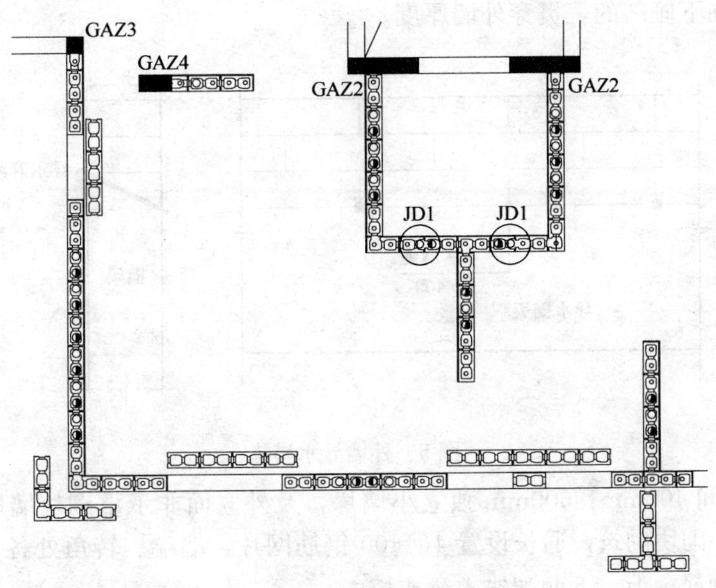

图 3　局部的砌块排块图

②每层首皮混凝土小型空心砌块采用带清扫孔砌块砌筑（图 4），外墙清扫孔设置在室内一侧，内墙清扫孔交错布置。便于清理芯柱孔内砂浆和芯柱钢筋连接绑扎。

（5）混凝土小型空心砌块的砌筑

1）砌筑前对轴线和标高进行复核、校正并立好皮数杆，同时对操作人员进行详细的技术交底。

2）砌筑时，每个操作工人负责 1～2 条轴线的砌体砌筑，从转角或定位处开始，内外墙同时砌筑。水平灰缝由皮数杆控制，垂直度用拖线板及吊线坠控制，墙面平整度由在两个转角处挂线控制。

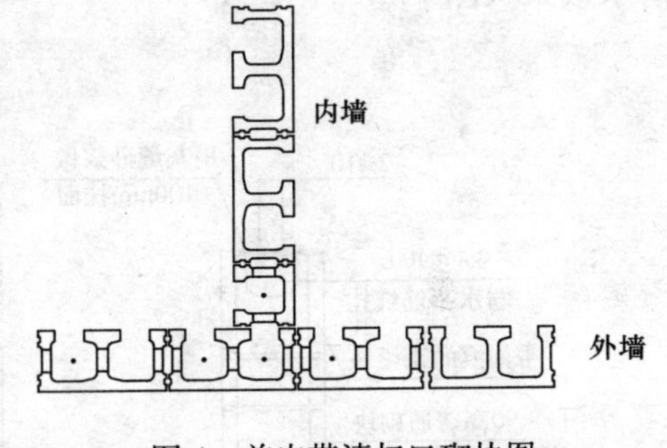

图 4　首皮带清扫口砌块图

3）砌筑时灰缝应横平竖直，砌体的水平灰缝厚度和竖直灰缝宽度应控制在 8～12mm，一般以 10mm 为宜。全部灰缝均应铺添砂浆，水平、竖直灰缝的砂浆饱满度不得低于 90%；砌筑中不得出现瞎缝、透明缝。

4）混凝土小型空心砌块应采用双面碰头灰砌筑。

5）需要移动已砌好砌体的混凝土小型空心砌块或被撞动的混凝土小型空心砌块时，应重新铺浆砌筑。

6）对墙体表面的平整度和垂直度、灰缝的厚度和饱满度应随时检查，校正偏差。在砌完每一楼层后，应校核墙体的轴线尺寸和标高，允许范围内的轴线及标高的偏差可在楼板面上予以校正。砌筑高度应根据气温、风压、墙体部位及混凝土小型空心砌块材质等不同情况分别控制。常温条件下混凝土小型空心砌块的日砌筑高度控制在 1.8m 内。

7）外墙砌筑需采取防渗漏及导水等措施（图 5）。导水孔做法采用油浸麻绳预埋，位置为首层第一皮砌块表面和二层以上圈梁表面与上一皮砌块灰缝对应处的砂浆内。导水孔应是由内而外向下倾斜的，贯穿外墙厚度。

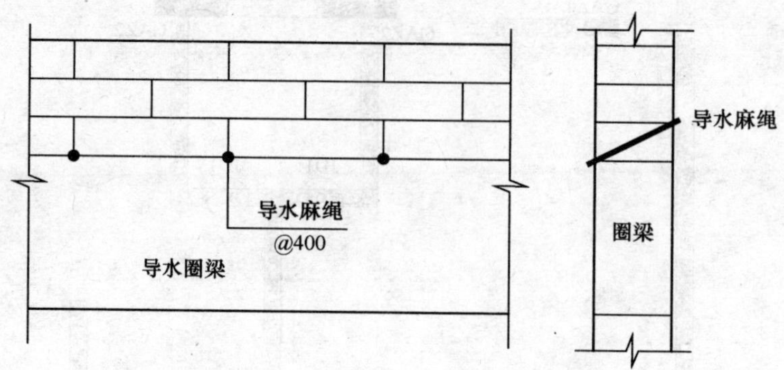

图 5　外墙导水措施

8）外墙窗间 400mm、600mm 独立小墙垛，及外立面非承重砌块墙用 90mm 高普通混凝土小型空心砌块砌筑，通长设置 4@400 钢筋网片，墙端、转角处各设一个芯柱，芯柱插筋为 $\phi12$ 钢筋，上、下两端锚入梁或板内。

9）女儿墙及窗台砌筑。女儿墙用混凝土小型空心砌块砌筑，墙中设配筋芯柱，锚入女儿墙压顶，墙内设水平钢筋网片（图 6）。

10）外墙暗过梁砌筑做法。对于小于 1.2m 的门窗洞口采用暗过梁做法，满足外立面清水效果（图 7）。

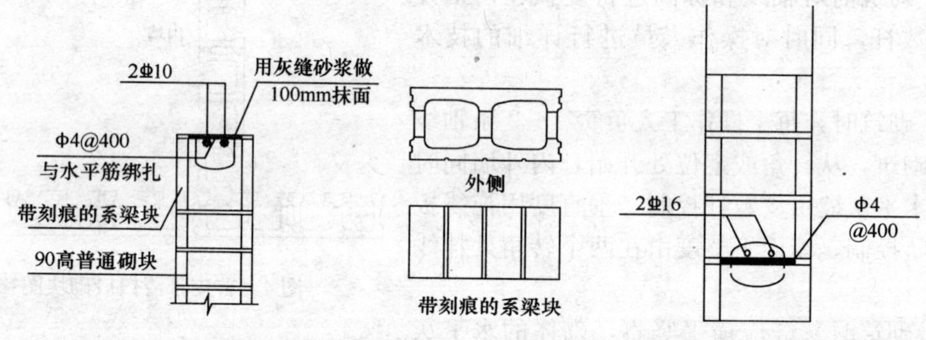

图 6　女儿墙及窗台结构做法　　图 7　外墙暗过梁做法

11）层间圈梁。在每层层间楼板处均设置圈梁，增加建筑的整体抗震性能。将设备出墙管道布置在圈梁部位，解决了设备管道出墙破坏砌块的问题。见图 8。

（6）墙体水平钢筋施工：

1）外墙采用 90mm 高的 90mm×190mm×390mm 的带 30mm 深凹槽的混凝土小型空心砌块，上下对扣砌筑。内墙采用 190mm 高的 190mm×190mm×390mm 的带 60mm 深凹槽的混凝土小型空心砌块。内、外墙均配置水平钢筋，竖向配置芯柱钢筋。见图 9、图 10。

2）施工前根据设计图纸，编制钢筋加工单，钢筋加工成型后，按规格分类码放并表明使用部位。

3）钢筋在翻样时注意钢筋的锚固、搭接长度必须符合设计要求。

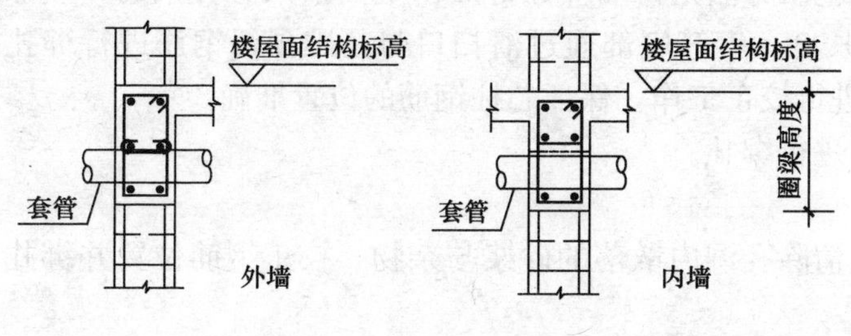

图 8　圈梁及套管示意图

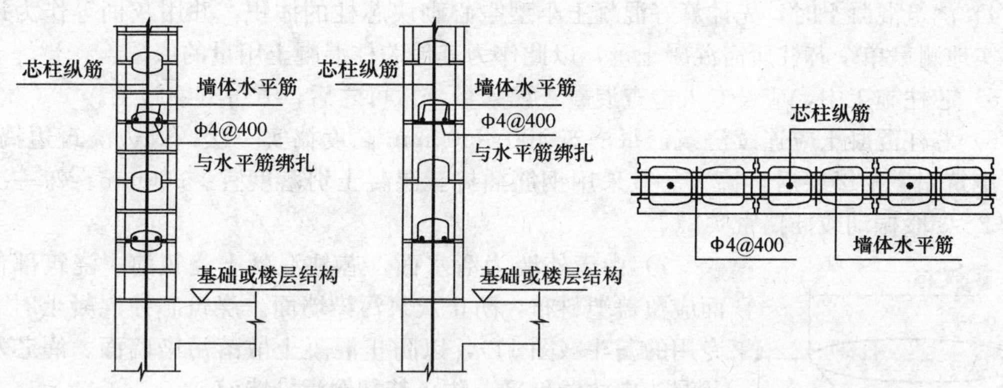

图 9　水平配筋示意图

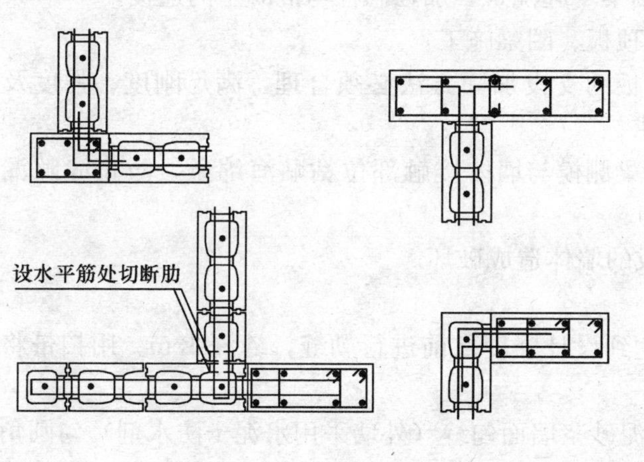

图 10　墙体水平筋与暗柱钢筋连接

4）水平钢筋施工与砌体交叉进行，每段根据砌筑工程量配置若干钢筋工进行墙体水平筋的放置和绑扎，节点构造及搭接、锚固必须符合设计要求，并要求随绑随验收。

(7) 混凝土小型空心砌块芯柱孔清理。在砌筑完成后将散落在芯柱内的砂浆出底层清扫口清理干净，并用鼓风机将孔内的浮灰清除，保证芯柱混凝土与基层结合牢固。

(8) 混凝土小型空心砌块芯柱钢筋：

1）在基础地面施工时预留芯柱钢筋插筋，保证搭接长度满足要求，位置准确。

2）芯柱钢筋在楼板面搭接，施工方法是待墙体砌好后由上面插入芯柱钢筋，上部预留与上一层芯柱钢筋搭接的搭接长度。钢筋底部通过清扫口与基础预留钢筋进行绑扎搭接，在灌芯混凝土浇筑好后立即进行校正工作，保证芯柱钢筋的位置准确。

3）芯柱钢筋在底层清扫口处进行绑扎。

（9）灌芯混凝土施工：

1）芯柱部位保证芯孔贯通，清除孔洞内散落的砂浆与杂物，校正钢筋位置并绑扎固定后，方可浇筑混凝土。

2）芯柱清理干净后在清扫口处支设模板，将清扫口封堵严密，并防止漏浆。

3）砌筑砂浆必须达到一定强度后（≥1.0MPa）方可浇筑芯柱混凝土。

4）浇筑混凝土时，先计算好混凝土小型空心砌块芯柱的体积，并用灰桶等作为计量工具实地测量单个芯柱所需混凝土量，以此作为其他芯柱混凝土用量的依据。

5）芯柱施工中，应设专人检查混凝土灌入量，认可之后，方可继续施工。

6）芯柱混凝土应连续浇筑。每浇筑 400～500mm 高度捣实一次，或边浇筑边捣实。严禁浇筑完一个楼层后再捣实。宜采用钢筋插捣。混凝土坍落度宜＞200mm。勿一次浇筑分 2～3 段振动或插捣密实。

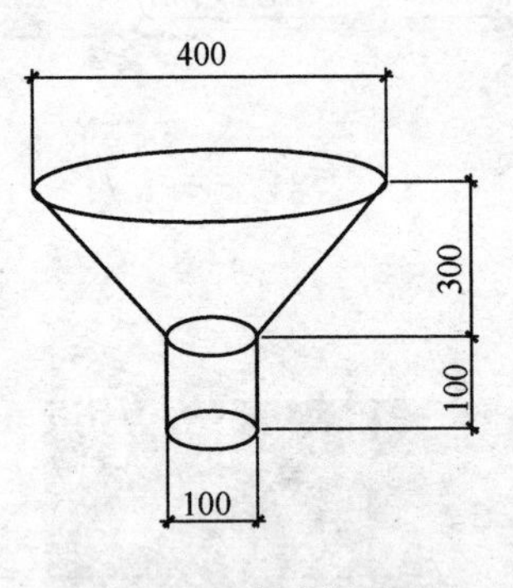

图 11　灌芯漏斗

7）由于外墙为清水面，芯柱混凝土浇筑前，浇筑部位墙面应覆盖塑料布，防止灰浆污染墙面。浇筑芯柱混凝土时采用专用的漏斗（图 11），以防止混凝土散落污染墙面。灌芯灰桶及漏斗应放置稳妥，防止其翻倒污染墙面。

8）浇筑芯柱混凝土至顶部时，预留 50mm 不浇满，届时和混凝土圈梁一起浇筑，加强芯柱与混凝土的连接。

（10）顶板、圈梁施工：

1）模板的支设加固方法必须合理，满足刚度、强度及稳定性的要求。

2）圈梁侧模与墙体接触部位粘贴海绵条，防止缝隙漏浆污染墙面。模板拼缝必须严密平整。

3）模板施工时，严禁对砌筑完成的墙体造成破坏。

（11）勾缝及喷涂憎水剂：

1）外墙砌筑完成后在砌筑砂浆达到设计强度之前进行勒缝，缝深 1cm。用扫帚将缝边清理干净，内墙随砌随勾缝。

2）砌筑完成一个月后作 1∶1 水泥砂浆墙面勾缝（外墙采用水泥＋防水剂）勾圆角凹缝，缝宽 10mm，缝深 6mm。

3）外墙面清理干净后喷无色憎水剂两遍。

（12）配合水、电施工：

1）水电及通风、空调在外墙上预留孔，首先由设计出图，按照图纸在混凝土小型空心砌块砌筑过程中预先留置套管，严禁在砌筑好的砌体上打洞及开槽，因此砌墙时水电要配合砌筑施工。

2）水电水平管道从圈梁、楼板中走，电管竖管布置在混凝土小型空心砌块孔洞内，待一层墙体砌好后再穿管，开关盒接线盒安装在砌块侧壁缺口处，并用砂浆固定。

3）为保证芯柱受压面积，一个芯孔允许穿一根电管，电管只在水平钢筋与砌块内壁之间的缝隙通过，严禁在两根水平筋之间穿过。

4）防雷接地系统通过每层的芯柱钢筋做防雷接地引下钢筋，在每一层的底皮砌块清扫孔中焊接，并与基础防雷接地钢筋焊接。

（13）成品保护。对于外墙为清水砌块砌体，在砌块砌筑、芯柱混凝土浇筑、顶板混凝土浇筑施工等过程中，控制各施工作业对砌筑墙面的污染成为成品保护的关键。

1）在砌筑过程中，铺灰时将自制 $\phi8$ 光圆钢筋棍的工具放置在砖肋的外侧，防止灰浆流淌污染墙面（图 12、图 13）。

图 12　砌筑墙面污染控制

2）在施工工序上进行调整，在砌筑完成后先进行顶板模板及梁模的支设，将模板与外墙之间的缝隙进行密封处理，然后再进行芯柱混凝土的浇筑，既很好地控制了墙面的污染，也加快了芯柱混凝土施工的速度。

(*a*)

(*b*)

图 13　芯柱施工污染控制

3）在顶板混凝土施工中严格控制混凝土的坍落度，防止混凝土坍落度过大造成流浆污染墙面。

图 14　墙面成品保护

4）混凝土施工过程中派专人巡视，检查浇筑部位是否漏浆，发现问题及时进行加固，并对污染墙面进行清洗处理。

5）墙体砌筑完成后，对于底部比较容易造成污染的部位应进行覆盖保护。见图 14。

4.2　推广应用前景

清水混凝土小型空心砌块配筋砌体结构施工技术的应用，凸显小型混凝土空心砌块建筑多变的特点，使混凝土小型空心砌块在块型搭配上和颜色上接近于早期使用的清水实心黏土砖的结构特点，并形成丰富的清水立面效果。在结构上，提高了混凝土小型空心砌块配筋砌体结构的安全可靠度。

4.3 应用情况及效益分析

清水混凝土小型空心砌块配筋砌体结构施工技术在永定路甲 4 号院 1 号住宅楼等 11 项工程项目中得到了充分的应用，工作流程简洁、可操作性强，特别突出了清水砌筑的重点及难点，对以后此类结构施工有良好的借鉴作用。同时，通过北京市永定路甲 4 号院清水混凝土小型空心砌块配筋砌体结构施工，为企业积累了清水砌筑建筑的施工经验，培养了一批清水混凝土小型空心砌块配筋砌体结构施工的专项管理人才。

5 结论

清水混凝土小型空心砌块配筋砌体结构施工工艺相对简单，人工工效明显提高。在砌块块型和组砌做法方面有所创新，不仅达到了建筑的观感要求，同时满足使用功能要求，节能环保，降低了施工成本。混凝土小型空心砌块的主块型为 190mm×190mm×390mm 及 90mm×190mm×390mm，并配有多种辅助块型，在块型搭配上比传统的黏土砖更加灵活多样，形成了丰富的立面效果。混凝土小型空心砌块可以广泛应用于各类建筑。在建筑度方面，既可用于低、多层建筑，也可用于高层建筑。小砌块作为墙体材料，既可用于承重墙，取代黏土砖，也可以用于非承重墙，在钢筋混凝土框架结构、钢结构等房屋中作为填充墙使用。因此，清水混凝土小型空心砌块配筋砌体结构施工中拥有广泛的建筑市场。就地取材，降低能耗，混凝土小型空心砌块的生产主要以水泥和砂石等为原料，符合我国珍惜土地、节约能源、保护环境的国策。

某活动中心及青少年科技馆工程大跨度梁板模板支搭施工技术

胡海鸥　同平武　易中华

（北京城乡建设集团有限责任公司）

【摘　要】 本文主要分析了大跨度梁及顶板模板高支架模体系（下称支模架）施工技术，系统地阐述了支模架的施工质量、安全措施与控制。支模架的搭设材料的选用，以及针对支模架施工中的安全控制，作出了一系列分析与论述，同时在施工中加大管理力度、强化过程控制，达到了预期的施工质量、安全效果。

【关键词】 大跨度梁；高支架满堂模板支撑体系；施工管理；质量安全措施

1　工程概况

某老年活动中心以及青少年科技馆工程，总建筑面积 28446.2m^2，框架结构，地上 6 层，地下 1 层，其中首层为电影院、多功能厅，二～三层为羽毛球馆，四、五、六层为网球馆，19～26/F～L 轴为大跨度，净跨长度为 19m，且层高较高，二、三层层高 8.4m，四至六层层高 10m。大梁高度为 1.2m，主梁宽 0.4m，次梁宽 0.35m，顶板厚度均为 110mm。属于高架支模和大跨度梁相结合，特点突出（图 1）。

2　搭设方案选择

（1）根据大跨度梁及顶板模板高支架模体系的实际情况，梁底模板、侧模、现浇板模板均采用 18mm 厚双面覆膜多层板，梁底、侧模采用 100mm×100mm 木方，现浇板采用 60mm×80mm 木方。

（2）支模架体系：梁底按梁截面尺寸搭设布置，立杆底部铺 200mm 宽、50mm 厚松木木板。梁底采用 100mm×100mm 木方，立杆在梁两侧各一根，间距 1200mm，纵距沿梁跨度方向间距为 1000mm（图 2）。

木方布置：梁底木方横向布置，梁侧内楞采用木方竖向布置。为了控制大梁模板的侧向胀力，大梁侧模板采用 ϕ14 螺杆对拉加固，配合顶板满堂脚手架支撑体系，对大梁做斜支撑，间距 300mm 一道，用 2 根钢管合并加固（图 3、图 4）。

（3）大梁起拱：由于跨度大于 8m，属于大跨度梁，按相关规定混凝土梁应按 1‰～3‰ 进行起拱，本工程根据实际情况我们将大梁跨中起拱量定为 38mm±3mm（图 5、图 6）。

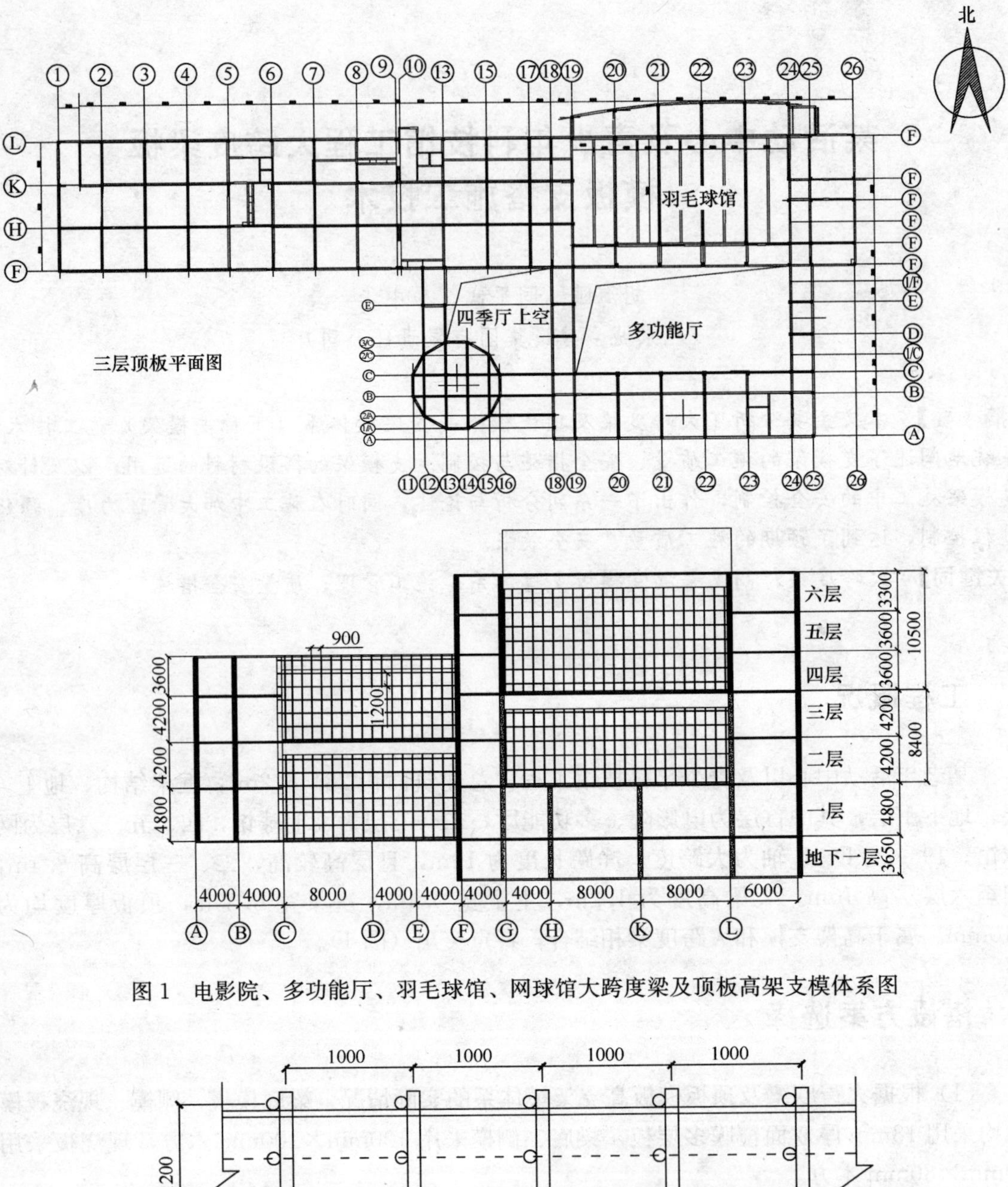

三层顶板平面图

图 1　电影院、多功能厅、羽毛球馆、网球馆大跨度梁及顶板高架支模体系图

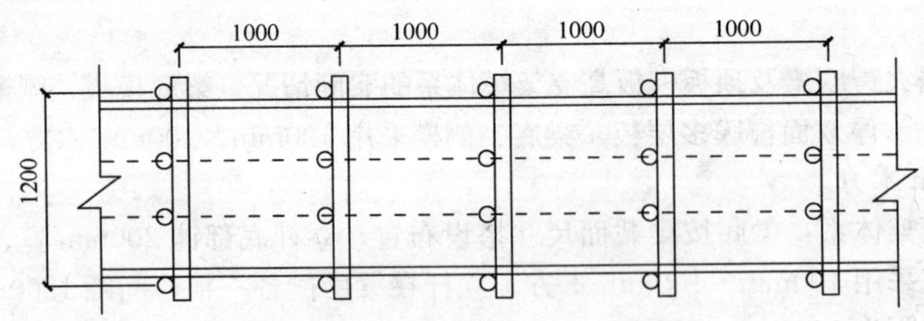

图 2　大跨度梁底支撑布置平面图

（4）为了保证混凝土大跨度梁的截面顺直，不产生扭曲，综合考虑施工过程中的各种不利因素，我们在模板支模时，特意将梁侧模模板上皮宽度净宽进行调整（在梁跨中至支座 1/4～1/2 处减少 2mm；在梁跨中至支座 1/2～3/4 处减少 3mm），用来抵消施工过程中产生的梁侧面扭曲变形。

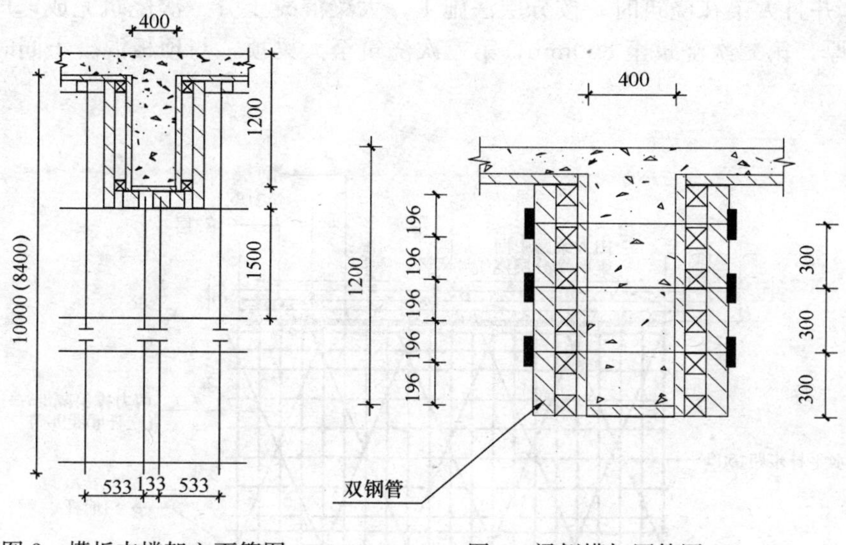

图 3　模板支撑架立面简图　　　　图 4　梁侧模加固简图

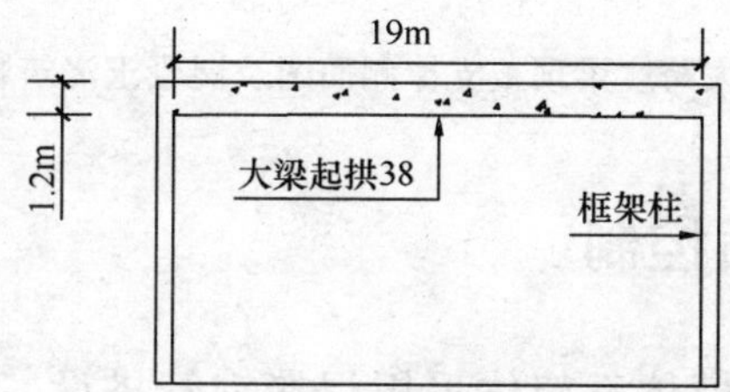

图 5　大梁起拱图

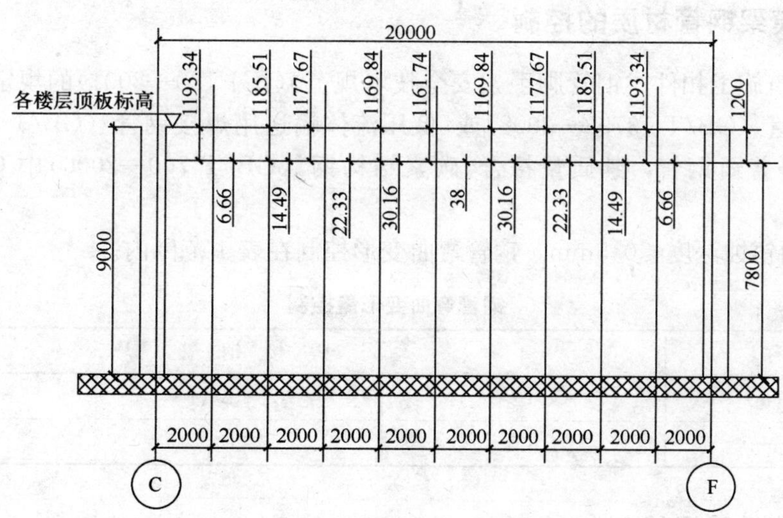

图 6　大跨度梁起拱布置图

（5）为确保支模架体系在混凝土浇筑施工时不会因为浇筑产生的推力对支模架体系产生水平位移。浇筑混凝土时采用地泵＋泵管浇筑，大跨度梁在梁中部开始浇筑，向大梁两端部浇筑，并且大梁在浇筑时，按分层法施工，大梁混凝土分三次浇筑完成，即第一次浇筑 400mm 厚，第二次浇筑至 800mm，第三次浇筑至大梁顶，与顶板混凝土同时浇筑完成（图 7）。

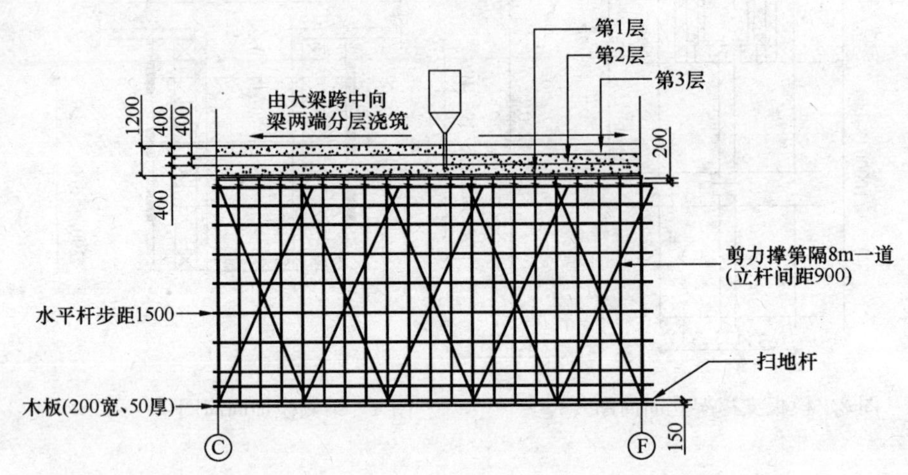

图 7　大跨度梁顶板支撑侧面图及混凝土浇筑顺序图

3　支模架材料的材质控制

根据工程结构特征，支模体系架体采用焊接钢管搭设，18mm 厚双面覆膜多层板，50mm×100mm、100mm×100mm 木方，普通 U 形托。

3.1　对支模架钢管材质的控制

按照《建筑施工扣件式钢管脚手架安全技术规范》(JGJ 130—2001)的规定：钢管采用《直缝电焊钢管》(GB/T 13793—2008)或《低压流体输送用焊接钢管》(GB/T 3091—2001)中规定的 3 号普通钢管，其质量符合《碳素结构钢》(GB/T 700—2006)中 Q235-A 级的标准。

钢管表面锈蚀深度≤0.5mm。钢管弯曲变形控制在表 1 范围内。

钢管弯曲变形量控制　　　　表 1

名　称	焊 接 钢 管		
长度 L/（m）	L<1.5	1.5≤L≤4	4≤L≤6.5
变形量（mm）	≤5	≤12	≤20

3.2　对扣件的质量控制

扣件可用锻造铁制作，材质应符合《钢管脚手架扣件》（GB 15831—1995）的规定。同时满足《建筑施工扣件式钢管脚手架安全技术规范》（JGJ 130—2001）、《钢管脚手架、模板支架安全选用技术规程》（DB11/T 583—2008）的规定。JGJ 130—2001 规定：一个直角扣件、旋转扣件（抗滑）的承载力设计值为8.0kN。扣件还应满足以下要求：

（1）扣件螺栓拧力矩必须满足≥40N·m且≤65N·m的要求，以避免过松、过紧问题；

（2）重复使用的扣件，如有裂缝、变形、滑丝、砂眼等现象应废弃；

（3）扣件不得有锈蚀，表面应清理干净。

《钢管脚手架、模板支架安全选用技术规程》（DB11/T 583—2008）规定：扣件与钢管接触部位不应有氧化皮；活动部位应能灵活转动，旋转扣件两旋转面间隙应小于1mm；扣件表面应进行防锈处理。

3.3 对普通U形托的质量控制

按照《钢管脚手架、模板支架安全选用技术规程》（DB11/T 583—2008）规定：可调底座及可调托撑丝杆与螺母捏合长度不得少于5扣，丝杆直径不小于36mm，插入立杆内的长度不得小于150mm。

4 施工方法

（1）工艺流程：结构平面上放线→纵横扫地杆→垫放木板→立杆→水平杆→剪刀撑、斜撑→梁底木方→梁底模板→梁侧模板→梁侧内楞木方→梁侧外楞钢管→对拉螺栓→螺母加固→固定梁斜支撑。

（2）支模架搭设：在结构层混凝土表面强度达到12N/mm²（首层地面回填夯实，经过试验并达到承载力的要求）后进行。先放线，按照支模架立杆纵横间距搭设水平扫地杆，经检查复核纵横间距符合要求时，再搭设立杆。

（3）搭设梁底水平杆：搭设前按设计的起拱高度确定水平杆标高，分别搭设大横杆、小横杆、梁底水平杆。

（4）搭设剪刀撑、斜撑：立杆、水平杆搭设完成后，搭设剪刀撑，剪刀撑搭设应按梁纵向布置，上端与梁底水平杆连接，下端与水平扫地杆连接，中间部分应采用旋转扣件与中立杆、水平杆连接，每处3个旋转扣件。

（5）立杆搭设：上层立杆应按下层立杆的位置进行搭设，确保上下层立杆搭设在同一条垂直线上。

（6）现浇梁、板支架：

1）结构梁下模板支架的立杆纵距应沿梁轴线方向布置；立杆横距应以梁底中心线为中心向两侧对称布置，且最外侧立杆距梁侧边距离不得大于150mm。当模板支架高度≥8m采用刚性连墙件在水平加强层位置与建筑物结构可靠连接。扣件式模板支架顶部支撑点与支架顶层横杆的距离不应大于400mm。见图8、图9。

2）立杆上的U形支托（丝杠直径38mm，可调托撑钢板厚度不得小于5mm，翼板高度不应低于30mm）出钢管的丝扣长度不大于200mm，并且支撑架子按每两步与周围结构柱进行可靠的抱接。立杆接长必须采用对接，禁止搭接。

（7）模板安装：采用侧包底的方式安装梁模板，底模安装时先装木方。侧模安装时将加工好的定型木模板进行拼装，再安装钢管外楞、对拉螺杆、斜撑。

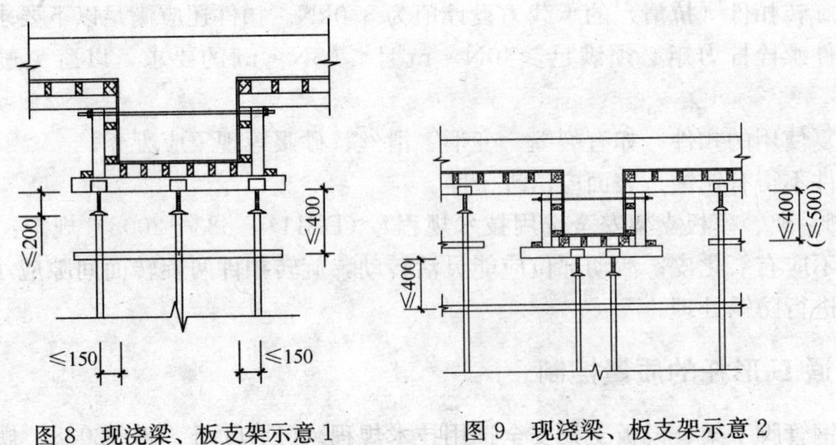

图 8　现浇梁、板支架示意 1　　图 9　现浇梁、板支架示意 2

（8）模板拆除：混凝土强度达到设计强度的 100％后拆模。先侧模，后底模；从跨中向两端。拆除顶板模时，顶板下部的立杆不能全部拆除，并对顶板进行及时的回顶，以保证顶板能够承受上部顶板传递下来的荷载，从而保证大跨度梁板支撑架体的整体稳定。拆除作业必须自上而下逐层进行，严禁先拆除或松开下层脚手架、模板支架，严禁上、下同时作业。连墙件应随脚手架、模板支架逐层拆除，分段拆除时高差不得大于两步，否则应增设临时连墙件。拆除后的构配件必须妥善运至地面，严禁高空抛掷。

5　注意事项

（1）钢管支架搭设横平竖直，纵横连通，上、下楼层支模、架立杆应在同一垂直线上，尽量减少接头数量。顶板模板拆除时，顶板下部的立杆不完全拆除，并对顶板进行及时的回顶。

（2）连接部位不少于 3 个连接件，水平拉杆应整体贯通。为避免架体摇晃失稳，应设置临时斜向钢管支撑，支撑与地面成 45°角。

（3）立杆与立杆下面的垫板不得有间隙或松动。立杆间距为 900mm×900mm。立杆必须支撑在垫板中部，且必须纵横成线，竖向垂直度偏差不大于 3mm。

（4）钢管外楞安装如有接头，应相互错开搭接，搭接处不少于两道螺杆。使用螺杆不得有滑丝现象。两只螺母应先拧第 1 道，再拧第 2 道。

6　质量、安全控制措施

6.1　质量控制措施

（1）顶板梁在浇筑混凝土时，为防止因停电或机械故障使混凝土不能连续浇筑，应提前对顶板浇筑时间进行计算，并准备好充足的备用电源，防止突然断电使混凝土产生裂缝。

（2）顶板、梁混凝土浇筑时间安排在夜间。不能在中午浇筑，以防止高温天气使新浇筑的混凝土水分过早蒸发，表面产生裂缝。

（3）大梁混凝土施工时，采用分层浇筑的方法，以保证大梁混凝土不出现温度裂缝。

（4）大梁混凝土浇筑时从梁跨中向两端进行浇筑。

（5）顶板大跨度梁、板浇筑时，在下部要有专人进行观察，发现变形及时进行调整。

（6）混凝土终凝后并设专人进行养护，每天浇水不少于 6 次（6：00、9：00、12：00、15：00、17：00、20：00 各 1 次）。

6.2 安全控制措施

（1）模板支架四周及中间每隔 4 排立杆应设置一道竖向剪刀撑，由底至顶连续设置。

（2）模板支架竖向每两步距（每步距 1.2m）、水平方向间距 8m 与结构柱拉结。

（3）模板安装前，必须搭设好相关脚手架。在梁底水平杆下设置脚手板安全隔离层。

（4）支模架应层层检查，发现上、下层支撑立杆有错位应立即整改。

（5）混凝土浇筑前和混凝土浇筑过程中必须检查支撑是否可靠、斜撑及平台连接是否松动、扣件是否松动，发现问题及时处理。

（6）混凝土浇筑前，对支撑立杆进行测量并做上标记，浇筑过程中派专人检查支架、支撑，发现下沉、松动和变形及时解决。

（7）严格控制实际施工荷载，钢筋等材料不能堆放在支架上。

7 应用效果

（1）本支模架体系受力清楚，结构简单，搭设拆除方便。支模架体系在受力过程中变形小，其刚度、强度、稳定性以及架体整体性良好。

1）拆模后，我们对梁底起拱进行检查发现，梁底模板起拱实测值在 2～2.5mm 之间，起拱高度在 36～39mm 之间，完全可以满足支模架设计值 38mm±3mm 的要求。

2）拆模后，我们对大跨度梁截面进行检查发现，梁宽偏差在 0～+2mm 之间，大梁截面尺寸完全能够满足国家相关规范和北京市“长城杯”的验收要求。

3）拆模后，我们对大跨度梁侧面上皮顺直情况进行检查发现，顺直度检查结果在 0～2mm之间，大梁顺直度完全能够满足国家相关规范的要求。

（2）采用高支架模体系，将上层结构荷载、施工活荷载、架体自重荷载（通过竖向支撑）均匀地传递到下层结构层，确保了支模架体系的安全。

（3）采用了钢管扣件式脚手架搭设高支架模体系，搭设费用较低、功效高、施工技术成熟。

参考文献

[1] JGJ 130—2001 建筑施工扣件式钢管脚手架安全技术规范［S］. 北京：中国建筑工业出版社，2002.

[2] 建筑施工手册（第四版）［M］. 北京：中国建筑工业出版社，2003.

[3] 北京城建科技促进会 .DB11—T583—2008 钢管脚手架、模板支搭及安全选用技术规程［S］.2008.

[4] 何盛熙 . 某工程转换层支模体系施工与安全控制［J］. 施工技术，2010（4）.

尾矿砂复配在混凝土生产中的研究及应用

赵荣明

(北京住总商品混凝土中心)

【摘　要】 天然砂资源日趋紧张，而且质量不断下降。尾矿资源存储量巨大，有效利用尾矿砂替代天然砂既可以解决天然砂资源紧张问题，而且符合环保利废的国家政策。通过试验，将尾矿粗砂和细砂按照一定比例复配，完全替代天然砂配制混凝土，而且性能优于天然砂配制的混凝土，并且通过与厂家沟通，改进生产工艺，扩大尾矿利用范围，实现了尾矿砂在混凝土生产中的全面使用，具有经济和社会效益。

【关键词】 尾矿砂；复配；试验；混凝土生产

建筑用砂石是混凝土的基本组成材料，也是消耗自然资源很多的材料。人工砂的应用能够有效地解决目前的天然砂资源紧缺的问题。尾矿是我国储存量最多的固体废弃物，主要包括金属尾矿和非金属尾矿，存放数量惊人。以北京周边地区为例，已存尾矿 13.1 亿 t，每年新排放的尾矿还有 4773 万 t。这些尾矿一般都堆积在矿山的周围，占用土地、破坏土壤、污染水质，特别是尾矿坝逐年增高，极易滑坡，对人身和财产造成侵害，危害很大。另外，尾矿维护、管理、运行费用大，安全隐患多。因此，合理地利用现有的尾矿资源已成为当今社会亟待解决的问题。

北京密云地区铁尾矿数量巨大，利用这些废弃资源生产建筑骨料，既可以解决环境和安全问题，又可以解决北京砂石资源紧张问题。

通过试验，将尾矿粗砂和细砂按照一定比例复配，在混凝土中替代天然砂，而且与厂家进行沟通，经过工艺改进，将尾矿粗砂和细砂按照我们制定的尾矿砂的质量控制指标分别生产，我们在站内自行复配，达到中砂标准，实现了尾矿砂全部替代天然砂，有效地利用了废弃资源。下面主要介绍尾矿砂的应用试验过程及配制混凝土的性能。

1　尾矿砂的特点

尾矿砂由于采用水洗的生产工艺，石粉含量较低，一般在 4%～5%，亚甲蓝值小于 1.4，符合标准要求，说明石粉含量较纯，不含泥，不吸附外加剂。

1.1　尾矿砂化学成分

尾矿砂的化学成分见表 1。

尾矿砂的化学成分　　**表 1**

成　分	SiO_2	Al_2O_3	Fe_2O_3	MgO	CaO	Cr_2O_3	K_2O	Na_2O
含量（%）	35.36	3.23	14.08	30.37	2.71	0.501	0.261	0.241

表 1 显示，尾矿砂主要化学成分为 SiO_2、Fe_2O_3、MgO，三者总量接近 80%，尾矿砂的碱含量很低，避免了混凝土碱骨料反应的危害。

1.2 尾矿砂矿物组成

尾矿砂的矿物组成见表 2。

尾矿砂的矿物组成 **表 2**

矿 物	透辉石	绿泥石	蛇纹石	橄榄石	伊利石	透闪石	滑 石
含量（%）	31	21	18	15	9	5	1

2 试验原材料

水泥：北京水泥厂 P.O.42.5，28d 强度为 52MPa。

粉煤灰：Ⅱ级，细度 15.6%，需水量比 100%。

矿粉：北京首钢嘉华建材有限公司。

石：5～25mm 密云铁尾矿。

外加剂：萘系天宇 311。

砂：人工砂主要是石灰石质（试验以河北三河产的为主）机制砂，尾矿砂主要是密云产铁尾矿制成的砂子。

3 试验内容

3.1 尾矿砂的复配比例和质量控制指标

生产厂家可以提供的尾矿粗砂的细度模数基本在 3.2～3.6 之间，细砂的细度模数在 1.7～2.2 之间，按照一定的比例进行复配，筛分结果如图 1 所示。

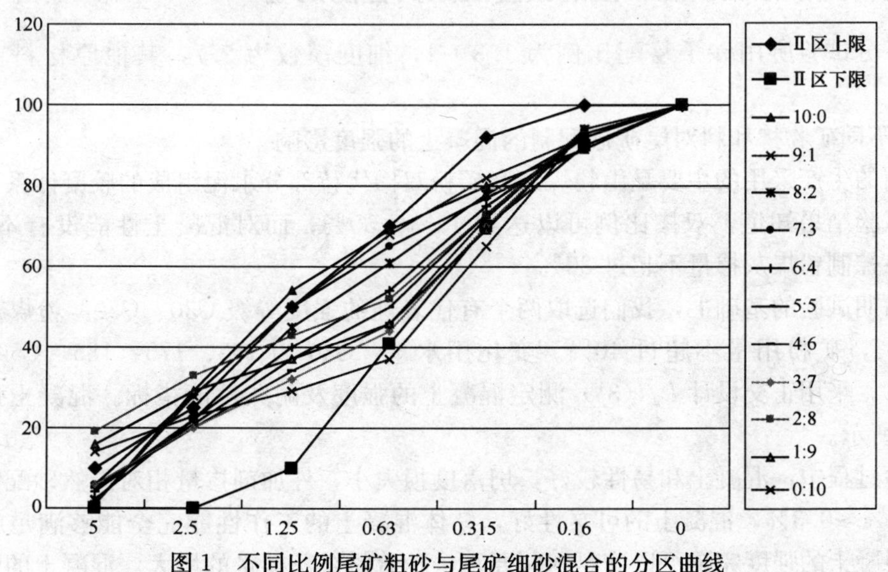

图 1 不同比例尾矿粗砂与尾矿细砂混合的分区曲线

选取的其中一组尾矿粗砂和尾矿细砂的细度模数 μ_x 分别为 3.15 和 1.94，这两种砂分别属于Ⅰ区粗砂和Ⅲ区细砂。而混合砂的 μ_x 介于前述两者之间，且随着尾矿细砂比例的增大，逐渐减少。从以上数据可以看出，此类尾矿粗砂与尾矿细砂的混合比例适合在6∶4、5∶5、4∶6之间，此时混合砂在Ⅱ区中砂范围内。

由于目前人工砂的生产工艺在行业中存在较大的差别，因此，行业标准中规定的人工砂的质量指标不一定完全适用于生产。用户可以根据试验和实际生产需要在行业标准的基础上与生产厂家一同制定适用于混凝土生产的控制指标的范围。我们以大量的试验作为依据，将这些控制指标确定下来，并与生产厂家进行沟通。表 3 和表 4 分别是尾矿粗砂和细砂的控制指标范围。

尾矿粗砂的控制指标范围　　表 3

试验项目	指　标	
细度模数	$2.9 \leqslant \mu_f \leqslant 3.5$	
石粉含量	MB<1.4，≤7%	
颗粒级配	公称粒径（mm）	累计筛余（%）
	5.00	≤10
	2.50	≥25、≤40
	1.25	≤60
砂含水率	≤5%	

尾矿细砂的控制指标范围　　表 4

试验项目	指　标	
细度模数	$1.7 \leqslant \mu_f \leqslant 2.2$	
石粉含量	MB<1.4，≥9%	
颗粒级配	公称粒径（mm）	累计筛余（%）
	5.00	≤5
	2.50	≤10
	1.25	≤20
砂含水率	≤3%	

通过与厂家进行沟通，尾矿砂的生产可以满足我们提出的质量控制指标，而且厂家通过增加相应的设备，对工艺进行修改，完全可以生产满足以上条件的质量稳定的尾矿粗砂和细砂。这样，我们可以通过试验确定尾矿粗砂与细砂的复配比例，以达到中砂的使用要求，将尾矿砂完全应用于生产。

3.2　复合尾矿砂配制混凝土的强度及耐久性能试验

本部分试验所用砂子复配比例为 1.3∶1，细度模数为 2.7，其他原材料主要性能同上。

3.2.1　不同矿物掺和料对尾矿砂配制的混凝土的强度影响

目前的生产采用的主要是由粉煤灰和矿粉双掺代替部分水泥组成的胶凝体系。由以前的一些试验结果知道，双掺比例可以达到 40%～50%，而对混凝土性能没有不良影响，但是应该控制粉煤灰掺量不超过 30%。

在前期试验的基础上，我们选取两个有代表性的强度等级 C30、C50，粉煤灰用量不超过 30%，矿粉用量不超过 40%。变化用水量：C30 为 165、175、185，C50 为 150、160、170。采用正交设计 $L_9(3^4)$ 测定混凝土的强度及耐久性能指标。混凝土强度如图 2、图 3 所示。

试验过程中，混凝土和易性较好，坍落度损失小，外加剂掺量相对天然砂配制的混凝土少 0.2%～0.3%，混凝土的可泵性好，整体混凝土的工作性能完全能够满足施工使用要求。混凝土的强度完全可以满足配制要求。随着粉煤灰掺量的增大，混凝土的强度均有

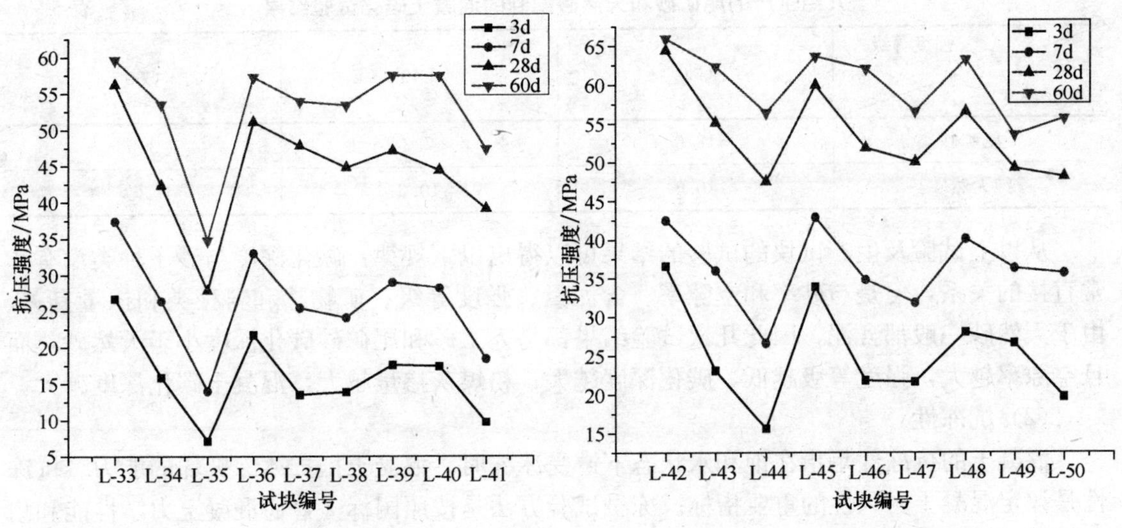

图 2　C30 混凝土试配强度　　　　图 3　C50 混凝土试配强度

一定的降低，在矿物掺和料总替代比例不超过 60％的情况下，矿粉不超过 40％时，其掺量对混凝土强度影响不大。

3.2.2　不同矿物掺和料对尾矿砂配制的混凝土的耐久性能影响

主要测定 C30、C50 混凝土的碳化性能、抗冻性、抗渗性、抗氯离子渗透性能等耐久性指标。相关试验配比同上。

（1）碳化性能

按照国标《普通混凝土力学性能和耐久性能试验方法》（GBJ 82—1985），CO_2 浓度保持在（20±3）％，测试标养 28d 的混凝土立方体（100mm）试件在此浓度下 28d 的碳化深度（图 4、图 5）。

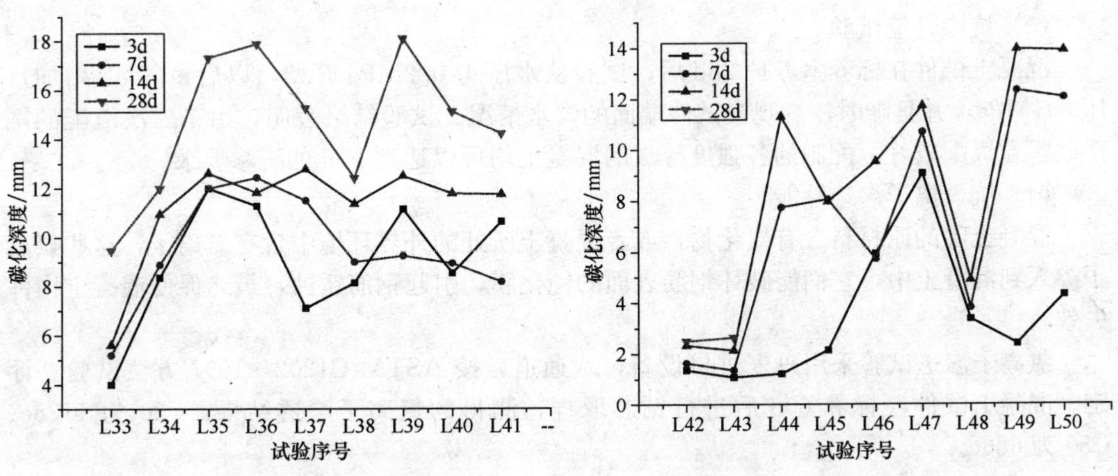

图 4　C30 混凝土的碳化深度　　　　图 5　C50 混凝土的碳化深度

分别选取几组纯天然砂配制的混凝土和尾矿砂配制的混凝土进行碳化试验的对比，数据结果如表 5 所示。

几组生产的尾矿砂和天然砂配制的混凝土碳化试验结果　　表 5

碳化深度 \ 强度等级	C30	C40	C50
尾矿砂	12.6	7.3	3.5
纯天然砂	15.6	10.6	3

从以上试验及生产试块的试验的结果可以得出以下规律：碳化深度与砂子种类没有非常直接的关系，但是与砂率和空隙率、含泥量、强度等级、矿物掺和料种类和掺量有关，由于天然砂一般都含泥，因此几次试验结果都是人工砂和尾矿砂碳化深度小于天然砂，而且空隙率越大，强度等级越低，碳化深度越大；粉煤灰掺量越大，混凝土碳化深度越大。

（2）抗冻性

混凝土的抗冻性是指在饱和水状态下遭受冰冻时，混凝土抵抗冰冻破坏的能力。抗冻性是评定混凝土耐久性的重要指标。冻融试验方法是按照国标《普通混凝土力学性能和耐久性能试验方法》（GBJ 82—1985）中的快冻法进行的。表 6 为前期一组不同掺量矿物掺合料的 C50 混凝土 200 次和 300 次冻融试验结果。

不同矿物掺合料 C50 混凝土的 200～300 次抗冻性能指标　　表 6

抗冻性（%） \ 编　号		L15	L16	L17	L18	L19	L29	L30
相对动弹性模量%	200 次	70.9	66.7	93.0	90.0	80.1	95.4	46.4
	300 次	48.6	44.4	85.7	82.9	65.5	88.7	27.2

分别选取了两组实际生产的尾矿砂配制的 C30、C50 试块进行 200 次快冻试验，相对动弹性模量分别为 72%，83%，均能满足冻融 200 次的抗冻要求，说明级配良好的尾矿砂配制的混凝土密实性较好。

（3）抗渗性能试验

混凝土试件在标养室养护 28d 后，试验从水压为 0.2MPa 开始，以后每隔 8h 增加水压 0.1MPa，并且随时注意观察试件端面的渗水情况。试验结果表明，由于二次级配的尾矿砂颗粒级配较好，配制的各强度等级的混凝土均可以达到 P16 的抗渗要求。

（4）抗氯离子渗透性能

混凝土中的原材料含有氯化物，或者混凝土所处的外界环境中含有氯离子，这些氯离子渗入到混凝土中，它们能破坏钢筋表面的钝化膜，引起钢筋锈蚀，最终促使混凝土构件失效。

氯离子渗透试验采用丹麦进口设备，八通道，按 ASTM C1202—1997 方法试验、评定。混凝土试件经标养 60d 后进行钻芯取样，测得的氯离子渗透结果：C30 为 1128c、C50 为 686c。

4　工程应用及效益分析

我单位已经将试验结果应用于生产中，从 2008 年 10 月至今生产的部分重点工程混凝土均由尾矿粗砂和细砂复配而成，生产混凝土 75 万 m^3 左右，应用效果良好。通过尾矿砂复配在混凝土中的研究及应用，我们主要取得以下成果：

（1）符合国家节能减排和可持续发展的产业政策要求，大量使用尾矿废弃物，解决了用于混凝土生产中天然砂资源不足的问题，具有显著的社会效益和经济效益。

（2）经过尾矿粗、细砂在搅拌站的合理复配使用，解决了单一机制砂使用存在的缺陷，可完全替代天然砂在混凝土中的应用，适用于配制各种强度等级和不同使用要求的混凝土。

（3）尾矿粗、细砂的复配通过生产控制，质量稳定可靠。混凝土工作性能优于天然砂配制的混凝土。

（4）尾矿砂表面洁净，不含泥，级配稳定。对比天然砂、混合砂，它可减少外加剂掺量，降低水泥用量。每立方米混凝土可降低成本 3～5 元，且能享受国家废弃矿物利用的减免税收的优惠政策，效益显著。

（5）尾矿粗、细砂的生产是铁矿和铁粉磁选过程中的附带产品，不需要大量的设备投入和能源消耗，成本低廉，并有持续可靠的资源保证。

（6）对改善混凝土用砂质量，推动混凝土行业大量使用尾矿砂具有示范作用。

参考文献

[1] 陈家珑，宋少民，路宏波. 尾矿配制商品混凝土的应用研究 [J]，建筑技术，2004，(1).

[2] 陈家珑. 尾矿利用与建筑用砂 [J]. 金属矿山，2005，(1)

[3] 焦亚明，魏秀军，朱效荣. 机制砂在混凝土配制中的应用研究 [J]. 辽宁建材. 2008，1.

[4] 祁建华，张欲民. 人工砂的应用研究 [J]，建筑技术，2006，(1).

坦桑尼亚国家体育场工程
弧形结构、变截面斜向构件测量方法

孟晓勇　延汝萍　齐海清

（北京六建集团公司）

【摘　要】追求新颖的造型，别具匠心构造是现代建筑的一大特点，特别是体育场建筑更为突出。为了保证定位准确，提高测量精度，全站仪与CAD辅助测量技术在体育场的异型结构测量中发挥了重要作用，并取得良好的效果。

【关键词】测量；CAD；弧形结构

1　工程概况及特点

1.1　工程概况

坦桑尼亚国家体育场位于坦桑尼亚首都达累斯萨拉姆市西区，距离海边5km，南纬4度附近，是中坦两国共同出资建设的大型体育竞赛设施。

本工程总占地面积12hm²，体育场占地面积51140m²，总建筑面积68210m²，建筑总高33.160m。

本工程基础为独立柱基，主体结构为钢筋混凝土框架结构，屋架结构为悬挑钢管桁架结构，屋面是骨架式张拉索膜结构。该膜结构屋面覆盖了近70%的座位。

1.2　施工概况

本工程于2005年1月开工，2007年7月竣工。2006年5月1日完成混凝土主体结构工程。工程质量目标为优良。

1.3　工程难点及特点

坦桑尼亚国家体育场工程，建筑外形和内部结构复杂给施工测量定位放线带来了相当大的难度。本项目体育场的看台板部分为全现浇弧形楼板，看台板长度在60m左右，框架梁部分为弧线设置，平、立面布置交错，分界、分层不规则，变截面斜梁、斜柱为主框架构成部分，且斜柱为变截面变角度，测量定位的准确性要求极高。

2　解决思路

为了保证测量精度，所有轴线定位采用全站仪坐标法测量放线，弧形梁、斜框架梁、柱也采用全站仪坐标定位。并以 CAD、EXCEL 等计算机软件辅助数据计算。此法很好地解决了曲线放线测设点多、计算工作量大、变截面斜向构件空间定位等难题，保证了测量精度。

3　体育场测量放线总体设计

建筑物控制网的布设为两级控制网，一级控制网为通过体育场中心点 O 及体育场内南北两个半圆的圆心点 O_1、O_2 的纵向轴线。体育场外围 8 个点 K_1、K_2、K_3、K_4、K_5、K_6、K_7、K_8 形成的闭合线路为二级控制网。施工测量平面控制网详见图 1。

控制网必须满足《北京市测量规程》的精度要求。

导线点位应选取在通视良好、土质坚硬、便于施测、能长期保留的地方。桩点按规定进行埋设，并一定妥善保护。体育场施工场地全部为砂土，且周边没有永久建筑，故选取了能够通视且便于施测的地方浇筑混凝土方墩，埋置钢板作为控制网的导线点和高程控制点。并做好控制点的保护工作。

依据业主提供的基准点 M 的大地坐标系坐标，及施工图中 O、O_1、O_2 点坐标，测设一级控制网中控制点 O、O_1、O_2 点位置。根据施工测量控制网，分别在 O、O_1、O_2 点架设全站仪，确定二级控制网各控制点位置，并进行闭合平差。根据两级控制网及施工平面图，通过几何解析方法将各个轴线放样点转换为三维坐标，采用极坐标放样方法定位放线；

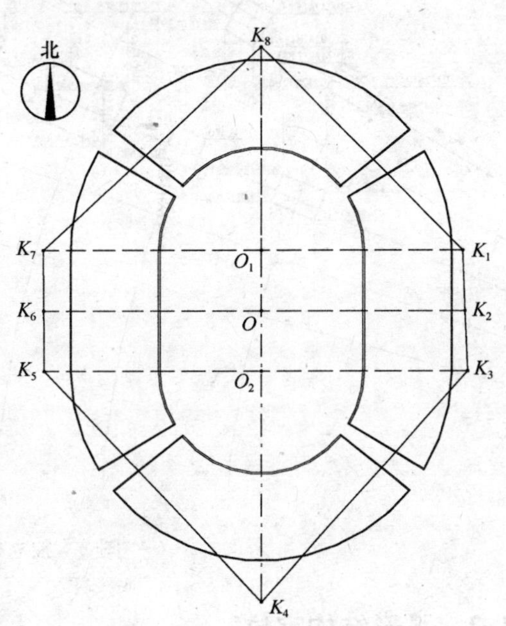

图 1　施工测量平面控制网

根据轴线间的位置关系，按基础图及施工方案投测各轴线，从而确定基础开挖位置线，当垫层完成后，重新投测，经校测合格后，再进行细部放样。

4　弧形楼板、变截面斜梁斜柱测量方法

4.1　全站纵坐标定位

本工程南北看台为弧形，基础呈放射形独立柱基，经纬仪传统定位方法很难实施，且计算工作量很大，无法保证工期进度。所以我们采用了全站仪坐标定位。

首先利用 CAD 图形软件，绘制轴线、基础位置。在电子图上标定控制点坐标，这个坐标必须与现场实际坐标保持一致。基础定位时，根据控制点确定每个独立柱基础四个角点坐标，在现场控制点位置架设全站仪，按照坐标，施测每个独立柱基础。如图 2 所示。

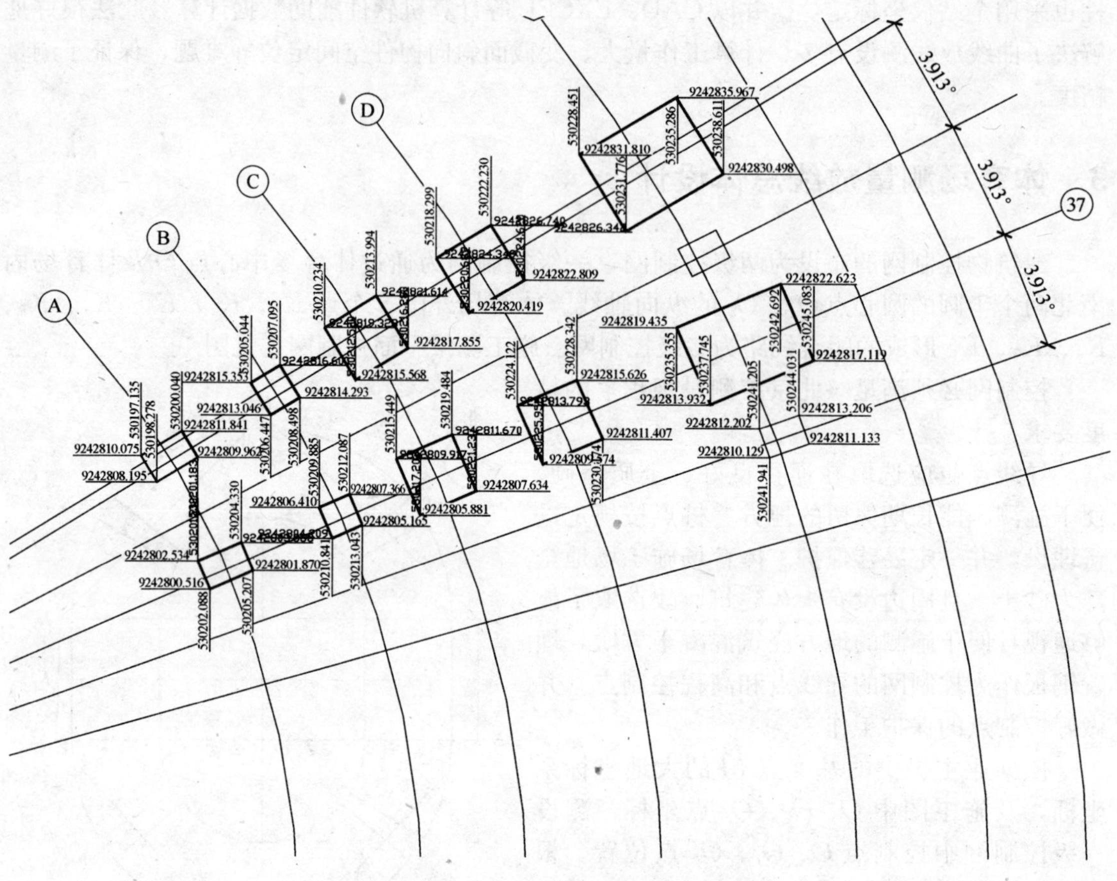

图 2　独立柱基础坐标定位图

4.2　弧形结构定位

南北看台为半圆形，弧形轴线最小跨度为 8.2m，最大跨度为 13.2m。弧轴线线测设时首先测设欲测弧线的控制线（即欲测弧线的等距线），然后依据控制线沿法线方向用盒尺定出施工所需的墙柱位置。控制线到设计弧线的距离控制在 1m 以内。

众所周知，弧线是由若干短直线连接在一起而成的，直线越短，弧度越精确。受施工条件限制，我们确定这些短直线长度不超过 600mm。

在 CAD 图形软件绘制的电子图上确定各轴线交点坐标，两点连成一条直线，沿这条直线按 500mm 一步标出直线与弧线的弦高。现场按照电子坐标定位图，首先测定轴线交点位置，将两点连成直线，再按照电子图中标出的每 500mm 的弦高测设出弧线上的测点，再将这些弧线上的测点一一连接，即将弧线分成若干短直线连接在一起，从而确定弧线位置。弧形梁则根据弧形控制线位置放线定位。如图 3 所示

轴线、梁定位放线施测在下一层楼板上，由于看台上大下小，最外侧轴线无法施测在下一层楼板上，为了解决这个问题，我们事先在地面上最外侧轴线位置浇筑混凝土垫层，将这条轴线施测在地面垫层上，模板施工时采用高空吊线坠的方式控制位置。

4.3 变截面斜柱空间定位

本工程主体结构由 60 榀含斜梁、斜柱的主框架及连梁、看台梁联系而成。构成主框架的斜梁、斜柱均为变截面构件。下面以斜方柱为例介绍变截面斜向构件的定位方法。斜方柱断面尺寸由标高－0.300m 时 1000mm×2250mm 逐渐变化为标高 13.150m 时的 1000mm×3472mm。且两侧边倾斜角度不一样。如图 4 所示。

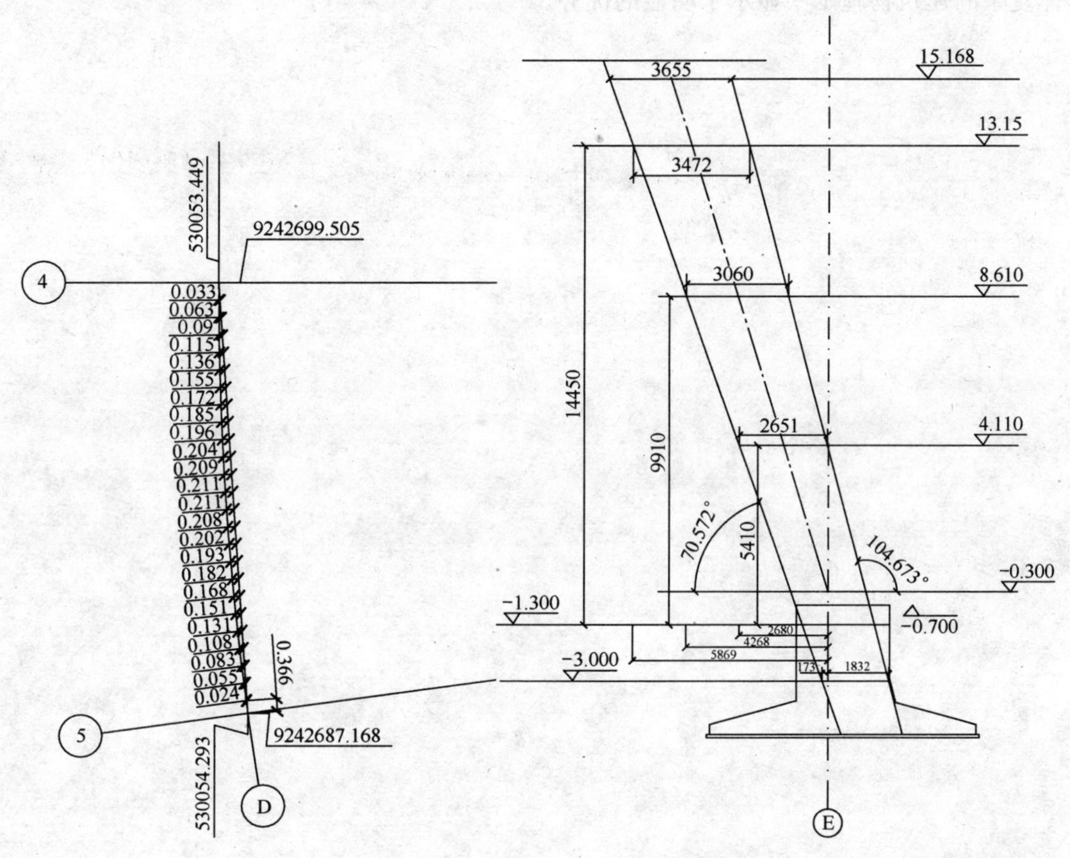

图 3　弧形轴线测量定位控制图　　　　图 4　变截面斜柱定位示意图

变截面斜方柱大部分直通三层顶板，中间没有楼板，高空定位成为本工程的又一个难题。

测量人员首先在 CAD 电子图中绘出各楼层标高处斜柱两个侧边距离轴线的尺寸，然后根据图形数据现场施测。施工现场相应位置地面浇筑混凝土垫层，将斜柱空间位置控制线施测在地面垫层上，模板、钢筋施工时再根据地面控制线吊线坠找出空间位置，完成空间定位。

此法有效地控制了斜柱的空间位置及截面尺寸，并提供了钢筋、模板放样依据，提高了放样的效率和精度。

5 施工体会

全站仪具有测量精度高，仪器的集成化、自动化和智能化程度高等优点。本工程正是充分利用了全站仪的这些优点，直接利用施工控制点和放样点的坐标进行放样工作，避免了大量的数据计算，同时也减少了测量过程中可能出现的差错，配以CAD图形软件辅助放样，提高了施工测量的效率，保证了工期进度和测量精度。全站仪坐标定位在这样一个形体复杂的建筑物施工中显示了明显的优势。

浅谈异形超重钢格构柱吊装施工技术

郝继笑　王宏斌　王志珑
（中建一局三公司）

【摘　要】 近年伴随着重工业的飞速发展，一座座的大型重钢结构厂房矗立起来，给施工技术提供了机遇和挑战，特别是对超重钢柱（单柱重量100t以上）的吊装技术提出了挑战。本文从吊装施工前准备及技术措施入手，针对哈动力出海口基地二期重型核电厂房工程超重钢格构柱的吊装实施，阐述了施工过程中的一些技术措施及施工经验。

【关键词】 工程概况；异形超重钢；吊装难点；吊车选型；钢柱分段吊装

1　工程概况

哈尔滨动力设备股份有限公司出海口基地二期工程位于河北省秦皇岛市经济技术开发区东区（山海关开发区），山海关船厂西侧。该工程包括铁路专用线两条，露天堆场一座，重型容器联合厂房及附属建筑（探伤室、去离子水站、仓库、清洁室、喷丸室等）。本工程建筑面积为41025m^2，钢结构总重量为9626.88t。其中大型钢柱为44根，钢柱最大单重达到196t，最大几何长度40.46m，由于构件重量大，几何尺寸复杂，安装高度高，质量要求高，施工难度较大。

2　异形超重钢格构柱吊装重点、难点

2.1　单重大且柱头异形

重钢格构柱最大单重为196t，最大几何长度40.46m，而且柱头异形，是柱身宽度的2倍，给吊装作业增加了难度，单台起重机不能完成，也易发生危险，汽车吊吊装过程中移动不方便。主要钢柱形式见图1。

2.2　吊车选型难

吊车选型较困难，租赁大型汽车吊或履带吊困难，费用大，拆装、组装时间长。

2.3　吊装质量要求高

吊装质量要求高，因为重钢格构柱的吊装质量将直接影响到后续构件安装的质量，如

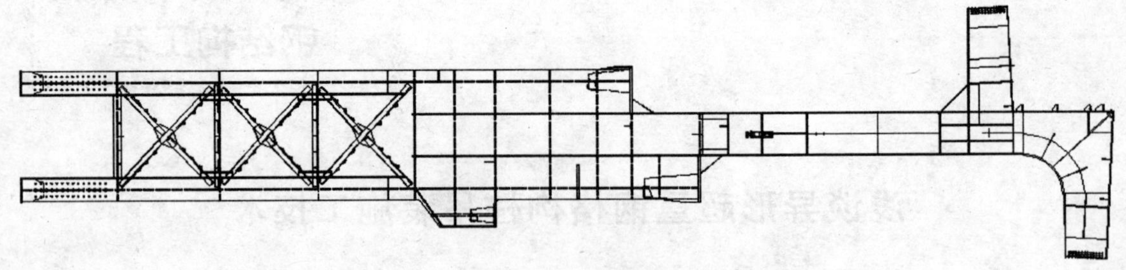

图 1　钢柱结构简图

吊车梁安装精度、屋面梁安装精度、屋面太空板安装的平整度等。

2.4　吊装作业难以控制

由于钢柱自重大，容易在吊装过程中拉伤钢柱，而且在杯口浇筑混凝土后容易发生偏移，难以控制。

3　施工准备措施

超重钢格构柱吊装施工作业的成功与否，前期准备工作也是其成功的关键条件之一。

3.1　场地准备

考虑到吊车及吊装钢柱的重量总和为 230t，吊车占用面积约为 $10m^2$，即所需地基承载力必须要大于 230kPa 才能满足吊装要求。由于本工程地基经振冲碎石桩处理，地基设计承载力为 300kPa，满足现场吊车的地基承载力要求。如局部作业面地基承载力不能达到所需要求，可满铺 50mm 厚钢板，以满足吊装地基承载力要求。

3.2　钢柱现场堆放及进场顺序

钢柱现场摆放位置应尽量靠近吊装作业的目标地点，同时还要考虑在吊装过程中，其在空中的旋转形式，以此来确定钢柱摆放的方向和姿态，如果场地条件不允许最合理的钢柱摆放姿态，那么吊装前要进行钢柱翻身。钢柱的进场应按吊装顺序提前一周进场。

3.3　吊车选型

本工程在单机作业时选用的是 400t 履带吊，多机作业时选用的是 500t 和 225t 汽车吊各一台。主要依据为：

首先，吊车选型应该以吊装的场地条件作为先决条件。在场地空间较大时，宜选择多机作业；场地相对狭小时，则选择单机作业。

其次，在空间条件已经确定的情况下，应该根据被吊钢柱的重量、形体参数（长度、宽度、外形特点）以及吊点的位置，参照吊车性能表择优选取。

最后，由于大吨位吊车租赁比较困难，还要从经济的方面进行更多的考虑，如吊车的档期、使用工效等方面综合考虑，做到最大的经济合理化和工期合理化。

3.4 吊车站位

吊车站位以方便钢柱吊装为原则，并为了充分利用机械台班和缩短工期，应尽量将吊车站位位置选择在可以同时满足两个钢柱吊装的位置，由于大吨位吊车需要安装配重，因此移位一次时间较长，以 500t 汽车吊为例，移位一次时间为 1～3h。

3.5 吊点位置及吊耳形式选择

吊点位置的选择是钢柱吊装的关键问题，考虑到超重钢格构柱自重很大，而吊点的数量又不宜太多，这样就使每个吊点承受很大的拉力，将吊点的位置设置在结构强度最大的肩梁或纵向腹板位置。吊点确定后必须通过验算确定，还要保证在吊装过程中，不会由于吊点拉力过大导致吊点位置钢结构有过大变形。当验算结果显示吊点位置变形较大时，可适当在吊点位置增设加劲板，然后重新验算。

图 2　吊耳形式

吊耳的形式可以方便施工进行选择。对于本工程超重钢柱，选用的吊耳形式为半圆形（图 2），有利于减小吊索与吊耳间的摩擦力，提高安全系数。

4 施工操作要点

4.1 吊耳现场拼接

吊耳与钢结构的焊缝应验算，其中还包括吊装作业时选用的钢丝绳亦需要验算，其安全系数不应小于 6。设置在结构强度最大的肩梁或纵向腹板位置（图 3），经计算，确保将吊耳设置在此位置不会对钢柱产生有危害的变形。

图 3　吊耳现场焊接

4.2 试吊

在钢柱正式吊装前，应先通过试吊确认吊车性能、场地情况能等各方面因素是否以满足吊装条件。

4.3 钢柱吊装

4.3.1 单机作业

单机作业选用 400t 履带吊，吊车先将钢柱顶端慢慢抬起，待抬起至一定角度后，吊车向前行进，行进一定的距离后停车，然后再将钢柱顶端慢慢抬起，如此往复，直至将钢柱整个抬起，再行进至目标地点将钢柱放入杯口中进行下一道工序（履带吊负荷低于 80%时可以行走），见图 4。

图 4　单机作业

4.3.2　多机作业

多机作业选用 500t 和 225t 两台汽车吊，主机在前，副机抬尾。吊装开始时，双机同时运转，主机逐渐将钢柱头部抬起，副机在后将钢柱尾部慢慢往前送，直至钢柱基本垂直时，副机摘钩，卸掉荷载。这时，钢柱仅由主机承担。此后，主机回杆，将钢柱吊至杯口中，进入下一道工序，见图 5。

4.3.3　分段吊装

由于异型钢柱柱头的外形尺寸比其牛腿要宽，如采用整体吊装的方法，在吊装过程中钢柱柱头可能会碰到吊索，并且钢柱吨位较大，因此为了确保施工安全和工程质量，采用的是分段吊装、空中对接的方法（图 6）。

钢柱共分为两段进行吊装，吊装前在先将两段预拼接，确保空中对接的质量。待第一段吊装完毕后，在欲对接的位置处设置作业平台，作业平台四周围设了彩钢板用来挡风，以保证空中对接的焊缝质量。吊装进入第二段时，由于柱头体型较小且吨位不大，仅选用副机就足够了。待焊接完毕后，吊车摘钩。

图 5　多机作业

4.4　钢柱吊装测量控制措施

4.4.1　柱基标高调整

根据钢柱的实际长度、柱底的平整度、钢牛腿顶部及柱顶距柱底部的距离，有吊车的工程重点是保证牛腿顶部标高值，以此决定基础标高的调整数值。在钢柱安装前，用经纬仪测出每个杯口的底标高，计算出杯口底标高与设计标高的差值，根据计算出的差值焊接不同高度的箱形垫铁，放在相应的杯口中，用 $\phi20$ 的钢筋点焊、固定，并用经纬仪进行复测，直至垫铁上表面所处标高偏差达到柱底设计标高误差允许范围以内。

4.4.2 纵横十字线的对准

在钢柱安装前，用经纬仪在基础上面将钢柱中心线、轴线及杯口线划出，同时在钢柱柱身的四个面标出钢柱的中心线。在钢柱放入杯口的过程中，将钢柱中心线、轴线与杯口线对正，用钢楔将柱腿四周临时顶住，并对出大致位置。吊车落钩至杯口10～20mm 时停止，上部用楔铁、下部用螺旋千斤顶对中（单柱时仅使用螺旋千斤顶），待中线对正后钢柱落至杯底，将钢柱与杯口壁固定，见图 7。

图 6 钢柱分段吊装

在钢柱的纵横十字线的延长线上架设两台经纬仪，进行垂直度测量。校正时，应先校正偏差较大的一侧。利用螺旋千斤顶，通过调整楔铁在杯口上的位置来调节钢柱的位置。由于钢柱重量大，用千斤顶调整时，同时用吊车配合，偏差量都达到允许范围时，拉紧钢柱四个面上的所有缆风绳。在柱脚每面放入 4 根钢楔，略加打紧，并与钢柱焊接固定。钢柱就位后摘钩，见图 8。

图 7 水平就位调平

图 8 竖向就位调平

5 结论

由于哈动力出海口基地二期重型核电厂房工程在超重钢格构柱吊装施工时做好前期准备，以及施工操作中采用合理有效措施，所以取得了成功经验（图 9），并取得了可观的经济效益。总结出以下经验：

图 9 整体柱群掠影

（1）超重钢格构柱吊装根据构件质量、尺寸、场地条件及吊车机械性能的不同，可采用单机操作或多机操作。

（2）超重钢格构柱采用分段吊装，虽然工序相对复杂，但是降低了整体吊装的难度，而且适用范围较广。

（3）钢柱放入杯口中，下面用楔铁，上面用缆风绳固定后，马上摘钩，通过定型卡具和螺旋千斤顶对钢柱的水平及竖向进行调平就位，用经纬仪观测、校正。采用此种方法安全快捷地完成了吊装，节省了重型吊车台班，以前一天吊 2 根，现在可以吊 3 根，节约钢柱吊装费的 33%。在间接经济效益方面，钢柱柱群安装的误差得到了控制，加快了后续结构件的安装速度，同时节省了因钢柱安装误差造成的拴接构件的螺栓高空扩孔的用工和费用等。

参考文献

[1] 本书编写组. 建筑施工手册（第四版）[M]. 北京：中国建筑工业出版社，2003.

[2] 江正荣，朱国梁. 简明施工计算手册 [M]. 北京：中国建筑工业出版社，1991.

[3] GB 50205—2001 钢结构工程施工质量验收规范 [S].

索网幕墙重型钢构件吊装技术

孙儒强　吴学军

（中建一局集团第五建筑公司）

【摘　要】 北京嘉铭中心中庭钢结构工程有4根独立钢柱，每根重92.3t，高83m。因施工环境限制，本工程钢柱安装无法使用塔吊（或汽车吊），只能利用周边已有条件和简单起重工具（独脚桅杆＋卷扬机＋滑轮组）进行分节运输和吊装。通过方案选择，钢柱运输采用滑移办法移至安装点下方，尔后采用独脚桅杆＋滑轮组＋卷扬机进行提升就位。该方法灵活机动、安全高效，非常适合本工程的特点。

【关键词】 钢结构；钢构件；运输；吊装；桅杆；滑轮组；卷扬机

北京嘉铭中心办公及商业楼地上部分等2项工程位于北京市东三环中路白家庄西里，地处CBD中央商务区，西邻八十中。本工程建筑面积90504m²，总高99.95m，地下4层，地上20层，由东、西两塔楼和中庭组成。中庭由南、北立面单索网玻璃幕墙和单索网玻璃采光屋面组成，立面单片面积1743m²，屋面建筑面积529m²。索网幕墙采用足以抵御钢索张拉的钢框体系。钢框架一侧与主体结构能够水平滑动，达到主楼相互独立的目的。

索网立面钢框架由4根独立钢柱和10根钢梁构成，成为整个索网玻璃幕墙的钢框架。每根钢柱，柱底标高－0.100m，柱顶标高82.900m，全高83.0m。自下而上分为10段，最重一段为13.0t。钢柱总重92.3t。柱截面形式为双箱形，尺寸为600mm×（500mm＋500mm）。一根钢梁跨度21m分两段，每一段重为11.0t。钢梁总重22.0t。本文主要介绍该工程在无法使用塔吊（或汽车吊）的情况下，利用简单起重工具进行重型钢构件的运输和安装。

1　工程特点和难点

1.1　构件单节质量大，吊装困难

本工程钢柱全高83.0m，总质量92.3t，即使平均分成10节，单件重量也超过9t，钢梁构件最重达到22t。考虑工程场地情况和材料进场、堆放等因素，塔吊在建筑物靠道路布置（见图1）是最佳方案。

但根据塔吊（H3/36B）的性能（表1），塔吊距中厅最近距离为36m，对应此距离塔吊起重量为6.6t，因此，塔吊无法用于索网幕墙钢构件的吊装。

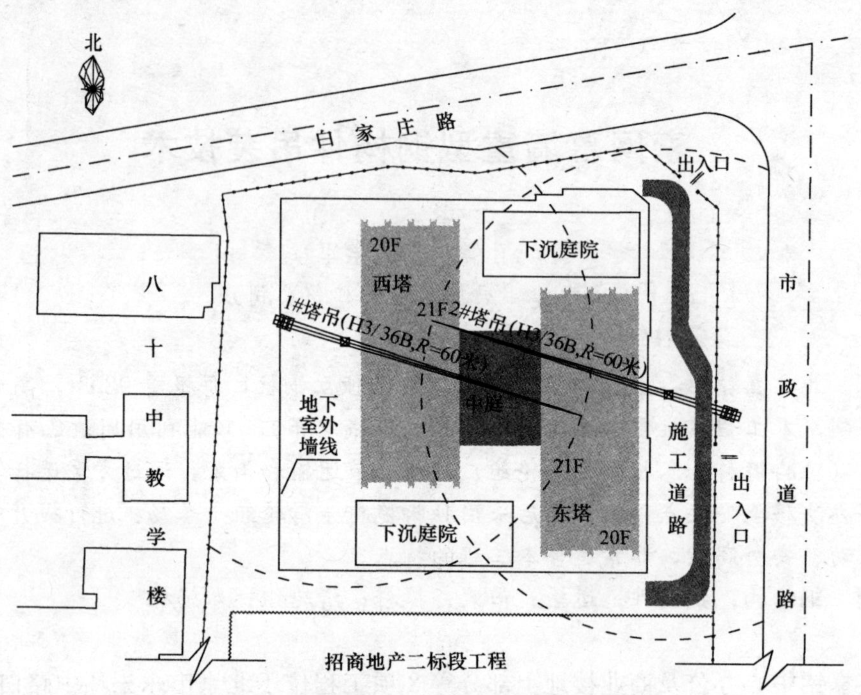

图 1 嘉铭中心办公及商业楼平面布置图

H3/36B 型塔式起重机起重性能 **表 1**

		臂长 60m					
幅度（m）		30	36	39	40	50	60
起重量/t	a=4	8.2	6.6	6			
	a=2				6	4.55	3.6

注：1. 表中 a 为起重滑车组的倍率。

2. 表中起重量系采用 DM 型吊钩的数值；使用 SM 型吊钩时，各幅度的额定起重量应增加 0.4t，但不超过 6t。

1.2 地理位置特殊，吊装困难

中庭位于东、西两栋塔楼之间，南北没有施工道路，且中庭位于地下室顶板之上，其南侧为下沉广场，除东侧外基坑肥槽回填未完成，北侧为北侧围墙并有高压线通过，大型汽车吊不能到达中庭部位，加上东、西塔楼高达 100m，也限制了大型汽车吊的应用。因此也无法采用大型汽车吊吊装构件。

1.3 施工场地异常狭小，施工组织及构件就位难度大

本工程用地范围内施工场地狭小，地下室单层建筑面积约 8300m^2，基坑深度达 20m，基坑上口线与用地红线相距很近。北侧距现有围墙仅有 2m 左右；南侧东部与红线紧邻，南侧为招商地产二标段工程，正在施工；用地西侧距围墙不足 5m，东侧距围墙最小距离为 3m 左右。东侧基坑肥槽已经回填完成，场地面积有限，无其他可用场地，施工场地内

部东侧卸料区仅有 60m²，对于交通组织及构件运输将会造成很大的困难。

运输构件的卸货车受场地条件限制，构件只能卸在东塔楼东侧，运输构件一次不能到位，需组织二次搬运。如何将数十吨的钢构件运输到吊装地点，是施工又一难点。

1.4 地理位置特殊，场外交通组织难度大

场外道路——本工程东侧紧临的东三环辅路将作为施工时的主要交通要道。工程施工所需材料基本上均由东三环辅路运送，施工现场与外界只有一个出入口，并且此出入口紧邻东三环辅路白家庄公交站，而东三环路又是较为拥堵的路段，大型构件能否及时按计划要求运输至现场并转运至吊装地点，是制约工程施工的一个重要因素。

2 方案选择和桅杆的设计

2.1 运输方案的选择

受场地条件限制，进场构件只能放在东塔楼东侧，需穿过东塔首层运到中庭吊装位置。

考虑两种运输方案：第一种，把构件设计成小构件，采用塔吊吊装运输到吊装位置，组拼成整体。这种方案焊缝多，施工工序多，施工质量很难保证。第二种，采用轨道滑移的方法，将构件转移到吊装位置。构件滑移时要穿过首层楼板，需要对楼板加固或分散运输荷载（楼板承受设计活荷载 5kN/m²）。

对楼板进行加固的方法是用钢管架在地下室回顶，地下层数多，加固时间较长，工作量较大，且钢管架设位置装修工作无法开展。分散运输荷载滑移构件的办法则是利用铺道轨原理进行设计的，先铺 100mm×100mm 木方（木方 2m 长），间距 300mm，上面铺槽钢［20a，沿轨道通长将槽钢焊接形成整体，再在槽钢上面放置 $\phi86\times6$ 的无缝钢管作滚杠。通过计算满足楼板设计要求，选择确定采用轨道滑移的方法施工。

通过比选，最终采用分散运输荷载滑移构件的办法将钢构件倒运至吊装地点。

2.2 吊装方案的选择

本工程主要钢构件截面为双箱形截面，索网幕墙钢柱与主体的预埋件有钢牛腿连接，各横向钢梁及纵向钢柱主要连接形式为焊接。根据现场的平面布置中庭东、西两侧为两塔楼，南侧为下沉广场，除东侧外基坑肥槽回填未完成，北侧为北侧围墙并有高压线通过，大型汽车吊无法到达中庭部位。现场的塔吊（H3/36B）的性能无法满足吊装的荷载要求，不能吊装钢构件。经综合考虑，采用独脚桅杆＋卷扬机＋滑轮组的方式进行构件的吊装。

考虑经济效益而不耽误施工进度，采用 2 组桅杆同时作业，2 组桅杆先在 8/H、10/H 轴进行北立面索网钢柱的吊装以及钢梁的吊装，待北立面的钢构件吊装完毕后，将 2 组桅杆转移至 8/E、10/E 进行南立面的索网钢柱及梁吊装，完成后将 2 组桅杆转移至 8/F、8/G，进行中庭屋面钢梁的吊装，完成后再转移至 10/F、10/G 轴，完成中庭屋面钢梁的吊装后，再将 2 组桅杆转移至 8/F、10/F 完成中庭屋面钢梁的吊装，最后转移至 8/G、10/G 轴，完成中庭屋面钢梁的吊装。六次移动所支出费用（人工、塔吊台班）比租

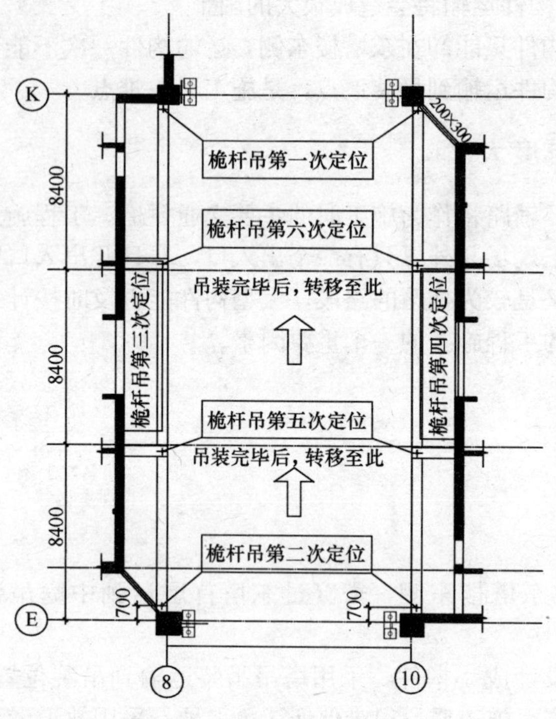

图 2　桅杆吊装定位图

赁或购买 2 组桅杆的费用要低，降低了成本，如图 2 所示。

2.3　桅杆的设计

为解决构件吊装的技术难题，设计附柱悬臂式桅杆，支座部分采用类似套筒的构件组装转轴，可以旋转 360°，受立面影响只能平面旋转 180°。杆的根部采用销轴与转轴相连接，以此达到变幅的目的，上下旋转控制角度为 30°左右。荷载通过基座和顶端直接传递至混凝土主梁和框架柱上，在不做楼板加固的工况下，能够有效保证混凝土结构安全。根据现场实际情况，桅杆半径为 4.5m，可吊装 16t，且能灵活旋转 180°，见图 3。

附柱悬臂式桅杆构造如下：

(1) 桅杆：起重桅杆长 7m，截面为 ϕ219×14，分 2 节柱对接。材质均为 Q235B，对接处均为法兰螺栓连接，以便安装和自行拆卸，见图 4。

(2) 缆风绳：顶部布设 2 道 ϕ24.5mm 缆风绳，与水平面的夹角控制在 35°以内，以便桅杆自由旋转，并保证缆风绳安全。滑轮组的出头端沿起重桅杆向下经桅杆底部的 16t

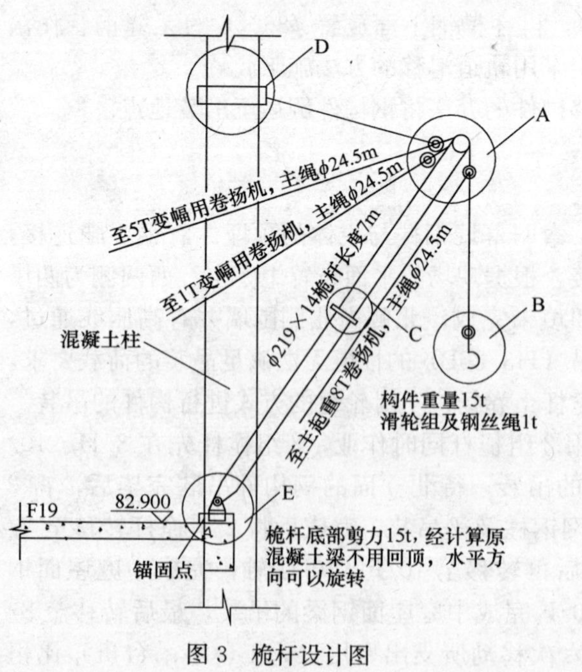

图 3　桅杆设计图

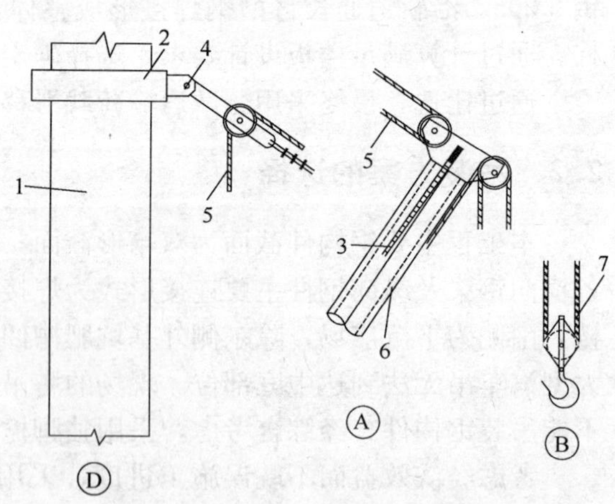

图 4　附柱悬臂式桅杆端部节点图

1—混凝土柱；2—柱箍；3—缆风绳（1t 卷扬机）；4—旋转耳；5—起伏滑车组（5t 卷扬机）；6—起重悬臂杆（ϕ219×14）；7—起重滑车组（8t 卷扬机）

注：钢丝绳直径为 24.5mm。

导向滑轮引向1t卷扬机。钢丝绳直径为24.5mm。

(3) 提升系统：采用5t2轮滑轮组走3线，一端与框架柱滑轮组连接，另一端滑轮组的出头端沿起重桅杆向下，经桅杆底部的16t导向滑轮引向5t卷扬机。钢丝绳直径为24.5mm。

(4) 变幅系统：采用8t5轮滑轮组走3线，滑轮组的出头端沿桅杆向下穿过桅杆底部的50t导向滑轮组引向8t卷扬机。钢丝绳直径为24.5mm。提升系统和变幅系统滑轮组均采用“大花穿”穿绕方法。如图5、图6所示。

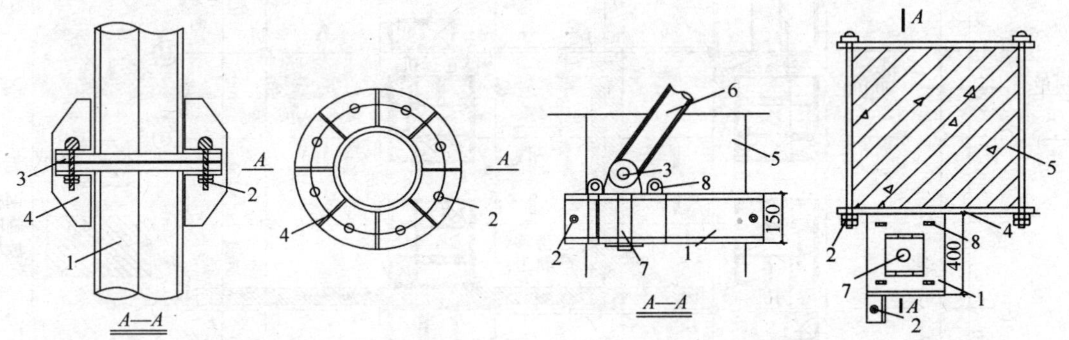

图5 附柱悬臂式桅杆中部C节点图
1—启动臂；2—螺栓；3—法兰；4—加劲肋

图6 附柱悬臂式桅杆根部E节点图
1—底座；2—螺栓；3—钢销；4—钢板；5—柱；6—桅杆；7—转轴；8—导向耳

(5) 底座：采用40mm厚钢板（顶板30mm厚）组合成箱形，尺寸为400mm×400mm×150mm，放在梁上，并与20mm厚柱箍钢板满焊接。底座上设一轴套（ϕ120×15)，通过由30mm板拼焊的铰接件与底座连接，实现扒起杆。铰接件通过ϕ80销轴在轴套内自由旋转，实现起重桅杆转臂。如图6所示。

3 钢构件现场转运

因施工现场场地非常小，构件不能直接卸到现场安装场地，所以现场采用滑移轨道将构件滑移到构件的安装位置，构件滑移见图7、图8。由首层E～F轴之间的走道将构件滑移至8～10轴中间，然后再北向滑移，滑移到H轴安装位置，根据现场总施工进度和构件尺寸，其中滑移钢柱重量最大的钢柱重11t、长10m。钢柱下方采用ϕ83×6的无缝钢管作滚杠，滚杠下方采用［20a通长槽钢作轨道，采用底部架设100mm×100mm木方做枕木，进行荷载的分散。在端部设一台5t的卷扬机做牵引，使构件进行水平移动。

原设计楼面活载为5kN/m^2，钢柱最大吊件重量13t（钢梁采用分段加工、分段运输、现场组拼的方式，因此，钢梁倒运重量小于11t)。故钢梁传给楼面荷载为F=130/（2×14）=4.64kN/m^2<5kN/m^2（传递荷载的槽钢已通过焊接连成一体，计算长度取14m)，所以原结构不需要进行回顶即可满足钢梁滑移的受力要求。该计算也通过了设计院的确认。

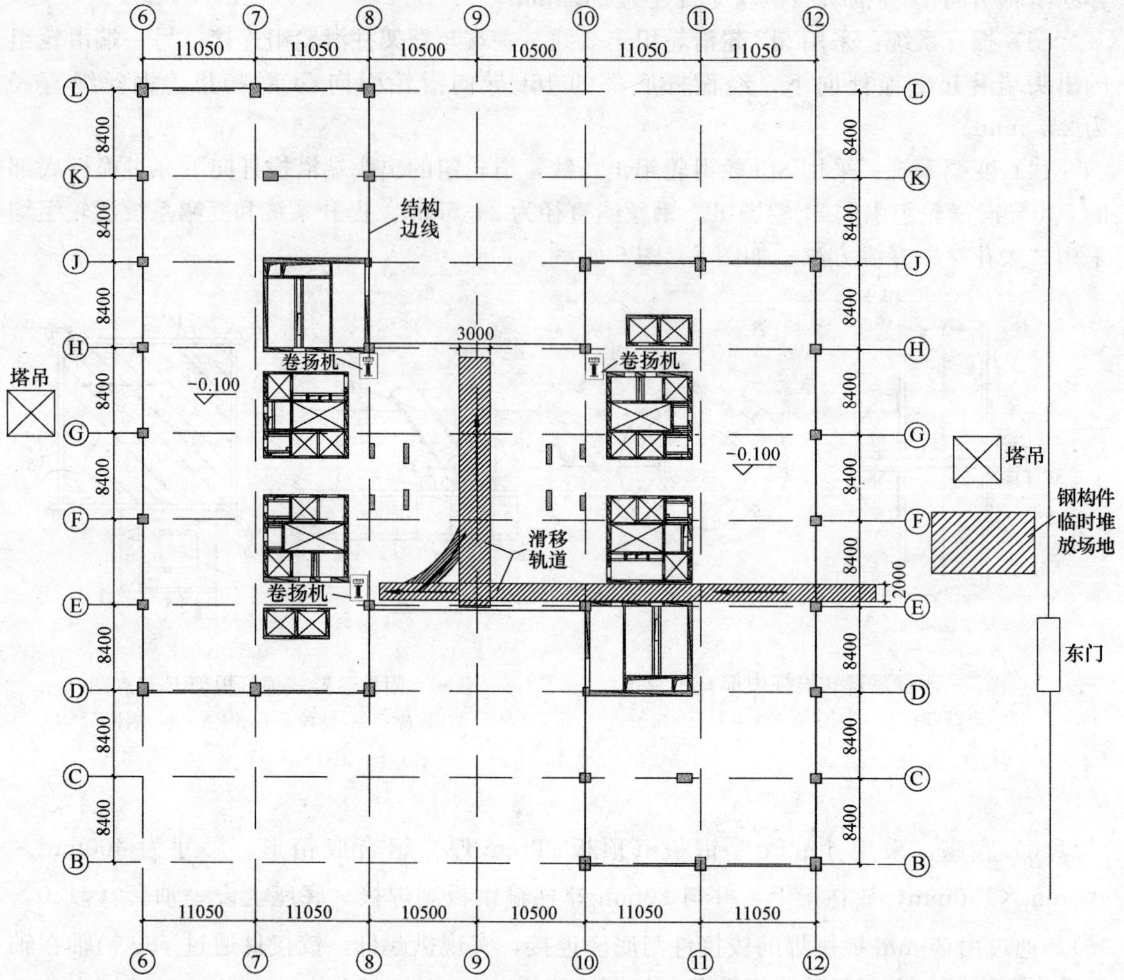

图 7　构件首层现场转运平面图

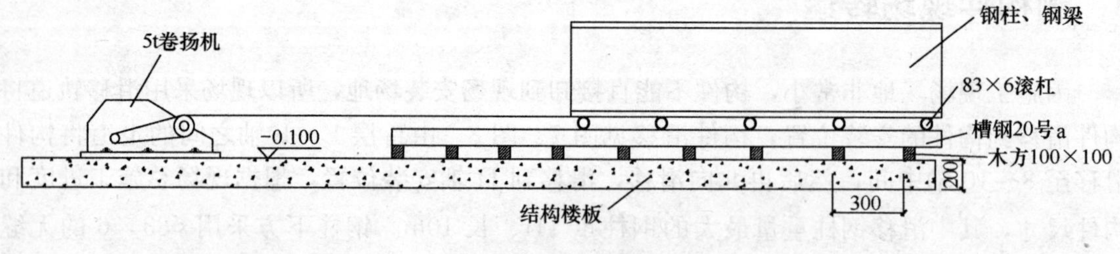

图 8　构件滑移图

4　构件吊装

首先用卡环将钢丝绳锁在滑车组吊钩上，另一端同样用卡环锁在钢柱预先焊接好的钢吊耳上，然后开始启动卷扬机。开始时应缓慢提升，旁边应有人扶正，防止构件发生侧移。等柱吊起离地面约为 500mm 时，卷扬机先停下，等吊装的构件平衡后方可匀速提升。当钢骨柱柱脚距地脚螺栓约 300mm 时扶正，使柱脚的安装孔对准螺栓，缓慢落钩就位。经过初校等垂直偏差在 20mm 内，拧紧螺栓，临时固定后即可脱钩。

检查首节钢骨柱柱脚基础的就位轴线，并在钢柱柱板上画出钢柱就位的定位线，在柱头位置画出钢柱翼缘中心标记号，以便上层钢柱安装就位时使用，将地脚调整螺母的垫片（或者垫板）上表面的标高调整到钢柱柱脚板下表面的就位标高，并在混凝土强度满足要求后吊装钢柱。

当钢柱吊至距其就位位置上方 200mm 时，使其稳定，对准螺栓孔，缓慢下落，下落过程中应避免磕碰地螺栓丝扣。落实后用专用角尺检查，调整钢骨柱的定位轴线与基础的定位轴线时需三人操作，一人移动钢骨柱，一人协助稳定，另一人检测。就位误差确保在 3mm 以内。钢柱的耳板处连接钢丝绳，钢丝绳另一端用滑轮组相连。

4.1 钢柱找正

（1）标高的调整：先在柱身标定标高基准点，然后用水准仪测定其差值，旋动调整螺母以调整柱顶标高，校正无误后立即稳固地脚螺栓，待钢柱整体校正无误后在柱脚底板下浇筑 C50 灌浆料。

（2）平面位置的校正：在钢柱吊装就位时进行，在吊装中进行，调整至钢柱的定位轴线与基础的定位轴线重合。

（3）垂直度的校正：在钢柱临时固定后进行。钢骨柱垂直度校正时，2 台经纬仪从柱的两个侧面观测，当有偏差时采用千斤顶或缆风绳进行校正。

4.2 上节钢柱吊装

待第一节钢柱固定牢固后方可进行上节柱的安装，在下节柱上安装平台脚手架，脚手架位置在两节柱子下方 1.4m 左右。钢柱安装就位前的过程同第一节柱，只需要调整滑车组的高度，当钢柱就位时，将上、下两节的连接板用耳板临时连接即可，然后只需要微调钢柱的垂直度、平面位置，即可进行两柱之间焊接缝施焊。

4.3 钢梁吊装

（1）钢梁安装采用两点吊。

（2）钢梁吊装宜采用专用卡具，而且必须保证钢梁在起吊后为水平状态。

（3）索网立面钢梁也通过在东、西塔的桅杆进行抬吊。吊装顺序为自下至上。

（4）前两节柱安装完成后，首先在地面将 2 段钢梁拼接成整根钢梁，然后在钢梁两端各设置 2 个吊耳，采用在东、西塔 8 轴和 10 轴的桅杆同时抬吊，将钢梁抬吊至设计位置，然后与钢柱上钢牛腿连接牢固，进行构件的调整，焊接。测量必须跟踪校正，预留偏差值，留出节点焊接收缩量。

4.4 钢构件吊装注意事项

（1）吊装时，为防止钢骨柱侧向碰撞其他构件，应设置侧向牵引，配合吊装。

（2）对柱基的定位轴线位置、柱基面的标高和地脚螺栓预埋位置进行检查，复测合格后将螺纹清理干净，在柱底设置调整螺母或垫块。

（3）吊装钢柱的根部必须垫实。起吊时钢柱必须垂直，吊点设在柱顶，利用临时固定连接板螺栓。起吊回转过程中，应注意避免同其他已经安装好的构件相碰撞，吊索应有一定的高度。

（4）钢柱起吊就位后用地脚螺栓临时固定，用缆风绳、经纬仪校正垂直度，并利用柱脚垫板对首层钢柱标高进行调整。

（5）上节柱安装时钢骨柱两侧装有临时固定的连接板，上节柱对准下节柱顶的中心线，即用螺栓固定连接板做临时固定，并用缆风绳三点对钢柱上端进行稳固。

5 经济效益对比分析

运输方案对比经济效益分析　　表2

项目名称	轨道滑移运输法	楼板加固运输法
经济效益计算方法	根据综合统计分析： 木方用量 2m³； 槽钢用量 4t； 成本费用：2×1300＋4×4000＝1.86 万元	根据综合统计分析： 钢管用量 1500m； 租赁时间：90d； 租赁费：0.16 元/md； 人工费：150 元/d； 搭设时间：5d； 搭设人数：5 人 成本费用：0.16×1500×90＋150×5×5＝2.535 万元
节约资金	0.675 万元	

吊装方案对比经济效益分析　　表3

项目名称	附柱悬臂式桅杆吊装法（两组）	塔吊（或汽车吊）吊装法
经济效益计算方法	根据综合统计分析： 一组： 1t 卷扬机 2 台； 5t 卷扬机 1 台； 8t 卷扬机 1 台； 定滑轮、动滑轮； 7mϕ219×14 钢管； 购置费：13.4 万元； 移动次数：6 次； 移动费用：0.8 万元/次； 施工人数：30 人（起重工：8 人； 铆工：10；焊工：12）； 施工工期：90d； 人工费：150 元/d； 成本费用：2×13.4＋6×2×0.8＋40.5＝76.9 万元	根据综合统计分析： 塔吊 2 台； 租赁费：5 万元/月； 施工工期：3 月； 施工人数：38 人（起重工：4 人； 铆工：21；焊工：20）； 施工工期：90d； 人工费：150 元/d； 成本费用：2×5×3＋51.3＝81.3 万元
节约资金	4.4 万元	

6 结语

通过本工程中庭重型钢构件方案的选择对比可知，在运输、安装全过程无法使用起重机（塔吊或汽车吊）的情况下，可以利用简单起重工具（桅杆＋滑轮组＋卷扬机）进行重型钢构件的运输和安装。该方案灵活机动，安全高效，非常适合本工程的特点，对类似工程提供了切实有用的施工经验。

浅谈 2010 年非洲杯罗安达体育场大型钢结构管桁架体系的拼装和吊装

郭利群　尹　硕　孟晓勇
（北京六建集团公司国际工程部）

【摘　要】 罗安达体育场屋盖为马鞍形特大空间悬挑钢管桁架体系，包含羚羊角造型的主桁架 38 榀，次桁架 190 榀。针对体型庞大、几何形体特殊、自身变形复杂等难点以及境外工程所面临的困难和问题着重对管桁架体系的拼装和吊装进行阐述。由于境外工程机械设备严重匮乏，工期异常紧张，所以以充分论证的技术准备和施工方案为基础，通对过方案进行创新的调整，因地制宜地变通，创新保质高效地完成管桁架体系屋盖的施工作业。

【关键词】 罗安达体育场；管桁架体系；拼装吊装；塔架支撑；牛腿

1　项目实施概况

罗安达 50000 座体育场是 2010 年非洲杯足球赛的主体育场（图 1），位于安哥拉共和国首都罗安达市，总建筑面积为 82000m²，地下 2 层，地上为 4 层，上、下看台可容纳 5 万人观看比赛，场内设有 8 条 400m 椭圆形跑道，同时可以满足所有投掷项目的要求，包括一个标准足球场（68m×105m）。室内设有贵宾厅、包厢、运动员休息室、裁判休息室、比赛管理附属用房、观众休息厅、设备机房等功能房间并配有 9 部电梯等。看台上均设置大跨度悬挑钢屋盖，屋盖面积 34500m²，悬挑钢结构最高点 41.35m。屋盖主体钢结构采用空间钢管桁架体系，屋面材料为铝板和遮阳百叶。

图 1　罗安达体育场

2　结构概况与施工特点和难点

2.1　结构概况

体育场主体结构为现浇钢筋混凝土框架结构，建筑外围为立体钢管桁架体系挑棚，挑棚正立面长 318.54m，侧立面长 242.04m。钢管桁架结构采用钢管相贯节点连接。

体育场主体呈马鞍形，长轴中部的桁架最大，顶点标高为 41.35m，悬挑长度达 41m；短轴中部的桁架最小，顶点标高为 33m，悬挑长度为 38m。主桁架共计 38 榀，次桁架和挑梁共计 190 榀，工程量 8800 余吨。

2.2 施工特点和难点

(1) 目标工期短，工程地处非洲安哥拉，机械设备、建筑材料相对匮乏，大部分材料由中国国内组织发运，受加工、海运等客观因素制约较大。

(2) 主要构件超重、超长，主桁架跨度、体型庞大，安装高度高，拼装、运输、吊装难度大；施工过程中需要的支撑材料数量较大。

(3) 施工过程中结构未形成整体，需进行施工过程中的分析；空间结构测控工作量大，悬挑结构端部挠度大，精度要求高。

(4) 大直径厚壁圆钢管规格尺寸繁多，拼装弯曲耗时长，加工精度不易控制。

(5) 在混凝土结构施工期间，大型机械不能以常规方式在屋盖下进行作业，多与土建交叉施工，施工方案的选择和施工平面布置受到很多限制。

3 设计计算

现场人员连同设计人员对现场土建结构进行实际考查，通过 X-STEEL 钢结构专业软件对构件进行计算，并通过 AutoCAD 等计算机软件配合全站仪实地进行放样。通过设计计算和实际放样结果的反复验证从而确定钢结构构件的吊点。同时根据土建结构部位情况的不同分别确定支撑塔架的方式和位置。

以体育场四个区域中的一个区作为代表，逐一分析塔架位置、土建结构的承载力等情况。施工过程中对吊装位置、机械工况、构件重量等内容进行验算，确保作业的正常进行。

4 施工工艺

4.1 施工准备

依据罗安达 5 万人体育场工程设计图纸、钢结构深化图纸以及工程施工组织设计，对机械设备、劳动力、材料进行统筹准备，合理划分施工流水段，以使得机械使用率和工期达到最佳优化组合。

进一步使钢结构拼装、吊装以及卸载等专项方案具体化，充分发挥技术的指导作用。利用软件反复计算验证方案的正确性和可行性。

4.2 工艺流程

预埋件安装——直柱安装——球节点安装——第一段（整体、两段）主桁架安装——第一段次桁架安装——第二段主次桁架安装——第三段主次桁架（形成封闭结构）安装——依次直至主次桁架安装完成檩条、马道。

4.3　施工操作要点

4.3.1　主次桁架的拼装

(1) 主桁架地面拼装。钢管桁架体系共有主桁架 38 榀，共 190 段，包含 10 种规格尺寸；次桁架共计 190 榀，规格尺寸均不相同；中柱及柱顶各 76 段。

由于主桁架规格多样以及拼装场地的限制，现场设置四组胎架进行拼装，通过计算出主桁架包络图使相近的桁架拼装在同一胎架上完成。主桁架在胎架上使用微调整器具一次定位，使用全站仪、水准仪将其精确定位。弧线为三点定位，在受力计算合理的情况下选取每段主桁架弧度由三个胎架定位。

主桁架外形质量采用地样控制。主桁架在胎架上拼装焊接前，将主桁架在计算机上放样（图 2），得出主要控制点坐标，尤其控制主桁架分段点处的坐标。将此坐标使用全站仪放样于胎架地平面上。主桁架上胎架后采用线坠调整，使其与地样符合。拼装后进行端头刚性固定并按照合理的焊接顺序施工，从而控制焊接变形量，将焊接变形控制在规范允许范围内。

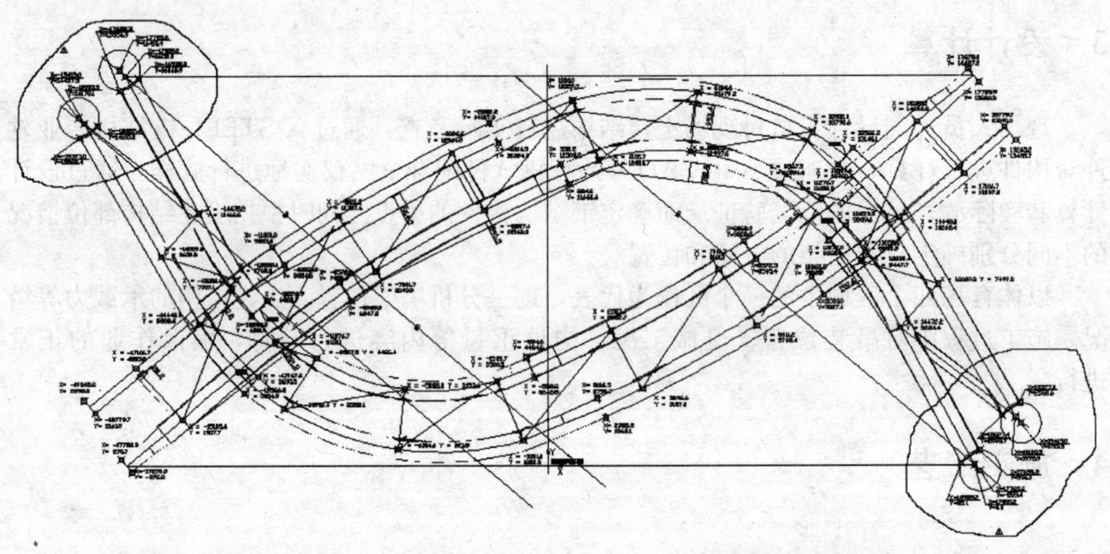

图 2　罗安达 5 万座位体育场 55、110 轴主桁架放样示意图

(2) 次桁架地面拼装。190 榀次桁架为三维空间桁架，而且每榀次桁架的三维尺寸都随轴线的不同而变化，给次桁架的拼装带来了巨大的工作量。每一榀次桁架都需要单独定位调整、单独检测。依据不同的剖面，在不改变胎架的情况下调整次桁架使每榀都符合标准，见图 3。

4.3.2　主次桁架的高空吊装

(1) 吊装区域划分和路线（图 4）。根据体育场直线段和弧线段将吊装区域划分为 6 个区域。1 区主桁架 7 榀，2 区主桁架 6 榀，3 区主桁架 6 榀，4 区主桁架 6 榀，5 区主桁架 7 榀，6 区主桁架 6 榀。由体育场长轴方向两端分别逆时针方向进行吊装。

(2) 主要吊装机械设备的选用。根据施工方案和境外工程的实际情况，现场选用 2 台 QUY150A 液压履带起重机进行桁架吊装作业。该起重机最大额定起重量为 150t，主臂长

图 3　次桁架现场拼装

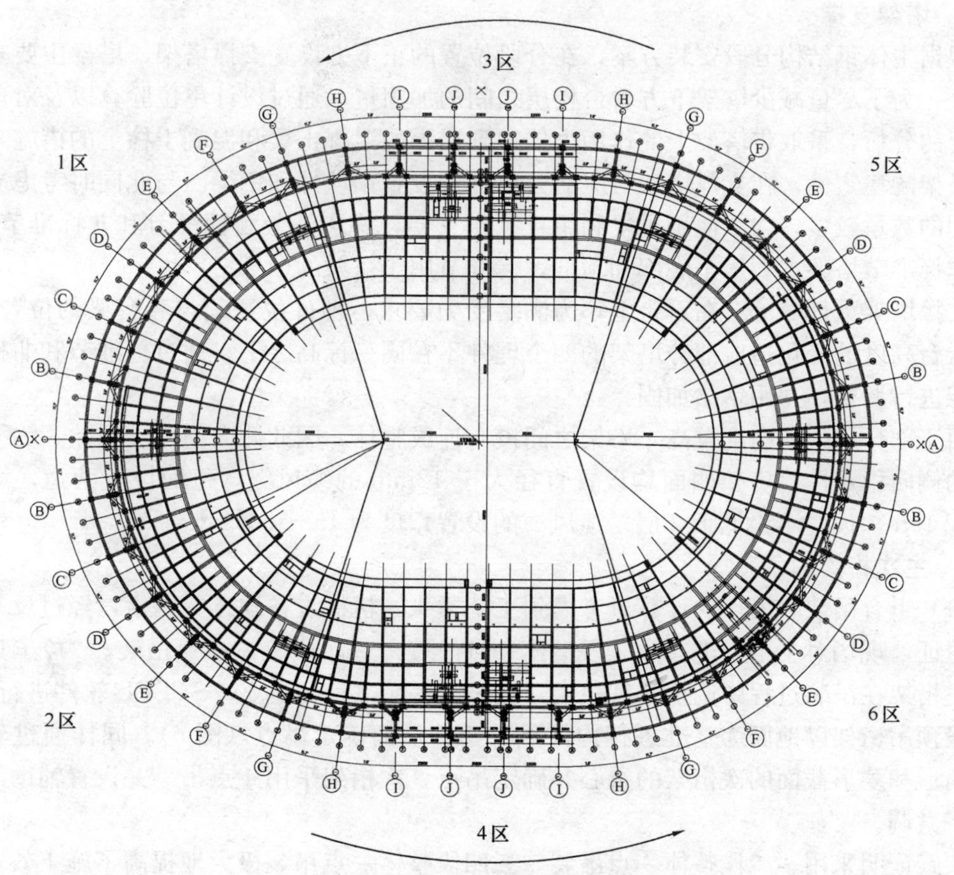

图 4　吊装区域划分及路线示意图

度 18～81m，副臂 13～31m。主桁架共分为 5 段，第一段最重达 37t，次桁架最大重量达 14.329t。先选用超起重工况接 60m 主臂，定位于体育场长轴向南端开始吊装，随即采用常规工况施工方法作业（图 5）。

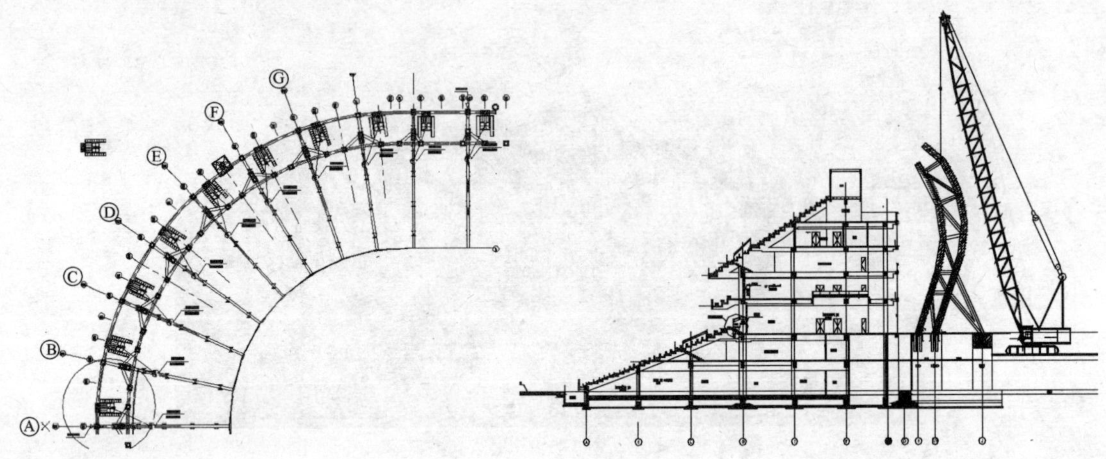

图 5　吊装设备位置验算图

4.3.3　塔架支撑

根据主体钢结构分段安装方案，在分段位置的正下方设置支撑塔架，塔架主要布置在看台上，为了尽量减少塔架下方看台楼层之间的加固量，通过设计单位验算以及对现场实际情况的分析，采取将塔架上的作用力传递到周围的混凝土梁和混凝土柱上的措施来确保支撑塔架的稳定性，在支撑塔架对应的分肢下方设置预埋件和钢梁。与此同时考虑支撑塔架使用的数量较多，为了便于重复利用且制作方便，将塔架分为标准节和非标准节两种，其中非标准节塔架主要用于底部和顶部，标准节用于塔架的中部。

支撑塔架大部分分布在看台上，为满足受力要求，埋件位置须与看台梁的位置对应，随着看台高度的变化造成部分塔架的四个埋件不在同一标高之上，通过标准节和非标准节对塔架进行调整，并用钢梁加固。

由于部分塔架的高度较高，塔架之间没有连成整体，因此侧向稳定性较差，为了确保塔架的侧向稳定性，塔架四面均设置直径大于 12mm 的缆风绳，每面设置两道，塔架高度大于 10m，设置不得低于 2 层。缆风绳的设置角度为 45°～60°。

4.3.4　主次桁架的吊装

（1）组合吊装和吊点的计算。考虑到工期紧张，机械设备缺乏等因素，经过反复的计算和论证，现场对主桁架进行一二段整体一点吊装，三四段整体一点吊装。“羚羊角”造型的主桁架在吊装过程中调整难度较大，在进行吊装之前通过 X—STEEL 软件进行建模，对每段预吊桁架以地面为基准进行构件重心计算从而确定吊点（图 6）。同样通过软件计算三角形和菱形截面的次桁架的重心并确定吊点，次桁架采用 4 点吊，并设置辅助吊点进行水平微调。

实践证明采用一二段整体一点吊装，三四段整体一点吊装极大地提高了施工效率，主桁架吊装共节省吊次 76 吊次，同时对接点的减少也使得高空支撑塔架由最初拟定的 4 排改至 2 排，大大地节省了材料，缩短了工期。

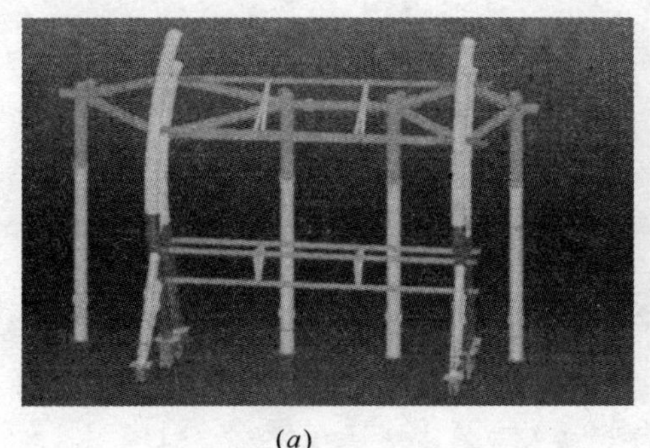

(*a*)

(*b*)

图 6　主桁架软件吊装计算建模及主桁架吊装图

(*a*) 吊装建模；(*b*) 主桁架吊装

(2) 相贯口的处理。次桁架与主桁架均采用贯口连接，吊装过程中无法使次桁架两端贯口处直接与主桁架精确定位连接，为了保证主次桁架连接位置准确，防止出现折点，满足精度要求，在次桁架吊装前采用先行安装“牛腿”的措施。将次桁架两端贯口连接处轧断，分别与主桁架进行对接就位，从而保证“牛腿”与主桁架贯口相符。待“牛腿”固定完成后将次桁架进行吊装，与“牛腿”就位焊接，从而使主次桁架形成体系。

5　创新增效

根据现场实际情况对主次桁架的吊装单元进行重新组合，这样便需要重新准确确定构件的重心，不仅增加了计算量，同时也增加了吊装的难度。但境外工程所面临的困难也是相当大的，工期紧、任务重，机械设备严重匮乏。因此，经过充分细致的准备工作之后，采取将主桁架分段组合吊装，大大地节省吊次 76 吊次，缩短了工期。同时减少了吊装过程中的支撑点，节约了近 25％支撑塔架，解决了支撑材料紧缺的问题，最大限度地提高了工效。

6　结束语

随着海外建筑市场的不断发展，大型建筑项目的承建日益增多。2010 年非洲杯赛事罗安达 5 万座位体育场目标工期仅 18 个月，工程量巨大，且受材料、机械、劳动力的因素制约严重。科学良好地编制施工方案，有序地组织施工，以及有效地在施工过程中开展创新，利用技术手段指导施工、提高工效，是促进境外工程在特定的艰苦条件下顺利开展的法宝。

参考文献

[1]　(GB 50205—2002) 钢结构工程施工质量验收规范 2002.

[2]　(CECS 77：96) 钢结构加固设计规范 1996.

[3]　(JGJ 81—2002) 建筑钢结构焊接规程 2002.

[4]　(JGJ 82—1991) 高强螺栓连接应用技术规范 1992.

浅谈 2010 年非洲杯罗安达体育场金属屋面系统施工

郭利群　尹　硕

（北京六建集团公司国际工程部）

【摘　要】 罗安达 5 万座位体育场屋面面积逾 4 万 m^2，最外层采用铝塑复合板、聚碳酸酯阳光板及铝合金阳光百叶饰面。设计采用直立锁边防水系统，从原理上解决了渗漏问题且抗风、抗变形及防腐性能良好。多材质屋面系统既保证了该屋面的使用功能又完美呈现了“莲花瓣”建筑效果。

【关键词】 金属屋面系统；铝塑复合板；直立锁边；防水

1　工程概况

罗安达 5 万座位体育场是 2010 年非洲杯足球赛的主体育场（图 1），位于安哥拉共和国首都罗安达市，总建筑面积为 82000m^2，地下二层，地上为四层，上下看台可容纳 5 万人观看比赛，场内设有 8 条 400m 椭圆形跑道，同时可以满足所有的投掷项目，包括一个标准足球场（68m×105m）。室内设有贵宾厅、包厢、运动员休息室、裁判休息室、比赛管理附属用房、观众休息厅、设备机房等功能房间并配有 9 部电梯等。看台上均设置大跨度悬挑钢屋盖，屋盖面积 34500m^2，悬挑钢结构最高点为 41.35m。屋盖主体钢结构采用空间钢管桁架体系，屋面材料为复合铝板、阳光板和遮阳百叶。

图 1　罗安达体育场

体育场的整个屋面呈马鞍形。该屋面系统内层由直立锁边系统构成，外装饰层由一系列向心方向布置的饰面板和格栅组成，局部采用造型阳光板，使屋面系统更能充分表现出建筑设计的意图，与建筑最完美地搭配，充分体现出曲面造型的完整性。

2 施工重点和难点

（1）测量定位是确保屋面系统施工质量的关键工序，由于屋面面积大，单坡跨度大，为保证测量精度需选用比较精确的激光经纬仪、激光指向仪、水平仪、全站仪等仪器。

（2）铝合金固定座安装是屋面施工的重点之一。直立锁边钢板扣在铝合金固定座上，并与之咬合。因此，铝合金固定座的安装精度直接影响铝板的安装质量，铝合金固定座的强度，直接影响屋面板的抗风性能。所以必须保证铝合金固定座的安装质量和强度。在安装铝合金固定座时，提高专用定位工具的精度，同时，严格按照材料供应商产品手册中对铝合金固定座的精度要求进行验收，保证固定铝合金固定座的直攻螺栓的规格和数量必须与设计一致，铝合金固定座的数量与设计一致。

（3）保证铝板搭接边的咬边质量同样是屋面防雨的重要环节。铝板通过肋与铝合金固定座连接，因此咬边质量关系到铝板的抗风能力。认真反复调节咬边机，并进行试验，直至咬出的边松紧合适。咬边前，先检查板肋是否已扣好。咬边时，必须有专人在咬边机前进方向 1m 之内用脚用力踏在板肋上，使板肋接合紧密。

3 直立锁边防水系统

3.1 适应复杂的曲面形体

屋面弧形扇状直立锁边板沿长度方向上渐变，以类似“莲花瓣”状在每榀结构单元内均匀变化，符合马鞍形曲线要求。采用直立锁边技术，通过自动锁边机自动连续锁边，保证板连接的安全可靠性及密封性能，同时塑造良好的曲面平台，为上部的复合铝板布局提供了几何基础（图 2）。

图 2　直立锁边内衬板加工

3.2 固定支座安装

使用经纬仪纵向每隔 10m，横向每隔 4m 进行弹线，保证纵向的直线度和横向之间的垂直度。

使固定支座底板上的固定孔加工的中心线与已弹好的线对齐，采用自攻螺栓将固定支座底板与檩条的连接，固定时通过螺丝对角线固定（图 3）。

3.3 内衬板安装

将内衬板卡在固定支座头部，注意固定支座头部的凹槽方向，要求凹槽方向与公肋外侧边相同。将卡在固定座上的直立公母肋用锁边机锁边。在锁边时，每条缝锁紧二次。第一次的锁紧相当重要，为了保证母肋正确地包住公肋，而公肋又正确地处在固定支座头部

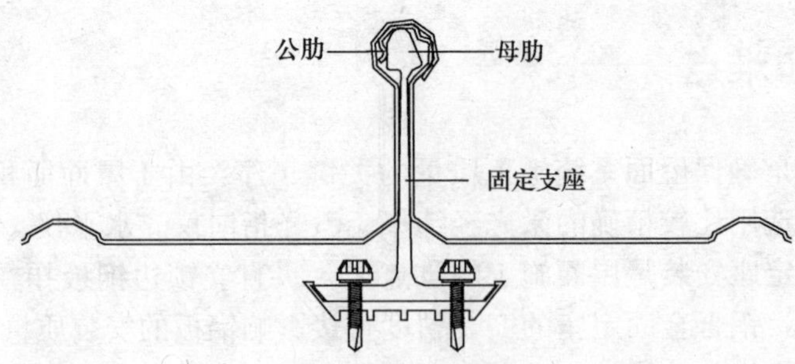

图 3　固定支座安装

的凹陷处的位置，在第一遍锁缝时，将手工夹钳每隔 5m 夹一下从而有利于母肋比较好地包住公肋。与传统的方法相比，这种固定方式不必穿透板面，从原理上解决了渗漏问题（图 4）。

4　复合铝板及阳光板系统

4.1　材料选取

为使建筑物更具时代感，提高建筑物品质，体育场屋面选用铝塑复合板、聚碳酸酯阳光板及铝合金阳光百叶作为装饰面层。红色烤漆铝塑复合板表面光泽极具质感，自重轻，板材合框后板面变形肉眼无法察觉，建筑装饰效果极佳。

4.2　铝塑复合饰面板安装

复合铝板系统采用铝合金型材龙骨框架系统，大面积的骨架都存在骨架接长问题，特别是骨架中的竖框，在加工时考虑将骨架接长处设置在层间的隐蔽处。复合铝板和阳光板的安装都根据实测的龙骨间隔进行下料，安装时根据不同的部位调整安装顺序，保证饰面板与龙骨牢固连接（图 5）。

图 4　锁边机进行直立锁边

图 5　饰面板安装

4.3　温度变形及防腐

由于非洲日照强，大面积金属屋面板都存在严重的温度变形问题。若不能合理地释放这部分变形，严重时会造成局部折屈、隆起，或因连接处应力集中造成板面撕裂。

因此依照龙骨间隔的弧线空间加工出梯形、四边形等形状的饰面板。骨架接长处设置在层间的隐蔽处，并给接头留有一定空隙。同时在饰面板背面增加“加强筋”，从而适应和消除建筑变形和温差变形的影响。

主龙骨与连接件（支座）接触面之间增加防腐隔离垫片。次龙骨与主龙骨间采用不锈钢螺钉和弹簧销连接，最大限度地将横梁与立柱的固定点靠近饰面板重心位置，防止出现龙骨扭曲的通病，增强了系统的传力能力及抗扭转的能力，同时也能够释放因温度或装配误差导致的不利初始应力。饰面板的烤漆和防腐隔离垫片有效地起到了防腐作用。

5 创新增效

5.1 冷凝水防治

为防止昼夜温差产生的冷凝水在屋面板缝隙中的积存，在原有施工方案的基础上现场对阳光板增加设置了胶条，一道为不透气胶条，设置在饰面板底边，另一道为透气胶条，设置在饰面板上口边，这样便可以解决饰面板的冷凝水和防尘问题，避免了屋面上形成污渍、水渍。

5.2 打破常规安装顺序，适应情况所需

莲花瓣形的内衬板在单跨结构单元里以天沟为界分为上、下两个部分，下部铝板首先进行安装，依据方案先安装时先横向安装，将内衬板依次固定在支座上，从左向右逐跨安装。当进行天沟以上部位内衬板安装时，由于莲花瓣曲面的变化以及没有下部脚手架平台的支撑，作业人员施工时使内衬板产生了轻微的荷载变形，因此对安装顺序进行了调整。由上到下安装内衬板，使得内衬板竖向线条流畅，且减小了施工荷载造成结构单元边沿产生的间隙。通过安装顺序的调整有效地保证了曲面线条的顺畅。

6 结束语

罗安达 5 万座位体育场金属屋面系统包含多种材质的板材，建筑造型极具非洲特色。同时该屋面体系施工难点多、工期紧、任务重，施工过程中受气候、海运等不利因素影响较大，通过方案的不断深化，施工组织时及时地调整，如期保质地完成了屋面系统，为今后开展境外工程施工积累了宝贵经验。

参考文献

[1] GB 50345—2004. 屋面工程技术规范 [S].
[2] GBJ 57—2004. 建筑防雷设计规范 [S].
[3] GB 50205—2001. 钢结构工程施工质量验收规范 [S].
[4] GB 50009—2001. 建筑结构荷载规范 [S].
[5] 李伟. 金属屋面的曲面设计与施工 [J]. 国外建材科技. 2004：25，114-115.

安福大厦工程钢屋盖滑移安装综合施工技术

施迎军[1]　罗贤标[2]

（1. 北京建谊建筑工程有限公司；2. 北京城乡建设集团有限责任公司）

【摘　要】 安福大厦工程中庭钢屋盖不仅平面形状不规则，且采用了张弦梁、桁架等多种钢结构形式。钢屋盖安装采用了高空滑移法，即“胎架搭设、构件组装、累积滑移、液压下降”。施工过程中巧妙利用钢连桥搭设高空拼装胎架，并创新应用了“二次拼装、二次滑移”施工技术。通过精心组织施工，施工取得了良好效果。该工程获得了北京市结构长城杯、建筑长城杯和全国新技术应用科技示范工程。

【关键词】 钢屋盖；滑移；拼装胎架

1　工程概况

安福大厦工程位于西单路口东南角，总建筑面积 173355m²，檐高 60m，地下 4 层，地上 16 层，是集办公、酒店、商业为一体的大型多功能综合性建筑。工程主体为钢筋混凝土框架结构（含型钢梁柱），抗震设防烈度为 8 度，于 2005 年 3 月开工建设，2009 年 6 月竣工。

该工程东西长 122m，南北宽 96.5m，于⑨～⑩轴处设变形缝，将工程划分为东楼、西楼，西楼为高档办公楼，东楼为五星级酒店。地上四层处设有 3000m² 中庭（见图 1 所

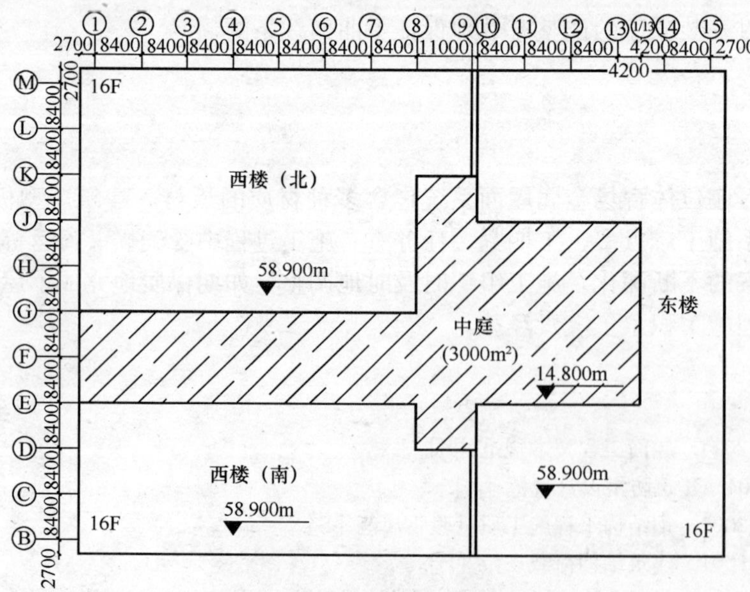

图 1　安福大厦工程中庭平面位置图

示），为办公楼和酒店提供休闲空间。中庭挑高 45m，采用钢结构玻璃采光屋盖，不仅平面形状不规则，且采用了张弦梁、桁架等多种钢结构形式。

2 中庭钢屋盖安装

2.1 中庭钢屋盖工程概况

中庭钢屋盖平面形状不规则，且采用了张弦梁、桁架等多种钢结构形式，具体见图 2。

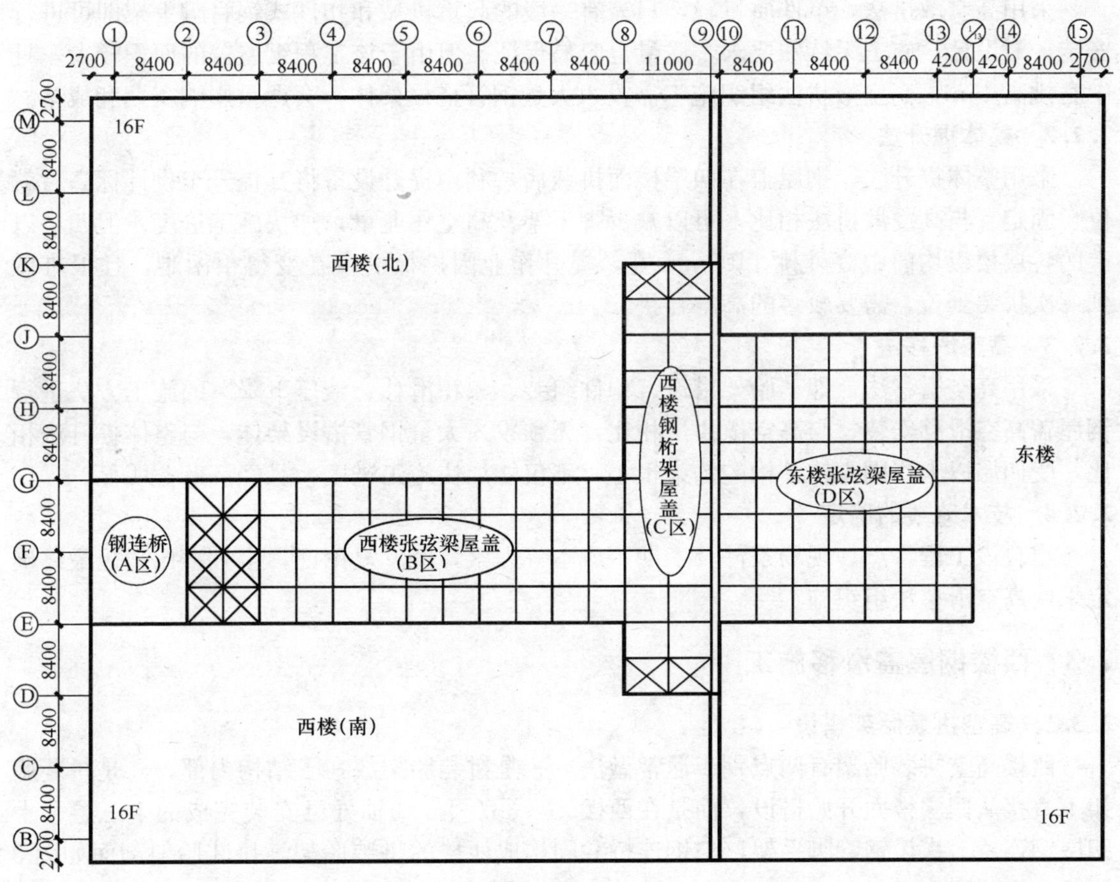

图 2 中庭钢屋盖结构类型平面位置图

A 区（①～②/Ⓔ～Ⓖ轴）为钢连桥，钢梁截面尺寸 H850mm×350mm×16mm×30mm，跨度 15.61m，安装在混凝土框架柱挑出的牛腿上，钢梁与牛腿之间设减震支座。B 区（②～⑧/Ⓔ～Ⓖ轴）为西楼张弦梁钢结构屋盖，张弦梁跨度 16.8m。C 区（⑧～⑨/Ⓓ～Ⓚ轴）为西楼钢桁架屋盖结构，桁架矢高 3.50m，最大跨度为 50.40m。D 区（⑩～1/13/Ⓔ～Ⓙ轴）为东楼张弦梁钢结构屋盖，张弦梁跨度为 32.50m。

2.2 施工方案比选

中庭钢屋盖结构的创新性，为安装带来一定难度。当钢结构设计方案确定后，主体混凝土结构已封顶，四台安装在电梯井与楼梯间的内爬塔已拆除，仅剩建筑北侧⑩～⑪轴间的一台 HK7027 塔吊可供钢构件吊装使用，该塔吊的起重能力和起重范围均不能满足所有构件的吊装要求。

结合本工程钢结构特点和现场作业条件，对此类大跨度钢屋盖常用的施工方案进行了筛选，初步确定采用的施工方案有：高空散拼法、整体提升法、高空滑移法，并进行了方案比选。

2.2.1 高空散拼法

采用高空散拼法，单件质量轻，只需有一般的起重机械和扣件式钢管脚手架即可进行安装，对设计、施工无特殊要求，质量也容易保证。但由于该工程钢屋盖的面积较大，且中庭挑高 45m，高空散拼法组织施工需投入大量钢管搭设架体，会严重影响工期和成本。

2.2.2 整体提升法

采用整体提升法，钢屋盖在四层楼面拼装后，利用提升设备将其提升至设计标高后就位、固定。与高空散拼法相比，可以减少脚手架及高空作业量，加快施工进度。但四层以上的各层楼板均向中庭外挑 1400mm 宽，提升作业因挑板的存在变得很困难，且很难做到一次拼装到位，需要较多的高空补拼。

2.2.3 高空滑移法

采用高空滑移法，即“胎架搭设、构件组装、累积滑移、液压下降”的施工方法进行钢屋盖高空滑移安装，与高空散拼法相比，无须投入大量钢管搭设架体，与整体提升法相比，受四层以上周围主体结构的约束很小，不仅能加快施工进度，且经济效益明显。

2.2.4 技术路线的确定

结合该工程特点、现场条件及工期、成本等因素，经反复论证，多方案比选，最终确定采用高空滑移法组织施工。

2.3 西楼钢屋盖滑移施工

2.3.1 高空拼装胎架搭设

西楼高空拼装胎架有两点别于通常做法，一是拼装胎架放在了结构内部，二是拼装胎架不直接从四层楼面开始搭设，而是在西楼②～③/Ⓔ～Ⓖ轴处已安装完成的十三层、十四层钢连桥上搭设钢管脚手架，与钢连桥共同构成西楼的拼装胎架，拼装胎架剖面如图 3 所示。拼装胎架宽 8.4m、长 16.8m，可满足两榀桁架或张弦梁的焊接拼装。

2.3.2 滑移轨道铺设

在搭设拼装胎架的同时，进行西楼 1、2 号滑移轨道的铺设。1 号轨道位于②～⑧/Ⓔ轴、②～⑧/Ⓖ轴，轨道顶标高 60.710m，长度 61.0m。2 号轨道位于⑥～⑨/Ⓓ轴、⑥～⑨/Ⓚ轴，轨道顶标高 60.710m，长度 32.0m，1、2 号轨道具体位置可见图 4。滑移轨道中心线与支座长轴方向中心线重合，轨道分段间采用焊接连接，焊接接头打磨平整，接头处高差允许偏差应小于 1mm，保证过渡平整、光滑，轨道上表面水平度要求小于 $L/1000$。滑移前在滑轨的上表面涂抹黄油以减少滑移时的摩擦阻力。

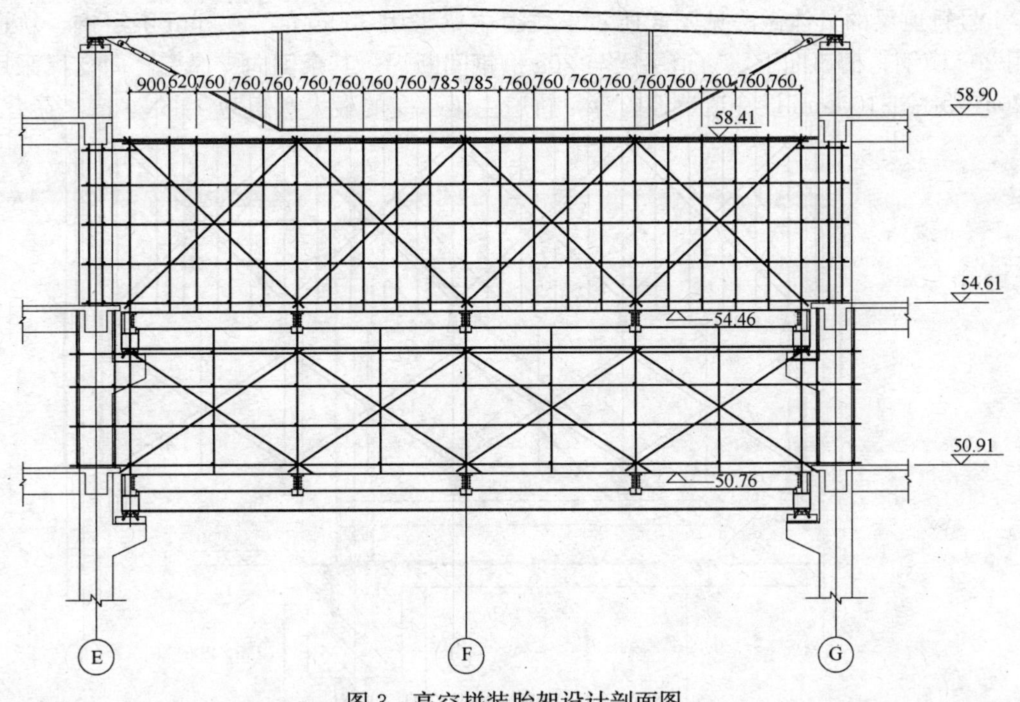

图 3 高空拼装胎架设计剖面图

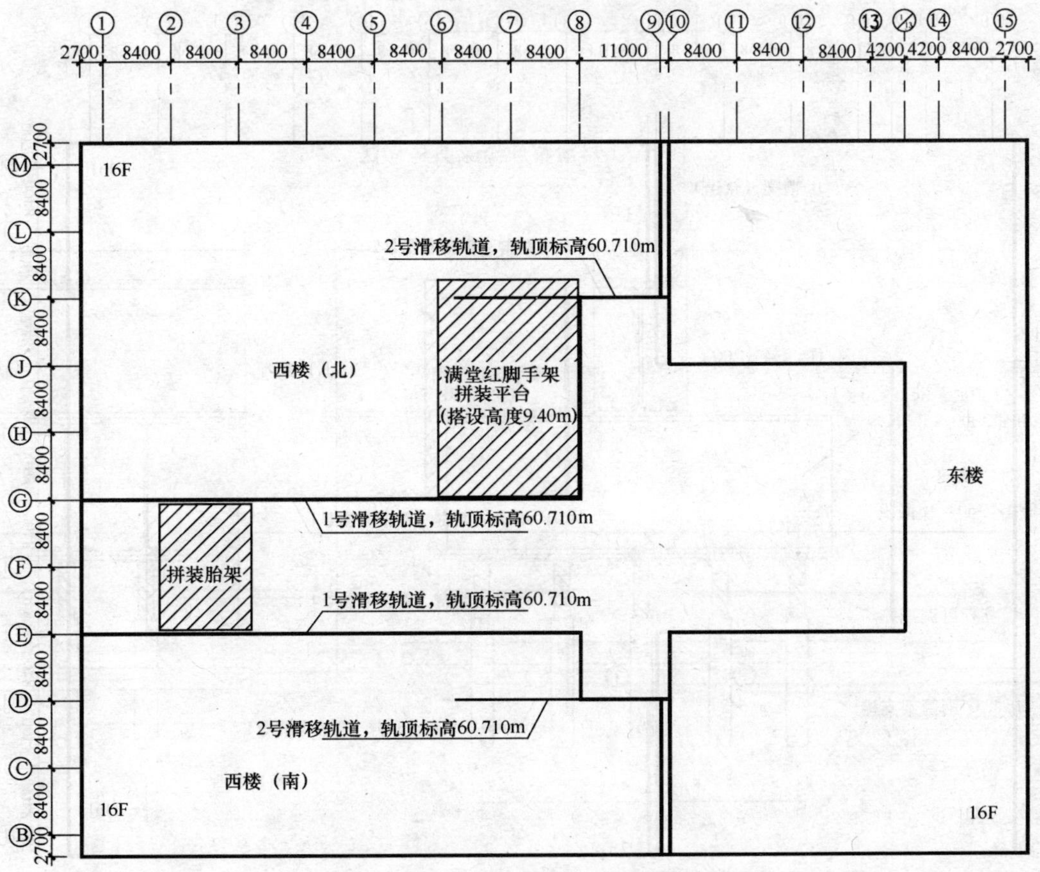

图 4 西楼 1、2 号滑移轨道平面布置图

1 号轨道梁的具体做法见图 5 所示。轨道主梁采用 300mm×200mm 工字钢，轨道面采用 20a 槽钢，槽口向上，轨道主梁与 20a 槽钢间断焊。其余侧向支撑、竖向支撑采用槽钢 20a，每隔 2100mm 设一道。经验算，轨道主梁承受的最大弯矩为 45kN·m，应力 $\sigma=$

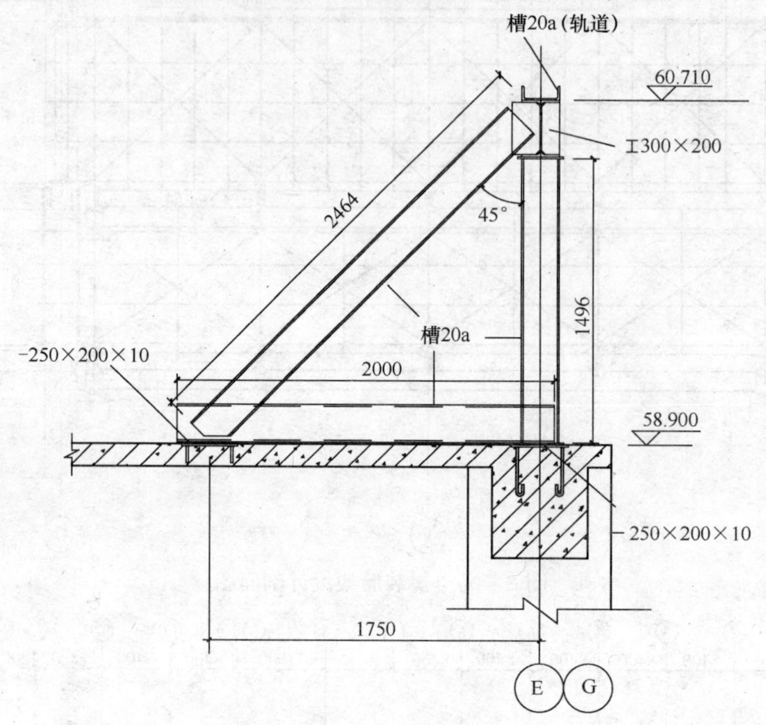

图 5　1 号滑移轨道梁具体做法

图 6　搭设于钢管脚手架支撑上的 2 号滑移轨道做法

94MPa<215MPa，满足要求。

在⑥～⑧轴间，2号轨道主梁支撑在钢管脚手架上，具体做法见图6。轨道面采用20a槽钢，槽口向上。经验算，⑥～⑧轴间轨道主梁承受的最大弯矩为101kN·m，应力σ=124MPa<215MPa，满足要求，轨道主梁下脚手架搭设高度9.4m，立杆纵距170mm、横距170mm、步距800m，经验算，单根立杆承受的应力值σ=142.8MPa<215MPa，满足要求。

2.3.3　滑移施工

高空拼装胎架搭设和1、2号滑移轨道铺设完成后，即可进行钢屋盖滑移施工。西楼B区张弦梁屋盖和C区钢桁架屋盖相互独立滑移，流水作业。

C区钢桁架屋盖采用“二次拼装、二次滑移”施工技术。滑移前，先在拼装胎架上组装位于C区⑧～⑨/Ⓔ～Ⓖ轴的钢桁架，即完成“一次拼装”，见图7。然后沿1号滑移轨道滑移至⑥～⑧/Ⓔ～Ⓖ轴处，暂停滑移，即完成“一次滑移”，并在此处补拼位于C区⑧～⑨/Ⓓ～Ⓔ轴及⑧～⑨/Ⓖ～Ⓚ轴间的钢桁架，即完成“二次拼装”。组拼完成后，沿2号滑移轨道滑移到位，完成整个C区钢屋盖的滑移，即完成“二次滑移”，见图8。

当C区⑧～⑨/Ⓔ～Ⓖ轴的钢桁架滑离拼装胎架后，即可在拼装胎架上进行西楼B区张弦梁屋盖的焊接组装，实现流水作业。B区张弦梁屋盖采用累积滑移法施工，即先在拼装胎架上组装两榀张弦梁，并将两张弦梁之间的联系钢梁、钢拉杆组装完成。滑移前，需

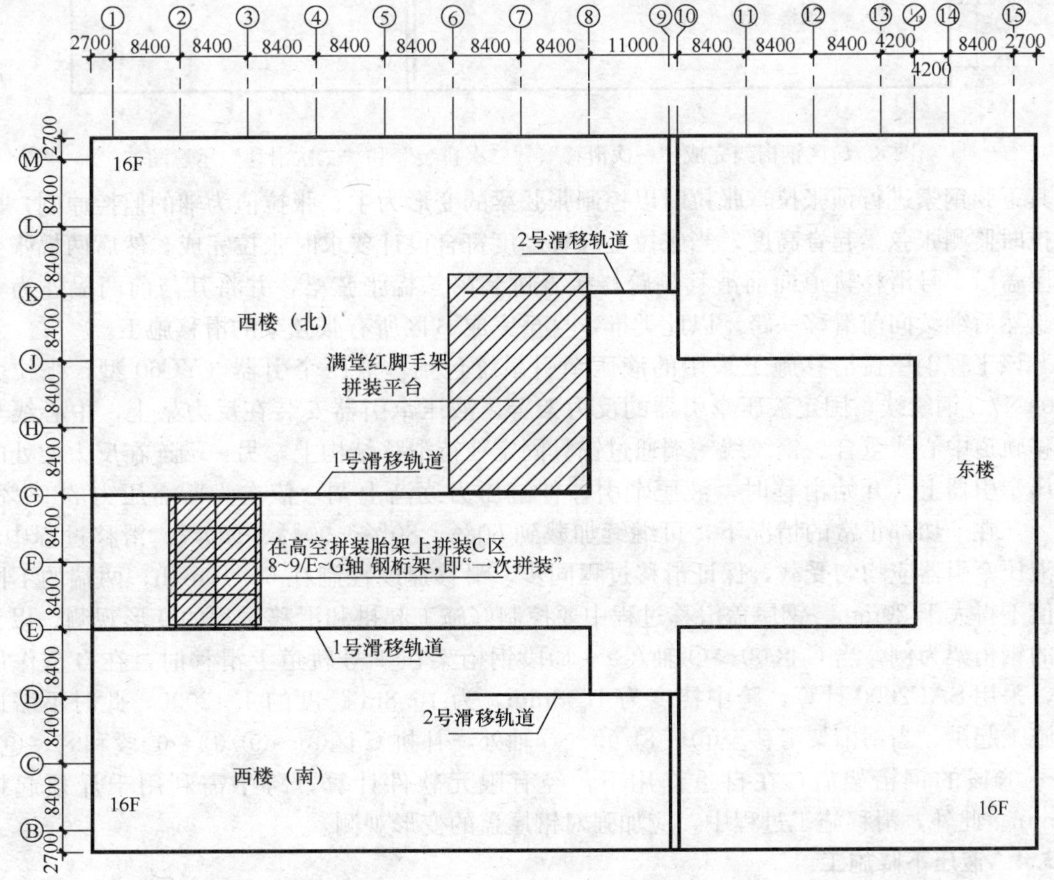

图7　在拼装胎架上完成C区⑧～⑨/Ⓔ～Ⓖ轴钢桁架的拼装（即“一次拼装”）

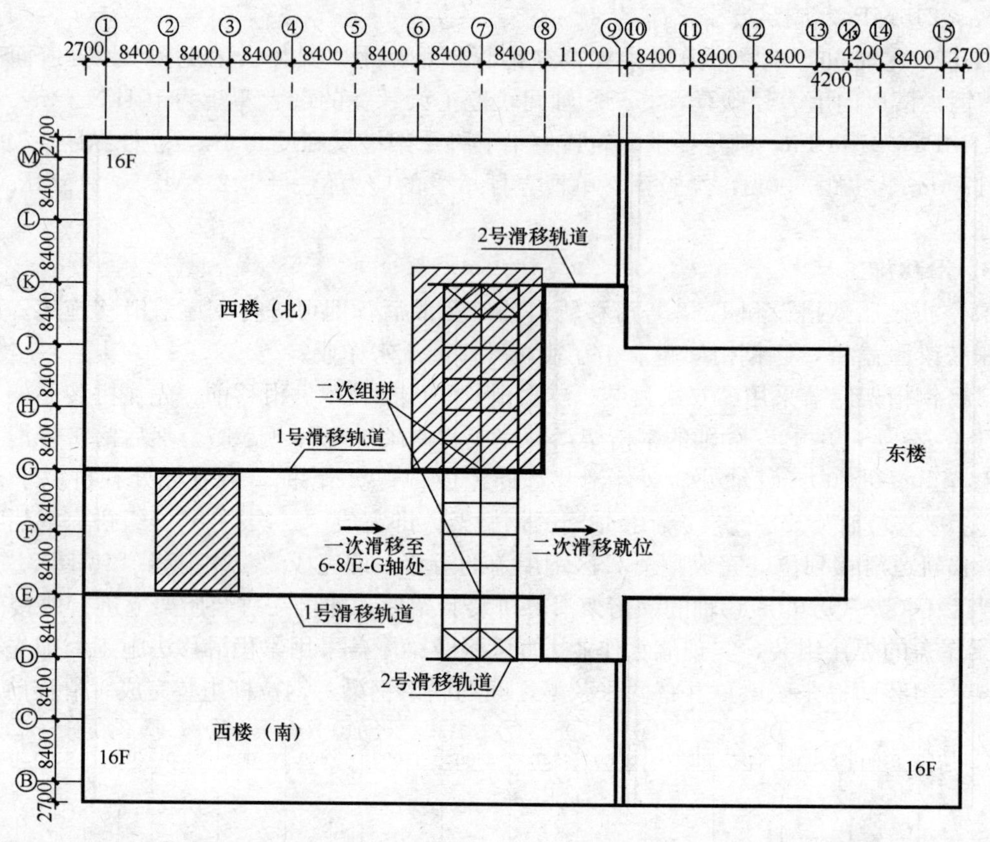

图 8　C 区钢桁架完成“一次滑移”、“二次拼装”和“二次滑移”示意图

对其下弦钢索进行预张拉，张拉时以控制张弦梁的变形为主、张拉值为辅的监控原则，即张拉时监测张弦梁起脊高度，当张拉至起脊高度符合设计要求时张拉完成。然后两榀张弦梁屋盖沿 1 号滑移轨道向前滑移一跨，接着拼装第三榀张弦梁，并将其与前两榀连为整体。然后继续向前滑移一跨。以此类推，直至完成 B 区所有张弦梁的滑移施工。

该工程钢屋盖滑移施工采用的液压牵引系统包括：液压牵引器（YC60 型，张拉力 600kN），钢绞线、固定液压牵引器的反力架等。液压牵引器安装在反力架上，中心线与滑移轨道中心线重合。钢绞线一端通过锚具固定在待滑移结构上，另一端连在反力架处的液压牵引器上。开始滑移时，液压牵引器伸缸压力逐渐上调，依次为所需压力的 20%、40%，在一切都正常的情况下，可继续加载到 60%、80%、90%、100%。滑移过程中 2 台液压牵引器应均匀受载，保证滑移过程同步，滑移速度控制在 6～10m/h，两端的不同步值不得大于 20mm。钢屋盖滑移过程中要控制好施工起拱和滑移过程的变形观测。以 C 区的钢桁架为例，当 C 区⑧～⑨轴/Ⓔ～Ⓖ段钢桁架在 1 号轨道上滑移时，在自重作用下，采用 SAP2000 计算，跨中挠度为 1.38mm，为 16.8m 跨度的 1/12000，此时不需进行施工起拱。当钢桁架滑移至⑥～⑧/Ⓔ～Ⓖ轴处，补拼 C 区⑧～⑨/Ⓓ～Ⓔ段和⑧～⑨/Ⓖ～Ⓚ段的钢桁架后，在自重作用下，经有限元软件计算，跨中需利用千斤顶起拱 50mm。此外，滑移施工过程中，应加强对钢屋盖的变形观测。

2.3.4　液压下降施工

滑移完成后，适当调整屋盖的轴线位置，通过千斤顶将其同步顶升，拆去滑移轨道，然后将其同步下降到减震支座上。下降总高度 100mm，共分 5 次完成，每次下降 20mm，即在钢屋盖与减震支座之间设置 5 块 20mm 厚的钢板，每次千斤顶将钢屋盖顶起至钢板松动后，各顶升点均抽出 1 块钢板，然后各支座处千斤顶同时下降 20mm，重复上述步骤，直至将钢屋盖降至减震支座上。

2.4　东楼钢屋盖滑移施工

D 区（⑩～(1/13)/Ⓔ～Ⓙ轴）为东楼张弦梁钢结构，其结构形式和主要施工方法同 B 区（②～⑧/Ⓔ～Ⓖ轴），限于篇幅，在此不做具体介绍。

3　结论

安福大厦工程钢屋盖安装采用了高空滑移法，即“胎架搭设、构件组装、累积滑移、液压下降”及“二次拼装、二次滑移”施工技术，大大缩短了工期并降低了成本。该工程最终获得了北京市结构长城杯、建筑长城杯和全国新技术应用示范工程。文中介绍的钢结构施工经验，可供今后同类工程施工借鉴。

参考文献

[1]　冶金工业部建筑研究总院. GB 50205—2001 钢结构工程施工质量验收规范［S］. 北京：中国建筑工业出版社，2002.

[2]　李晨光，刘航，段建华等. 体外预应力结构技术与工程应用［M］. 北京：中国建筑工业出版社，2008.

专业工程

软土地基塔吊基础的设计与施工

李　强　吴学军　韩德敬

（中建一局集团第五建筑有限公司）

【摘　要】 塔吊在建筑工程中使用非常普遍，需安装在坚固、稳定的基础上。软土地基由于承载力太小，无法满足塔吊安装的最小承载力要求，应合理选择基础形式及施工方法。

【关键词】 软土地基；塔吊；桩承台；钢构柱

软土地基由于地耐力低，塔吊的选型除了考虑其回转半径、吊次、构配件单件最大重量、设立位置与主体结构的相互影响、安装与拆除、附着等因素外，塔吊基础的设计与施工还与建筑物基础的埋深息息相关，在方案选择时应予认真考虑。

1　软土地基塔吊基础的埋深与选型

塔吊自重较大，因此塔吊基础对地耐力要求较高，基于多种因素考虑，塔基一般与建筑物基础底板齐平或低于建筑物基础底板。但对于软土地基而言，塔吊基础的施工主要应考虑以下几个方面的因素。

1.1　自然放坡约束深基础的塔吊安装

软土地基开挖时自然放坡需考虑1∶3～1∶4的坡度才能保证边坡稳定，因此埋深超过4m的基础，如采用自然放坡的方法挖施工塔吊基础的工作面，则边坡上口线或将超过16m。

一般来说，安装塔吊的汽车吊的工作半径：16t汽车吊的工作半径为5m，32t的为10m，50t的为15m。因此，深基坑的塔吊基础放坡开挖后，边坡上口线已超出汽车吊的工作半径，给安装塔吊带来极大困难。

因土方开挖时放坡较大，因此需回填出安装用的场地，用来支设汽车吊。或者选用工作半径大的重型汽车吊进行塔吊安装。前者工作量较大，且对于塔吊设置在基坑中的情形，在基坑开挖时还需再次挖除为汽车吊提供工作面而回填的土体。对于后者，越是选择大吨位的汽车吊，对地耐力的要求就越高，软土地基就越不能满足要求。

1.2　工程桩影响塔吊安装

对于软土地基而言，工程一般采用桩基础。如考虑土方开挖到接近设计标高时再施工塔基和安装塔吊的方法，一则接近基底，桩头林立，二则地基软弱，故需截桩（待清槽时还需二次截桩）并用道渣或钢板铺垫，否则汽车吊无法行走至立塔处。采用这种施工方法，截桩和铺垫工作量极大，且可能对地基和工期产生不利影响。

1.3 利用地表优势

软土地基的地表历经风吹日晒，失水硬化，往往比表层以下地耐力高，铺垫钢板和道渣也比较容易，更容易创造安装塔吊的汽车吊所需工作面，因此。在地表安装塔吊有独到的优势。

1.4 选型

综合考虑，软土地基塔吊基础的设计与施工可选择采用工程桩承台式、钢格构式、支护桩承台式等类型。

2 工程桩承台式塔基的设计与施工

2.1 设计

桩承台式塔吊基础与北京地区常见塔基类似，但把塔吊基础设置在桩基之上，如同桩承台，见图1。

图1 桩承台塔式起重机基础

设计步骤：

(1) 要根据所选用塔吊的技术要求确定塔吊基础的长、宽和厚度的尺寸；

(2) 然后依据工程的土质情况、施工场地等情况确定选用桩的种类。布置在基坑内的塔基最好直接增设工程桩作为塔基的基础桩；

(3) 根据塔吊的荷载和桩承台的构造要求确定桩的数量、直径等参数；最后验算桩的抗压、抗拔强度及桩承台的抗弯、抗剪强度，保证塔吊施工安全可靠。

2.2 施工

2.2.1 桩基施工

首先按照施工图纸的位置精确定位，然后与工程桩一同施工。

2.2.2 塔吊基础土方开挖

根据塔吊基础位置和现场土质情况按 1∶3～1∶4 放坡放出上口线，分层开挖，每层挖土厚度不宜超过 1500mm，见图2。

塔基土方开挖时，因坡面较长，一个挖土机不能直接将挖出的土倒到土方运输车上，且因地基软，挖土机不能来回行走（作业时需下垫钢板）。因此采用多台挖土机接力挖土、倒土的方法，见图3、图4、图5。

2.2.3 塔吊基础混凝土结构施工

当土方开挖至塔吊基础底标高时，施工塔吊基础。如果有高于塔基的高位桩，先截

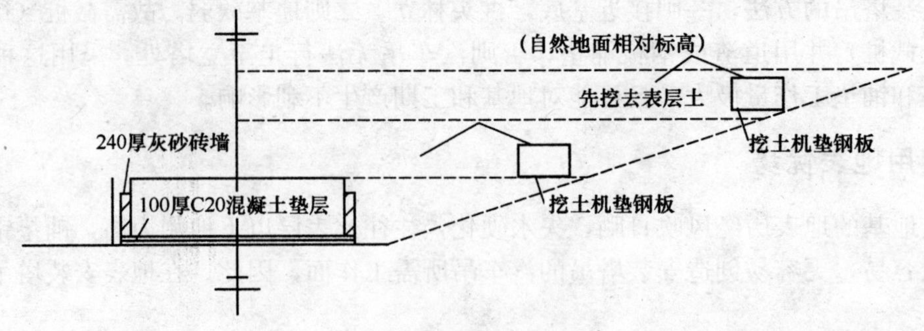

图 2　分层开挖图

桩，然后铺石子、打垫层，再绑扎塔吊基础钢筋，安装预埋螺栓，安装基础模板，最后浇筑混凝土。

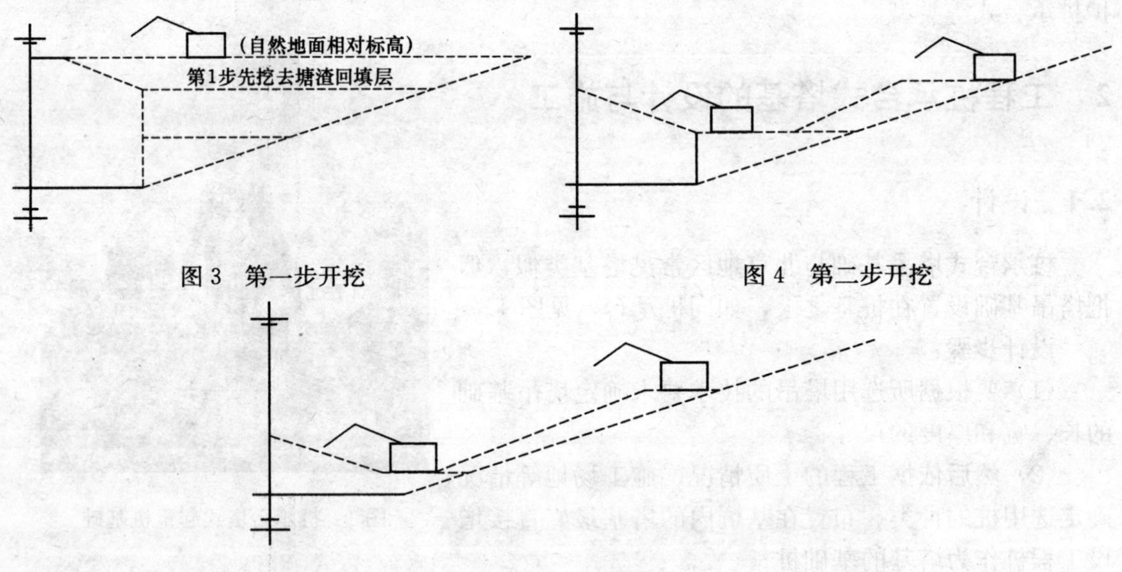

图 3　第一步开挖　　图 4　第二步开挖

图 5　第三步开挖

2.3　优缺点及适用范围

桩承台基础适用于开挖深度较浅且施工场地宽阔的工程。此种基础施工较方便、操作简单、成本低，但土方开挖面积大，安装塔吊时需回填土方，且塔吊安装受混凝土强度影响。

当基础埋深不大于 4m 且现场场地具备安装条件时，采用桩承台塔基比较合适。

3　钢格构式塔基的设计与施工

3.1　设计

3.1.1　设计思路

钢格构式塔基类似于把塔身从地表向基底延伸。先把 4 根钢构柱（图 6）随工程桩埋入地下（图 7），在地表位置用钢平台将 4 根钢构柱连接，在钢平台上安装塔吊的基础节。

基坑土方开挖时，随挖土随用腹板将 4 根独立的钢格构连成一体，如图 8、图 9 所示。

3.1.2 设计步骤

（1）根据现场地质情况及塔吊对基础的要求，桩的设计与承台式塔基相同，钢构柱的设计首先是要满足与桩连接的牢固，因此支撑钢平台的 4 根钢构柱伸入桩长度不小于 2.0m，且应在灌注桩下钢筋笼前与钢筋笼焊接牢固，一起放入桩孔内。

（2）按钢构柱自身的强度大于塔身标准节的设计刚度设计钢构柱。塔吊标准节一般采用角钢，因此钢构柱一般选用 L125 号角钢，以 10mm 厚钢板作为腹板。

图 6 钢格构柱工厂生产

图 7 钢格构柱现场安装

图 8 剔凿钢格构柱中的混凝土

图 9 独立格构柱用腹板连成一体

（3）随着基础土方开挖，将 4 根钢构柱用 L125 号角钢间距 1.6m 左右作为腹杆连接成一个整体钢构柱，在挖至基底标高后，在桩头标高浇筑 500mm 厚的配筋混凝土板，若塔吊荷载较小时也可不做。设计计算一般按照塔吊安装第一道附着前的最高自由高度作为最不利情况进行，安装平台和钢构柱间的连接应采取加强措施（一般为粗钢筋穿孔焊牢）。

3.2 施工

3.2.1 钻孔灌注桩施工及钢结构安插

在塔吊专项方案审批通过后，进行钻孔灌注桩的施工，每个塔吊基础下4根桩，桩径通过计算确定，在浇筑混凝土前将事先焊接好的钢筋笼和钢筋格构柱放入孔中，钢格构柱应伸入桩头以下至少2m，与桩钢筋焊接，检查焊接质量并对正位置、调好垂直度后浇筑桩身混凝土，一直浇筑至地面。

3.2.2 钢平台安装

待桩身混凝土强度达到设计要求后，进行塔吊安装钢平台的焊接安装，平台采用40mm厚钢板，用槽钢、角钢及钢筋将钢板与4根格构柱焊接牢固，焊接前应检测格构柱的高度、垂直度以及相邻两格构柱是否在一个平面内，顶面若不平的可采用气割割平，若相邻两柱不在一个平面内，可按照图10的做法进行施工。钢平台槽钢安装见图11，钢板安装见图12。

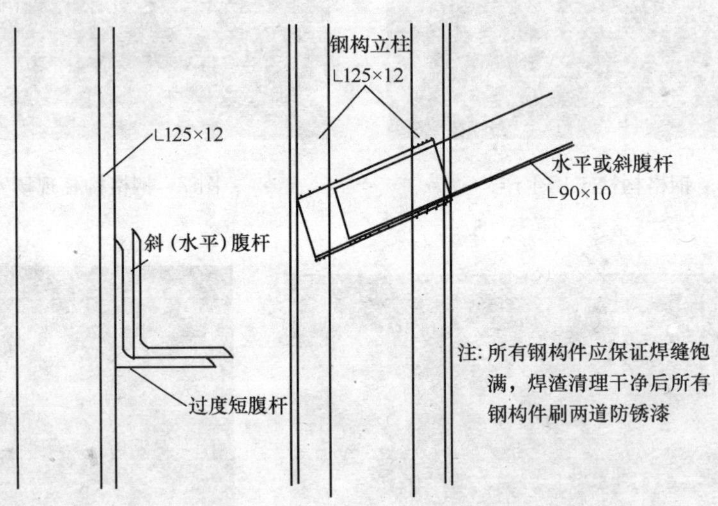

图10 钢格构柱连接加固

图11 钢平台槽钢安装

图12 钢板安装

3.2.3 塔吊基础节安装

将塔吊基础节吊至安装平台上，根据固定点的位置画线找孔，采用电磁吸力台钻打孔，用螺栓固定塔吊基础节，随安装随检测基础节安装水平度，确定达到塔吊安装要求后，固定牢固，以备塔身安装用。连接方式见图13。

3.2.4 格构柱加固焊接

塔吊装好后开始地下室开挖，随着挖土深度对地下的钢格构柱进行分层加固，每下挖1.6m，凿除格构柱外混凝土，对4根钢格构柱进行水平撑和斜撑的焊接。钢格构柱加固过程参见图8、图9。

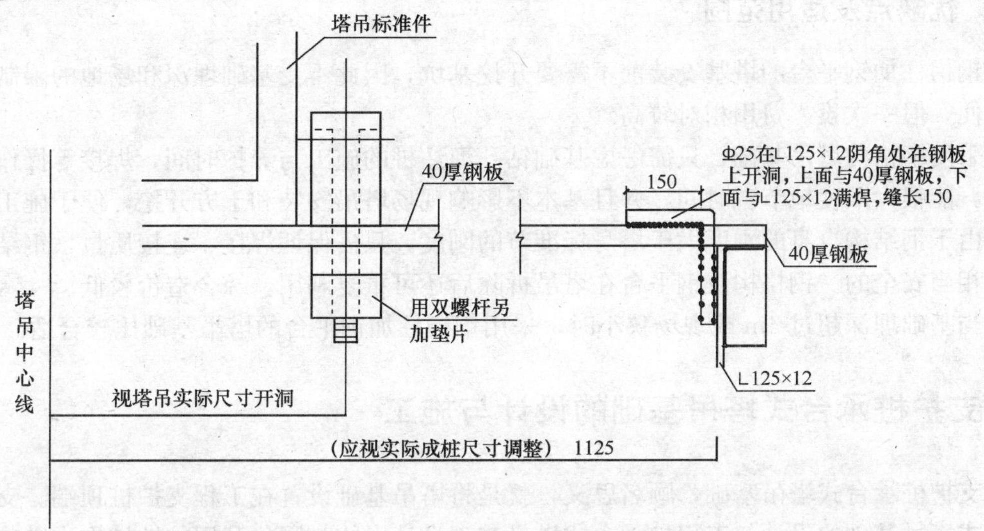

图13-1 标准节安装示意图

图13-2 标准节安装（一）

图13-3 标准节安装（二）

3.2.5 塔基基座混凝土台施工

当土方开挖至底板标高下500mm时，施工塔基基座。在余姚某工程中，塔基基座为3000mm×3000mm×500mm，配ϕ16@200双层双向钢筋，拉筋ϕ14@600，桩头深入基座150mm，混凝土强度等级为C35。施工完的基座上皮与垫层顶平。

3.2.6 其他施工需注意的要点

塔机防雷接地采用专用的接地线，接地电阻不大于4Ω，塔吊接地地线与钢格构柱用ϕ12圆钢焊接，并通过钢格构柱同塔吊桩基钢筋的焊接形成一个接地网，确保塔吊防雷的安全。

因塔吊基础格构柱穿过地下室地板，因此在钢格构柱穿地下室顶板处用4mm厚钢板做止水板，焊接在钢格构柱柱身上，每边宽出钢构柱100mm，位置在底板的中间，焊接必须牢固密封、位置正确，混凝土浇捣密实。

塔吊安装完成后，由专业测量人员在塔身的明显位置进行标高的标识，并考虑后期观测的方便。刚安装好时每天观测一次，一个月以后每3天观测一次，第一次附着后每周观测一次，期间若发生变动，如台风、暴雨以及长时间闲置或顶升等情况，应在整体检查、观测后方可再次投入使用。

3.3 优缺点及适用范围

钢构柱加钢平台的塔基安装前不需要开挖基坑，因此不受基础埋深和场地的限制，较为方便，但一次投入费用相对较高。

采用钢格构塔吊基础，只需考虑基础钻孔灌注桩的施工与养护时间，焊接等操作非常快捷，能很大限度地节省时间，并且基本不影响现场塔吊安装和土方开挖，便于施工。

由于钢结构自身的刚度大于塔身标准节的刚度，只需保证焊接、连接质量，钢结构基础是相当安全的。钢格构及钢平台在塔吊拆除后还可重复利用，综合造价较低。

当基础埋深超过4m或现场狭小时，采用钢构柱加钢平台的塔吊基础比较合适。

4 支护桩承台式塔吊基础的设计与施工

支护桩承台式塔吊基础，顾名思义，就是将塔吊基础设置在工程支护桩顶端。支护桩承台式塔吊基础的设计与工程桩承台式塔吊基础设计大体相同：利用护坡桩作为塔基的桩基，通过计算加强或增加护坡桩。

支护桩承台式塔吊基础工程中一般较少采用，主要原因有二：

(1) 工程基坑边坡支护单位和结构施工单位一般是先后进场施工的两个单位。边坡支护设计时结构施工单位尚未进场，塔吊如何布置还不得而知，因此难于协调考虑。

(2) 软土地基的工程，基础底板或承台往往扩出地下室外墙，使得肥槽较宽，因此在支护桩上设置塔吊基础，塔身离建筑物就相对较远，无形中减弱了塔吊的远端吊重，也在一定程度上降低了塔吊的使用效率。

5 体会和建议

软土地基塔吊基础的选型，与塔基施工难易程度息息相关，也与工程开工之初的顺利进展息息相关，需要提前了解各方面的情况，综合考虑各种因素，认真比对，选择最优的基础形式。

参考文献

[1] GB 50017—2003. 钢结构设计规范 [S].

[2] 建筑施工手册（第四版）编写组. 建筑施工手册（第四版） [S]. 北京：中国建筑工业出版社，2008.

[3] GB 50010—2003. 混凝土结构设计规范 [S].

[4] JGJ 94—2008. 建筑桩基技术规范 [S].

温州世贸中心桁架导轨式爬架应用技术

杨雁翔[1]　沈小峰[1]　夏海余[1]　林世阳[2]
（1. 中国建筑一局（集团）有限公司；2. 北京培基建筑技术开发有限责任公司）

【摘　要】 温州世贸中心为钢筋混凝土筒中筒结构，高333.33m，采用3套桁架导轨式爬架。第1套爬架用于筒中筒结构施工，第2、3套爬架用于幕墙施工。本文介绍了3套爬架总体部署，平、立面设计，安装、升降及拆卸技术，重视爬架施工及提升过程中的安全防护工作。实践证明，该桁架导轨式爬架满足主体结构和幕墙工程的施工安全及防护要求，爬升施工速度快且安全、简便，经济效益好。

【关键词】 温州世贸中心；筒中筒结构；桁架导轨式爬架；施工；安全防护

1　工程概况

温州世贸中心是浙江省第一高楼，是全国钢筋混凝土筒中筒结构第一高楼，以含苞欲放的花蕾为造型，共74层，高达333.33m，主要分为裙房和塔楼两部分。裙房部分的1～8层为大型百货商场，塔楼1～5层为精品商场，6、7层为娱乐中心，8～51层为写字楼，52～66层为超五星白金宾馆，顶部2层为休闲观光层，可以俯瞰市区全貌。

本工程地处温州市区，西北面为商贸广场，离居民区较近，仅南侧入口处有一施工用地，周边环境对施工要求较高。另外，温州市每年7～9月均有台风，台风形成前一般为强热带风暴，中心最大风力在12级以上，同时会带来强降雨，将严重影响现场施工。

2　爬架施工总体部署

结构施工和外装修结合施工工期共需使用3套爬架，依次设置如下。

（1）由于裙房10层，第1套爬架自11层开始搭设，逐层提升至68层。结构施工时爬架提升可满足上层扎筋立模、下层拆模、周转材料的防护及操作需要。

（2）第2套爬架在第1套爬架提升到第20层时，自11层开始搭设，逐层提升至68层。用于幕墙装修施工，可满足安装竖、横龙骨的防护及操作需要。

（3）第3套爬架在第2套爬架提升到第20层时，自11层开始搭设，逐层提升至68层。用于幕墙装修施工，可满足安装玻璃等装修收尾工作的防护及操作需要。

3 爬架设计方案

3.1 平面设计

（1）爬架平面布置如图 1 所示。第 1 套共设 40 个提升点。采用电动葫芦升降，按结构施工流水段分片提升。第 2、3 套为幕墙装修爬架，在施工电梯位置处爬架断开，各设 39 个提升点。采用电动葫芦升降，按结构施工流水段分片提升，也可整体提升。

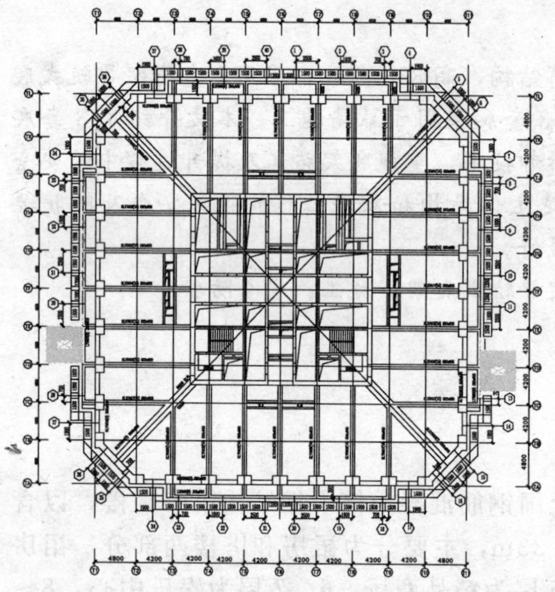

图 1 温州世贸中心爬架

（2）装修爬架主架宽 900mm，内排立杆中心离墙距离 650mm。

（3）预埋件在结构施工时进行预埋，预埋点立面位置为楼板面下返 300mm。装修施工时，装修爬架借用这些预埋孔。

3.2 立面设计

（1）第 2 套爬架提升点处立面如图 2 所示。

（2）提升点处装修爬架架体立面为定型加工的主框架。爬架总高 16.2m，步高 1.8m，架宽 0.9m，满铺脚手板。其中，第 2 套爬架架体与第 1 套爬架架体相同。第 3 套爬架架体是在结构施工爬架基础上，架体上部减少一个标准层高度，架体下部增加一个标准层高度。第 2、3 套爬架与第 1 套爬架的主要不同在于，第 2、3 套爬架的架体内排立杆距离结构的尺寸通过爬架横梁处增加了 300mm 转接梁、结构剪力墙处增加了 700mm 三角转接梁进行调节，以便满足安装玻璃幕墙外形尺寸要求。

（3）动力系统固定在主框架上，为保证有足够提升高度，吊点横梁设置在竖向主框架上。

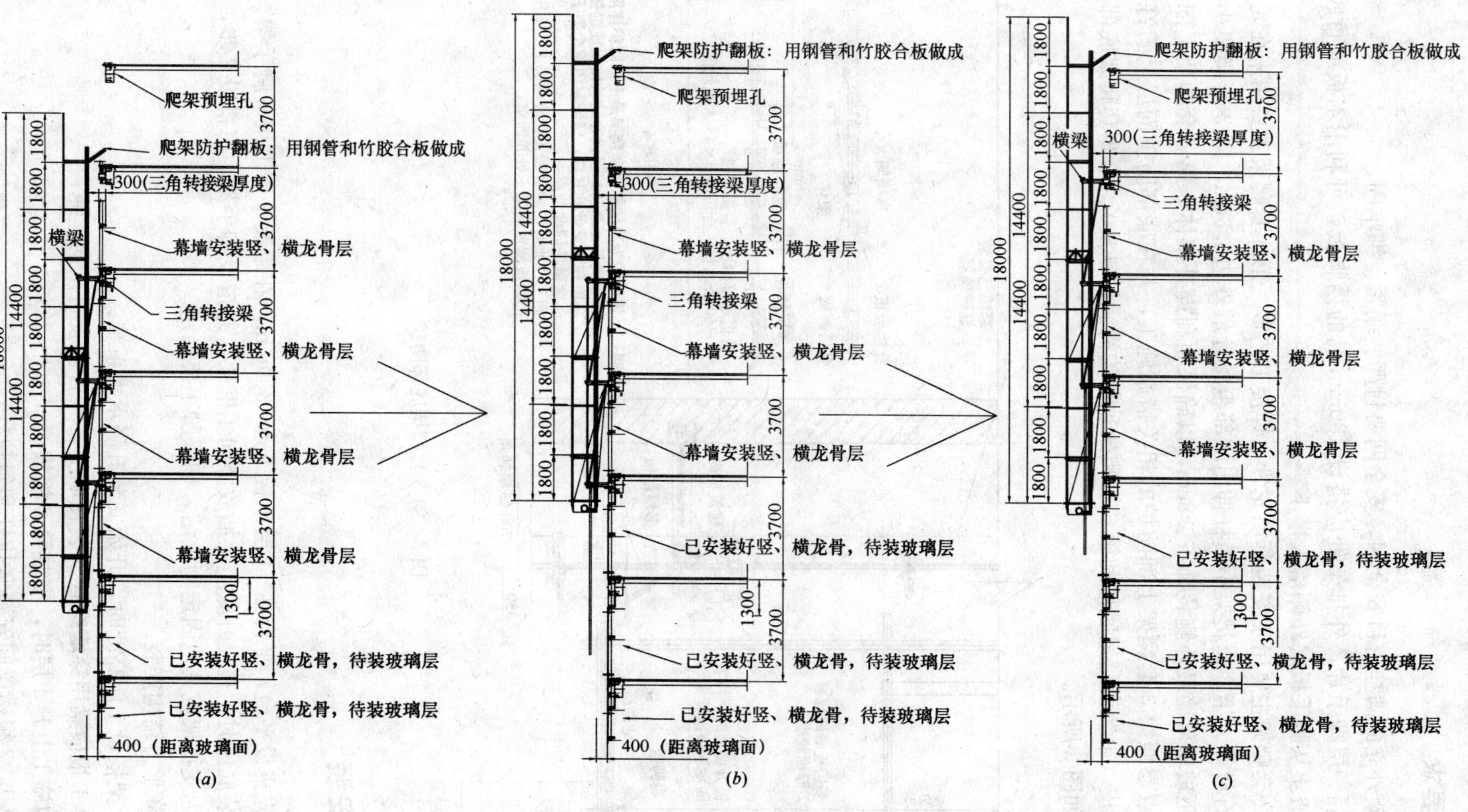

图 2　第 2 套爬架提升点处立面

(a)搭设完毕，待提升前状态；(b)提升完毕，使用状态；(c)周转横梁至爬架最上一层，准备下一次提升

3.3 防护要求

(1) 爬架外立面满挂密目安全网，安全网要封严、绷紧、绑牢固。

(2) 每隔一层脚手片，外排架处应搭设 180mm 高的挡脚板，可利用木板或竹胶板，防止物料及渣土从脚手板层外侧落入楼下。

(3) 第 2 套爬架主要用于安装幕墙龙骨，焊接工艺多。第 3 套爬架主要用来在龙骨上安装玻璃、石材等。第 2 套爬架小横杆伸出端部距龙骨最外边≥8cm；第 3 套爬架小横杆伸出端部，距玻璃幕墙最外侧装饰条≥8cm，以确保顺利提升架体。第 2 套爬架上部、底层硬防护节点参照第 3 套爬架上部防护的相关措施施工，并在底部防护面层上满钉一层 0.5mm 的铁皮（第 2 套爬架底部和第 3 套爬架顶部均需满钉铁皮）。第 3 套爬架底部硬防护构造措施如图 3 所示。

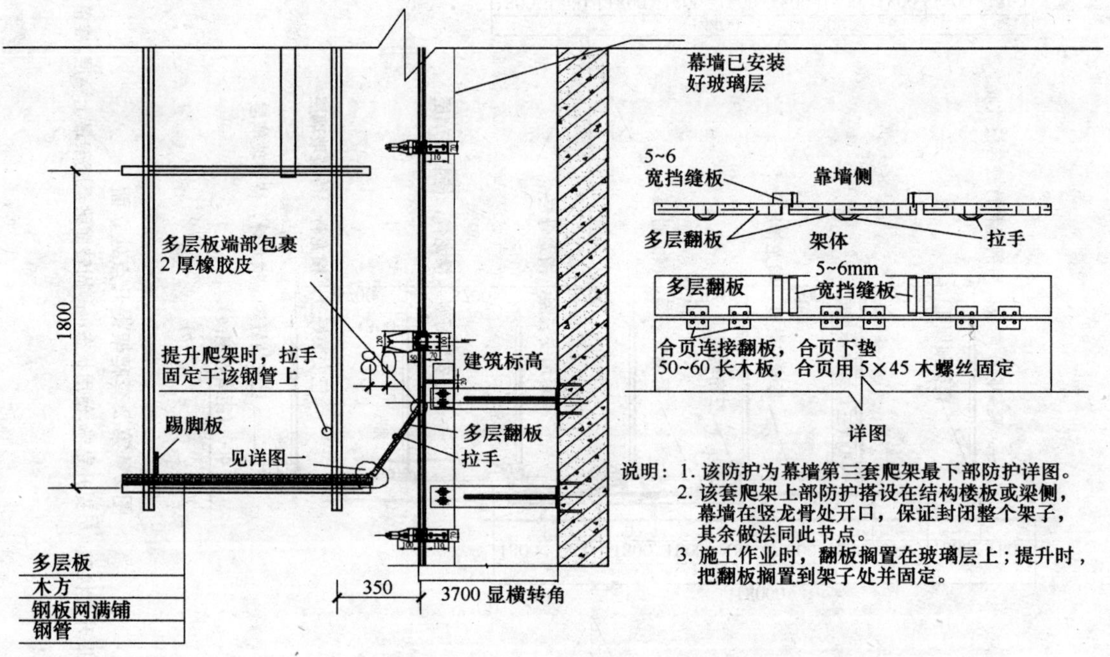

图 3　第 3 套爬架底部防护

4 爬架安装

(1) 首先搭设平台，平台在 11 层顶板下返 1300mm。在组装平台上组装脚手架。

(2) 安装底座时，在提升底座上插放竖向主框架，并搭设脚手架。每搭设 2 步，在窗洞处应与楼内支撑架或其他固定物拉结，确保脚手架稳定。

(3) 升降承力结构安装：

1) 脚手架搭设 1 层高度时，开始安装升降承力系统；

2) 将第 1 根横梁用穿墙螺栓安装在墙上，然后安装斜拉钢丝绳；

3) 结构施工上升 1 层时，安装第 2 根横梁；

4) 在第 1、2 根横梁间安装竖拉杆和斜拉杆；

5）开始安装导轨，使其位于横梁上的导轮之间；

6）随着结构施工上升，安装第 3 根横梁；

7）在第 2、3 根横梁间安装竖拉杆和斜拉杆。

（4）动力及控制系统安装：

1）在葫芦悬挂处的同层脚手架上安置电动控制台，要搭一小房间并加锁，以防止无关人员进入，应能遮风避雨。

2）升降动力线必须用四芯（$336mm^2+134mm^2$）胶软线，其中一芯接地。动力线沿途绑扎在钢管上时，须作绝缘处理。

3）所有葫芦接通电源后，必须保持正反转一致。

5 爬架升降

（1）将葫芦挂好并进行预紧，各葫芦环链松紧程度应一致。

（2）松开斜拉钢丝绳，解除脚手架与建筑物之间的约束。

（3）各提升点要速度均匀，行程一致；要加强升降过程中的检查。

（4）升降到位后，在底座处用钢管顶住墙壁，然后紧固斜拉钢丝绳，恢复脚手架与建筑物之间的约束。

6 爬架空中解体拆除

本工程第 1 套爬架在结构施工到顶后、塔式起重机拆除前在空中解体拆除。第 2、3 套爬架在幕墙安装完毕、第 1 套爬架空中拆除后，依次在空中拆除。

7 使用效果

由于在施工前针对工程结构特点对爬架进行了认真细致的深化设计，施工过程中爬架使用顺利，对保证结构和玻璃幕墙施工安全和工期起到了重要作用。

（1）桁架导轨式爬架使用过程中充分体现了简单、安全、灵活的特点，承传力结构简捷、明晰、可靠，横梁无需调整预留孔和主体结构误差；防坠装置结构简单、直观、可靠，劳动强度低，移动部件小巧、轻便。

（2）爬架爬升过程采用电动机械控制技术，爬升规范且速度快，每流水段架体爬升全过程 4h 即可完成，不占用塔式起重机吊次，既满足了结构施工防护的需要，又保证了结构按每层 5d 的进度施工。

（3）爬架可提供操作层下 4 层的满挂密目网防护，对新浇混凝土的冬季防风、夏季防晒起到了很大作用，有利于结构混凝土后期强度的增长。

（4）爬架可提供操作层和顶板模板拆除时的楼层全高防护，比 1.2m 高的防护栏安全、效果好。

（5）玻璃幕墙安装是爬架设计、施工、使用的重点，横梁和三角转接梁固定组件均是针对该工程设计的爬架附着连接方法，通过现场实际使用，证明该设计安全、有效。

8 结语

温州世贸中心采用的桁架导轨式爬架不仅满足了混凝土结构施工的防护要求，还有效减少了塔式起重机吊次占用，缩短了工期，保证了施工安全，降低了施工成本，为施工立体化提供了良好的保障，也为类似工程外立面防护方案设计积累了成功经验。

参考文献

[1] 杨嗣信，侯君伟. 高层建筑施工手册（第二版）[M]. 北京：中国建筑工业出版社，2001.

[2] 中国建筑科学研究院，哈尔滨工业大学. JGJ 130—2001 建筑施工扣件式钢管脚手架安全技术规范[S]. 北京：中国建筑工业出版社，2003.

温州世贸中心塔吊高空移位安拆

沈小峰　杨雁翔　何　勇　夏海余

（中国建筑一局（集团）有限公司）

【摘　要】温州世贸中心为温州地标性建筑，使用原内爬塔吊无法满足290m以上钢结构构件（约400t）的吊装要求，为此将原内爬塔外移为附着塔吊。经全面计划安排，认真组织施工，安全顺利地完成了塔吊的高空移位安拆工作，保证了屋顶钢结构的安装施工。

【关键词】钢结构；塔吊；移位；安装

温州世贸中心位于温州市中心商业区，是温州地区标志性建筑，浙江省第一高楼，是目前国内最高的超高层全现浇钢筋混凝土筒中筒结构。集购物、观光、餐饮、娱乐、办公、超五星白金级酒店于一体的大型城市综合建筑。温州世贸中心占地3.1万m^2，总建筑面积250756m^2，高度333.33m，分为裙房、主楼两个区域，地下4层，地上74层。

温州世贸中心混凝土结构高度为290.284m，标高为248.650（66层楼面）～310.134m，外围为屋顶莲花瓣造型钢结构，钢结构顶标高为333.33m。屋顶钢结构高度为61.484m，总重量约1600t，共有2309个规格不一的构件，最大构件重5.4t，规格为13748mm×480mm×480mm，最小构件重32.6kg，规格700mm×200mm×200mm。屋顶标高为248.650～290.284m的钢结构构件（约1200t）安装使用K30/30内爬塔吊（安装于核心筒楼梯间内），此塔吊最终爬升高度为297m，无法满足290m以上钢结构构件（约400t）的吊装要求，故需将内爬塔吊外移变成附着塔吊，以满足钢结构吊装的要求（图1）。

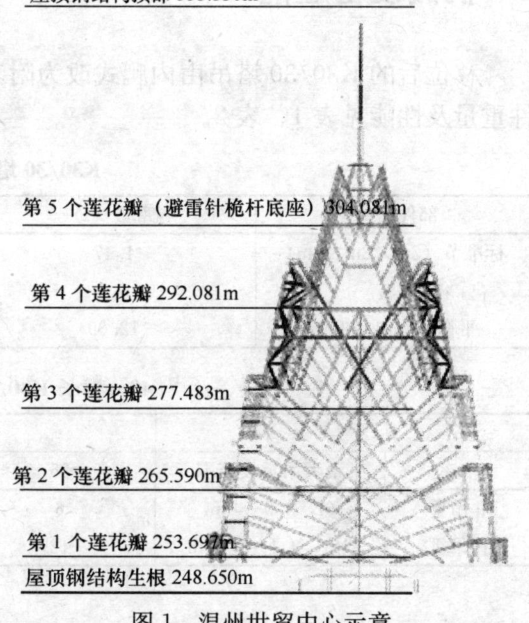

图1　温州世贸中心示意

1. 施工重点、难点及对策

（1）难点1：290～333.33m钢构件总重量约400t，屋顶可利用空间面积狭小，堆放面积不足200m^2。如何进行290m以上部分钢结构的吊装。

方法1：290～333.33m钢构件安装全部采用土法（使用葫芦或者拔杆）施工。

方法2：290～333.33m钢构件安装采用热气球或者直升机施工。

方法 3：选择一个合适的位置，重新安装一台塔吊，安装绝大部分 290～333.33m 钢构件，拆除塔吊后用土法安装剩余少量杆件。

从经济性、实用性、安全性和吊装机具安拆可行性几个方面分析，并结合土建结构特点及幕墙等各分项工程施工要求，决定采用方法 3，为充分利用现场已有设备，决定将原内爬塔吊 K30/30 进行移位安装，塔吊由内爬式改为附着式。

（2）难点 2：K30/30 塔吊如何进行高空拆除安拆。

方法 1：直接安装一次 20t 屋面吊，完成后进行 K30/30 移位、安拆。然后安装 6t 屋面吊，拆除 20t 屋面吊。最后安装拔杆，拆除 6t 屋面吊。

方法 2：安装两次 16t 屋面吊，完成 K30/30 移位、安拆工作。然后安装 6t 屋面吊，拆除 16t 屋面吊。最后安装拔杆，拆除 6t 屋面吊。

因 20t 屋面吊配重臂尺寸较大，影响到钢结构大角部位承力构件的安装，所以现场采用方法 2 进行移位、安拆工作。

（3）难点 3：如何设计移位后的塔吊基础。

根据塔吊工作状态下的受力情况，通过特制的塔吊基础钢梁将力传至混凝土结构构件。

（4）难点 4：如何在面积不足 200m² 屋面上布置屋面吊、擦窗机和拆除塔吊大臂，满足拆除 315.26m 高处的塔吊要求。

在 270.491m 标高处安装钢梁和标准节，变屋面吊为附着式塔吊。

（5）难点 5：屋面吊和移位后 K30/30 塔吊需增加附着，受到标准节连接销轴和顶升爬爪的空间位置限制，附着只能做在标准节 1/2、1/4 或 3/4 处，如何保证塔吊附着处结构构件的受力要求。

采用钢支撑将附着所在层的结构构件连接，增加构件的整体稳定性。

2 机械设备性能

移位后的 K30/30 塔吊由内爬式改为附着式，臂长由 55m 变为 40m。K30/30 塔吊部件重量及性能见表 1、表 2。

K30/30 塔吊部件重量 **表 1**

部件名称	重量（t）	部件名称	重量（t）
标准节（2m×2m×3m）	1.47	塔头	2.5
回转	6.6	配置 F 形式	3100±50kg
平衡臂（21.18m）	12.69	配置 E 形式	1800±50kg

40m 臂长 K30/30 塔吊起重性能 **表 2**

		臂长（m）			
倍率	最大吊重及范围	25	30	35	40
Ⅱ吊重	6t，3.9～45m	6	6	6	6
Ⅳ吊重	12t，3.1～25.1m	12	9.71	8.04	6.8

3 塔吊及屋面吊基础设计、施工

3.1 K30/30 移位后的基础

3.1.1 定位

基础设置在 67 层北侧悬挑板上，生根于 252.874m，塔吊中心距离 T7 轴 2100mm，位于 T7 轴东侧，距离 TA 轴北侧 1200mm。

3.1.2 基础设计

打破传统塔吊的安装思维定式，传统塔吊基础都是固定式、压重式或轨道式基础做在地面。塔吊移位安装，基础只能做在已建结构上，根据塔吊使用说明书，K30/30 塔吊基础需满足以下受力要求：垂直力 83.269t，弯矩 218.79t·m，剪力 9.301t，结合主体结构自身承载力，设计塔吊基础见图 2。

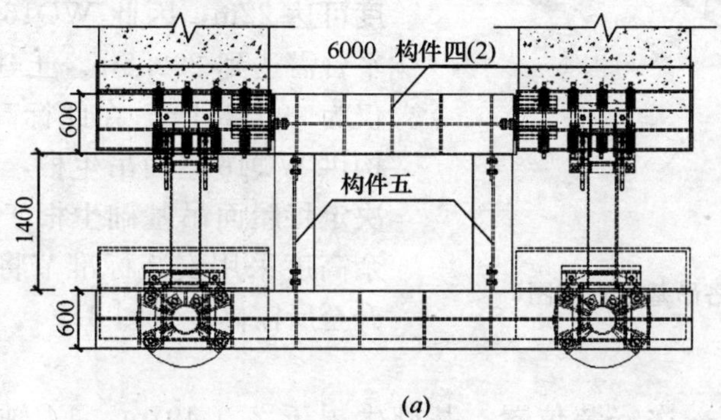

(*a*)

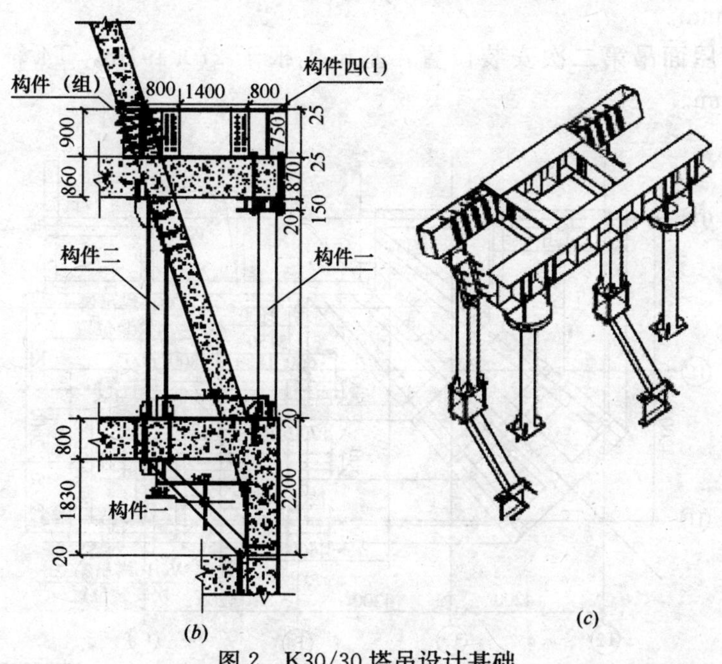

(*b*) (*c*)

图 2 K30/30 塔吊设计基础

(*a*) K30/30 塔吊基础平面；(*b*) K30/30 塔吊基础剖面图；(*c*) K30/30 塔吊基础轴测图

3.1.3 基础及支撑回顶材料

(1) 基础钢梁为 800mm×600（400）mm×20mm×25mm、圆钢管柱为 300mm×14mm、矩形钢管柱为 300mm×300mm×12mm、矩形钢管柱为 300mm×220mm×12mm，HM294mm×200mm×8mm×12 钢梁，材质为 Q235。

(2) 屋面吊及塔吊附着在结构边梁上，对附着处下一层结构的柱、梁用 HM294mm×200mm×8mm×12mm 钢梁进行支撑加固。

3.2 WQ16、6t 屋面吊基础

为了完成 K30/30 移位安装，WQ16 屋面吊的安装高度需满足吊钩高度至少高出 K30/30 塔顶 5m 以上（塔顶标高 309.5m）的要求。WQ16 为动臂式变幅屋面吊，最小工作半径为 9m 时，吊钩高度可达 22m，因此 WQ16 屋面吊的回转平台需达到 292.5m。土建结构屋顶标高仅为 290.284m，在此标高位置处，无结构供 WQ16 屋面吊生根，针对结构特点，决定将屋面吊基础生根于 270.491m，剩余高度采用安装标准节将 WQ16 屋面吊升至所需高度（图 3）。

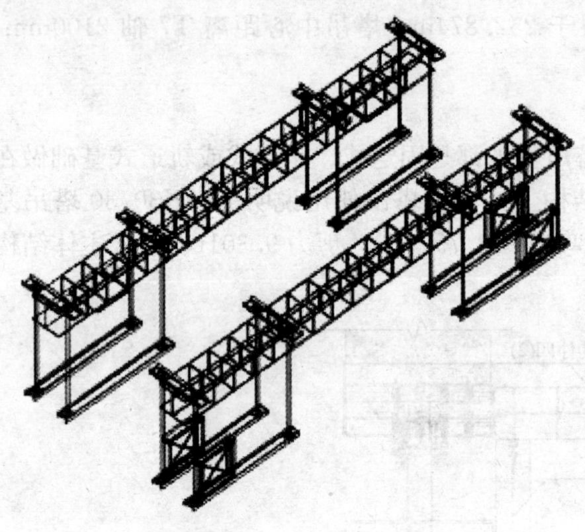

图 3 WQ16t、6t 塔吊基础轴测图

3.2.1 屋面吊基础定位

(1) WQ16 屋面吊第一次安装位置：基础生根于 270.491m，T4 轴东侧 2100mm，TC 轴南侧 1594mm。

(2) WQ16 屋面吊第二次安装位置：基础生根于 270.491m，T4 轴东侧 2100mm，TB 轴北侧 645mm。

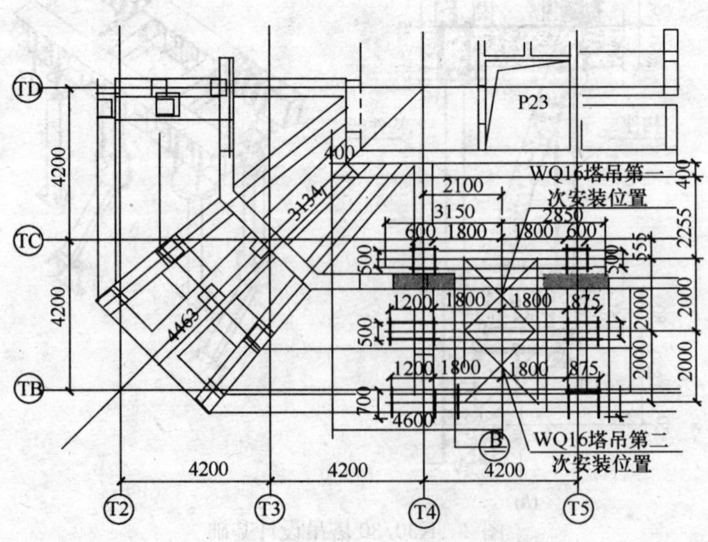

图 4 16t 屋面吊平面定位图

（3）WQ6 屋面吊安装位置：基础生根于 270.491m，T7 轴东侧 2100mm，TB 轴北侧 645mm。6t 屋面吊的平面定位与 16t 屋面吊第二次对位相对称（图 4）。

3.2.2 屋面吊基础回顶

（1）根据 16t、6t 屋面吊的现场安放的具体位置，在屋面吊基础支座梁下部混凝土结构位置处用钢管组合柱对上部的集中荷载进行支撑回顶。

（2）钢管组合立柱上部用顶丝加 100mm×100mm 木方支撑对应的结构梁，中间用短钢管横向连接，18 根钢管形成的钢管柱支撑该部分的梁上的屋面吊基础，并产生四个集中荷载。在相同位置连续回顶两层。

（3）钢管脚手架组成钢管组合立柱下部距地设 200mm 高扫地横杆，横杆步距 500mm（横杆步距按照上小下大的原则设置，局部可以进行适当的调整），钢管柱四个面设置竖向剪刀撑；每隔 1000mm 用钢管将四个钢管柱拉结起来（图 5），把单个柱子形成整体，以增强稳定性（图 6）。

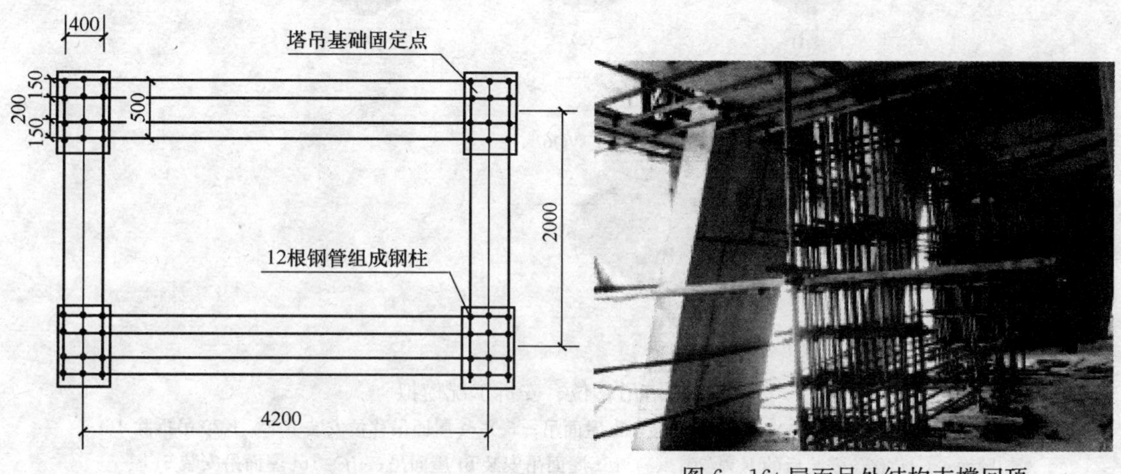

图 5 钢管柱拉结

图 6 16t 屋面吊处结构支撑回顶（6t 屋面吊回顶立面同 16t 屋面吊回顶）

4 塔吊移位、安拆工况模拟

工况模拟见图 7。

5 塔吊移位安装施工工序

5.1 WQ16 屋面吊安装

（1）使用内爬 K30/30 作为起重安装设备，安装 1 个预埋支脚＋9 节标准节，附着 1 道。

（2）WQ16 屋面吊距离内爬 K30/30 为 14839mm，距离移位后的 K30/30 为 13933mm。

5.2 K30/30 塔吊拆除及移位安装工序

（1）拆装人员入场：围设安全作业区不小于 20m×20m，非塔吊拆装人员严禁入内。

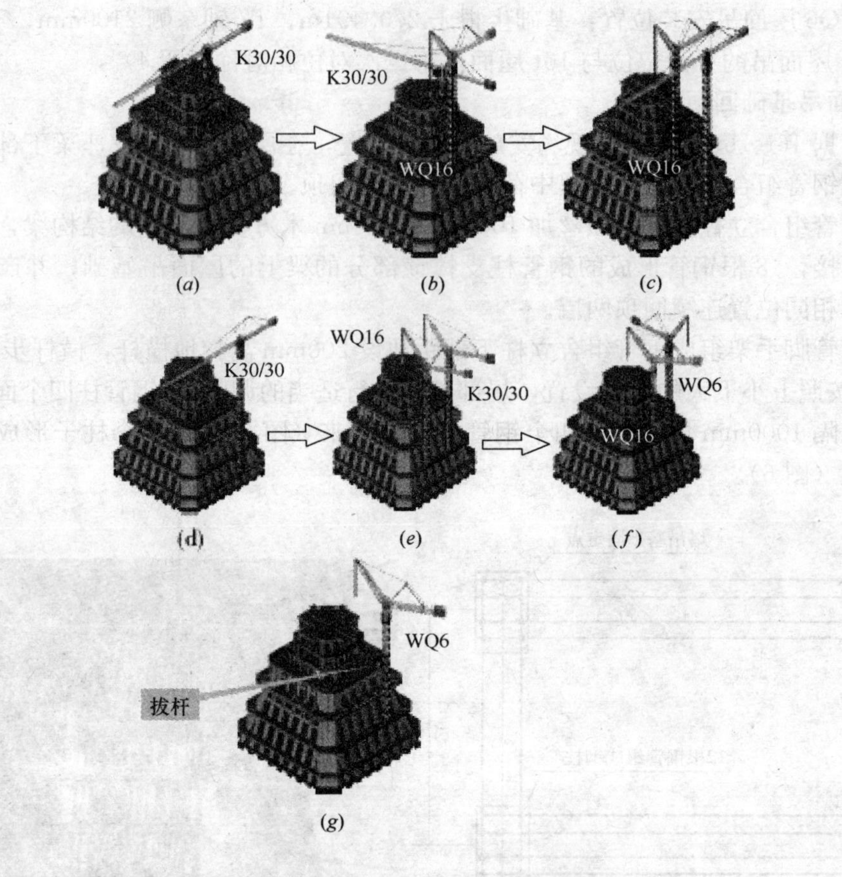

图 7　塔吊移位、安拆工况模拟

(*a*) 移位前的 K30/30；(*b*) K30/30 安装 16t 屋面吊；(*c*) 6t 屋面吊移位安装 K30，K30 吊拆除 16t 屋面；(*d*) 移位安装后的 K30/30；(*e*) 16t 屋面吊安装 6t 屋面吊；(*f*) 16t 屋面吊安装 6t 屋面吊；6t 屋面吊拆除 16t 屋面吊；(*g*) 在 277.987m

拆除作业与安装的顺序相反。拆除作业要严格按塔吊说明书中有关拆除部分进行。

(2) 拆除塔吊卷扬钢丝绳：将绳全部卷在起重卷扬钢丝绳滚筒上，并将小车行至起重臂根部锁死。

(3) WQ16 屋面吊逐块拆除塔吊配重：拆除塔吊 5 块配重，起重臂安装组合为 55m 时，塔吊的配重组合形式为 $5F+1E$，为 17.35T。塔吊拆除前先将配重 $4F+1E$ 组合逐一拆除，保留一块 $1F$ 配重。其中 $F=3100\pm50$kg、$E=1800\pm50$kg。拆除下来的配重均放置到屋顶北侧的屋面。

(4) WQ16 屋面吊拆除起重臂：使用 WQ16 屋面吊拆除，塔吊起重臂拆除时，起重臂朝向西偏南 5°，塔吊起重臂重心距离 WQ16 屋面吊中心 11m，WQ16 屋面吊 11m 处起重量为 15t。注意控制起重臂重心（55m 起重臂中心在距塔吊中心 23.2m 处，重 14.219t）。

(5) WQ16 屋面吊吊住塔吊起重臂缓缓起钩，将拉杆截断后，除去起重臂同增高节相连的销轴，将起重臂拆除。注意：打掉拉杆销子后，一定要将拉杆固定在大臂上（每根拉杆至少捆绑两处），以防止其从大臂上脱落。

（6）塔吊起重臂拆除后，放置在屋顶搭设的平台上，塔吊起重臂重心距离平台西侧边线 6.2m，因悬挑部分较长，东侧需使用钢丝绳将塔吊起重臂与结构捆扎，塔吊起重臂分段解体。

（7）拆除保留的一块配重，放置在屋顶北侧的平面上。

（8）拆除平衡臂：把平衡臂转向 WQ16 屋面吊，拆除塔吊平衡臂，平衡臂分段拆除，放置于塔吊起重臂北侧的屋顶结构上。

（9）拆除塔帽：此部分为塔吊最高部分，注意 WQ16 屋面吊与塔吊相对位置，拆除后放置在平衡臂北侧的屋顶结构上。

（10）拆除回转：用吊索吊住 4 根钢结构的销轴孔，用卡环连接，决不允许对角兜挂，可将引进梁等部件一同拆下，回转放置到起重臂南侧的屋顶结构上。

（11）拆除塔吊的其余部件：包括标准节、爬升框、支撑梁、油缸等。

（12）K30/30 塔吊的移位安装：WQ16 屋面吊拆除内爬 K30/30 时，回转支撑以上的部分拆除后放置到屋顶结构楼面上，标准节的拆除后直接安装到 K30/30 塔吊核心筒外的新位置处。

（13）当安装至第 7 节标准节时，塔吊安装第一道附着。第一道附着安装完成后方可继续安装标准节至第 12 节标准节。特别注意：塔吊移位安装时需安装顶升套架，便于塔吊的顶升及将来的降节拆除。塔吊在第 12 节标准节高度安装第二道附着。第二道附着安装完成后顶升至第 19 节标准节。塔吊吊钩的最终高度为 315.260m，移位安装臂长为 40m。

5.3 钢结构施工完毕后安装 WQ16 屋面吊

（1）使用外附 K30/30 作为起重安装设备，安装 1 个预埋节＋10 节标准节，附着 2 道。

（2）WQ16 屋面吊距离外附 K30/30 塔吊 13256mm。

5.4 钢结构施工完毕后，K30/30 塔吊的拆除

（1）K30/30 塔吊的最终拆除，难点主要有两点：一是塔吊配重自降，二是塔吊 40m 起重臂的放置。

（2）K30/30 塔吊配重自降：塔吊平衡臂朝向正西，自降 3 块配重，一块 1.8t，两块 3.1t。尔后将 WQ16 屋面吊配重安装到 K30/30 平衡臂上。塔吊回转 180°，使起重臂朝向正西，塔吊降节。人工拆除 WQ16 屋面吊配重，在 K30/30 塔吊平衡臂剩余 1 块 3.1t 配重时，WQ16 屋面吊方可拆除 K30/30 起重臂。

（3）40m 起重臂拆除后，需放置在 260.334m 标高位置 TB 轴以南的悬挑梁上。起重臂放置处的钢结构不能施工安装，起重臂需与结构绑扎。

5.5 K30/30 塔吊拆除后安装 WQ6 屋面吊

（1）使用 WQ16 屋面吊作为起重安装设备，安装 1 个预埋节＋11 节标准节，附着 2 道。

（2）WQ6 屋面吊距离 WQ16 屋面吊 12600mm。

5.6 WQ6 屋面吊拆除 WQ16 屋面吊

(1) WQ6 屋面吊拆除 WQ16 屋面吊，难点主要有两点：一是起重臂的放置；二是 WQ16 部件无法直接放置到地面。

(2) WQ16 起重臂可放置在 260.334m 标高位置 TB 轴以南的悬挑梁上。

(3) WQ16 部件可通过 WQ6 放置到裙房屋顶上，使用 100t 汽车吊将 WQ16 部件及 WQ6 标准节吊放到地面，同时，100t 汽车吊还承担将 WQ6 屋面吊标准节吊放到地面上的工作。

5.7 扒杆拆除 WQ6 屋面吊

(1) 扒杆生根于 277.987m 标高处，TC 轴与 T7 轴的轴线相交处，扒杆长度为 12.5m。

(2) WQ16 屋面吊自降标准节至 1 个预埋支脚＋3 节标准节，自降后由扒杆完成 WQ6 屋面吊的拆除工作。

(3) WQ6 起重臂放置到 270.491m 标高的平台上。拆除 WQ6 其余部件，放置到施工电梯所能达到的最高层上（标高 256m）。

(4) WQ6 屋面吊的标准节和 WQ16 部分放置到裙楼屋顶上的部件需使用汽车吊吊放到地面，汽车吊吊装能力为 100t。

6 结语

现场通过全面计划安排、认真组织施工，严格按照要求的各项程序和细节执行，安全、顺利地完成了 K30/30 塔吊的移位安装施工，有力地保证了后续各项工程的施工。

从工程实施效果上看，成功地完成了塔吊的高空移位安装工作，有力地保证了屋顶复杂钢结构造型的顺利安装施工，降低了安装难度和施工风险，节约了施工时间，为今后施工类似工程施工提供了经验。

参考文献

[1] 建筑施工手册编写组. 建筑施工手册（第四版）[M]. 北京：中国建筑工业出版社，2003.

[2] GB 50017—2003 钢结构设计规范 [S].

[3] 中国建筑业协会. 简明建筑施工机械实用手册 [M]. 北京：中国建筑工业出版社，2003.

施工道路自动喷雾防尘装置

徐庆华
(中建一局集团第三建筑有限公司)

【摘　要】 工程建设是国民经济发展和社会进步的内在要求，也将对一个地区的政治、经济、文化等发展起着重要的促进作用，然而，工程项目的修建势必消耗资源、改变地形地貌和原有的自然景观，建设和运营过程还可能产生各种污染，这些综合因素严重地影响着城市的自然环境，破坏了原有的生态平衡。

建筑工程对环境的影响不同于一般的企业，具有范围广、时间长、因素多及难于弥补性和难于预测性等特点，因此，工程的环保工作要根据自身的行业特点，以工程实质为契入点，有针对性地采取施工道路自动喷雾防尘装置来抑制扬尘，使建筑工程给自然环境带来的不利影响降到最低限度。

【关键词】 微雾喷头；道路抑尘；水资源利用；节能

目前，公知的施工道路防尘做法是由铁桶、带有多个小孔的钢管及阀门焊接而成的自制喷洒桶，用人工手推车重复往返于施工道路洒水来保证路面的清洁及防尘。但是，这样不仅洒水不均匀，防尘的面积小，效果差；更加造成了大量的人工及水资源浪费，甚至严重地影响了企业的管理形象。为了克服现有的施工道路防尘做法的不足，现提供一种施工道路清洁、防尘装置，该装置不仅可以有利地进行施工道路的清洁、防尘，而且能高效的节约人工及水资源的开支，更可以增强企业的管理形象，真正做到“绿色施工、文明施工”。

1　项目实例分析

1.1　工程概况

本工程为一单体主楼，面积为 16000m²。主要施工道路约 400m。路宽约为 12m。时常驶入各种社会车辆及货车等大型汽车设备。促使施工道路漫天飘沙，烟气弥漫。自动微雾喷洒系统可以利用施工临时用水作为水源（市政水管网压力即可），主干管可选用 *DN*32 焊接钢管（丝扣连接）。连接于本工程的临时施工用水。本装置进口处应设置 *DN*32 控制阀门（截止阀即可）。支管段可选用 *DN*15 焊接钢管（丝扣连接），为保证喷雾的覆盖面积，根据道路长短可按照 3m 间距均匀分配喷洒支管段，支管的微雾喷头安装高度易保证为 3m（施工路面标高为起点标高）。使用时，阀门开启，水介质通过市政管网压力打入 *DN*32 的主干管，由主干管再分别进入 *DN*15 支管段，再由各个支管段通过微雾喷头喷出微雾水滴，达到自动进行施工道路清洁、防尘的目的，并同时节约了丰富的水资源。

1.2 喷雾降尘作用过程

喷雾洒水组件的喷头受控喷雾时，喷洒出的水雾形成半径大于 5m 的球状雾幕+细小的水雾充分湿润微粒，在重力作用下降落，以达到降尘的目的。与此同时，由于细小雾珠的蒸发吸收热量，使空气降温。另外遇大量烟雾时，当粉尘和烟雾随着气流穿过雾化水幕时，粉尘被湿润降落，烟雾被水雾吸收溶解，从而又达到消烟的目的，喷雾洒水降尘装置的使用使施工道路及现场工作面空气得到净化，以保持清新的空气和回风，使工作人员感到清凉舒适。

1.3 道路抑尘试验

1.3.1 道路扬尘情况

计算道路扬尘排放因子的经验公式为：

$$E = K \cdot \frac{SL}{2} \cdot 0.65 \cdot \frac{W}{3} \cdot 1.5$$

式中 E——排尘系数，g/（辆·km）；

K——不同粒径颗粒物基准排放系数，g/（辆·m）；

W——道路行驶车辆的平均质量，t；

SL——道路表面尘量，g/m^2。

由式（1）可知，减小道路表面尘量是减少道路交通扬尘的最为可行和有效的方法。

北京市道路的尘土负荷为：较清洁路面平均为 4.8g/m^2；不受施工影响和属等级道路的路面平均为 16.2g/m^2；受市政道路施工影响的路面平均为 319.2g/m^2；受建筑施工影响的路面平均为 190.2g/m^2；非等级道路平均为 71.8g/m^2。

北京市的道路尘负荷总量为 18.28×10^4t/a，其中较清洁路面占 35%，其他等级道路占 29%，非等级道路占 3%，受道路施工影响的路面占 16%，受建筑施工影响的路面占 16%。

靠传统的洒水、清扫等手段来降尘实际上是治标不治本。水蒸发后浮尘依然会留在路面上，而且当路面有水时，道路与车轮作为胶体磨是湿磨，尘的产量可能更高，而清扫不当反而会增加浮尘量。据估算，北京市因清扫而扬起并飘向远距离的尘埃量约为 0.07×10^4t/a，因此应逐步发展采用水冲刷路面或喷雾压尘的抑尘方式。

1.3.2 抑尘试验

对施工路面分别进行了冲刷与喷雾压尘试验，试验地点在本工地施工道路上。冲刷试验是在夜间车辆较少的时候进行，而喷雾压尘试验是在白天车辆较多的时候进行，结果分别见表 1、表 2。

不同冲水量的道路尘负荷削减率冲刷路面方式　　表 1

尘负荷削减率（%）	冲水量（kg/m^2）	尘负荷削减率（%）	冲水量（kg/m^2）
30	0.5	60	1.0
35	0.6	67	1.1
41	0.7	72	1.2
49	0.8	78	1.3
56	0.9		

表 2 表明，用水冲刷路面的尘负荷削减率主要取决于冲水量，冲水量越大则路面冲刷得越干净，冲水量超过 1.3kg/m²时，路面基本可冲刷干净。而目前北京市的冲水量仅为 0.53～0.63kg/m²，对道路的尘负荷削减率还不到 40%，所以应加大冲水量。

不同含水率比值的控制效率喷雾压尘方式　　表 2

抑尘效果	CE（%）	抑尘效果	CE（%）
10	1.05	70	1.83
20	1.12	75	2.00
30	1.20	80	2.24
40	1.29	85	2.58
50	1.41	90	3.16
60	1.58	95	4.47
65	1.69	99	10.00

注：*CE* 为控制效率，*CE*（%）$=M_c/M_u$（含水率比值），M_c 为洒水后的尘含水率（%），M_u 为洒水前的尘含水率（%）。

表 2 表明，喷雾压尘的抑尘效果主要取决于洒水后的尘含水率与洒水前的尘含水率的比值，此比值越大则对路面的抑尘效果越好，含水率比值>2 时路面抑尘的效果才最为明显。目前北京市喷雾压尘后的含水率比值达到 2.3，道路抑尘效果较为明显。

1.4　经济评价

全市每天清扫的施工道路面积为 $5580\times10^4m^2$，其中用水冲刷的路面面积为 $1384\times10^4m^2$（约占 24.8%），费用为 1.6 元/m²；若道路冲刷用水量以 1.0L/m²计，则总用水量约为 $5.58\times10^4m^3/d$，若 1 年以 240d 计，则消耗水量为 $1339.2\times10^4m^3/a$，消耗水费为 2142.72 万元/a。

如果用自动喷雾防尘装置喷洒路面则只需一次性投入安装费用且无运行费用。根据测算，每个工程只需 2000～3000 元制作成本便可以投入制作本产品，不仅可以减少人工开资，更加节省了珍贵的水资源，还大大地增强了企业的项目施工管理形象。所以，将其用于道路防尘是可行的，且对节水、环保具有重大意义。

1.5　防尘方法的比较

1.5.1　人工防尘方法

传统的防尘方法是：由铁桶、带有多个小孔的钢管及阀门焊接而成的自制喷洒桶，用人工手推车重复往返于施工道路洒水来保证路面的清洁及防尘。或由人工用胶管进行洒水降尘，这种方法虽然简单，但是效率非常低，至少两人才能完成这项工作，既浪费了人工、影响了生产、增加了工人的劳动强度，又浪费了水资源和影响了企业的管理形象。以本工程为例，这条 400m 的施工道路，各种车辆频繁出入，单靠两名作业人员推车洒水来达到防尘目的是远远不够的，不仅影响施工道路畅通，更耽误作业车辆的行驶。如果怕产生影响而不及时洒水降尘，就会使浮尘增多，影响职工的身体健康。所以，人工洒水降尘不是一种理想的防尘方法。

1.5.2 自动喷雾防尘装置

我们设计的这套自动喷雾防尘装置，是一种简单、实用、操作方便的防尘设施，适用于各种道路的洒水降尘，它的优点是，改变了传统的人工洒水的方法，根本不用人工进行洒水降尘，也不用进行很复杂的设备安装。用这种自动喷雾防尘装置，可以在不耽误生产的情况下，很轻松地完成洒水降尘工作。每天任何时间、任何人员都可以合上控制开关进行喷雾降尘，只需几分钟的时间即可完成降尘工作，并且这套装置具有投入少、效率高、安装简单、操作方便等优点。并且大大提高了安全系数，每一个工作场所都可以很容易的实现。图 1、图 2 为自动喷雾防尘装置安装前后实景。

图 1　安装前工程图片

图 2　安装后工程图片

2　自动喷雾防尘装置的工作原理图

图 3 为自动喷雾防尘装置的工作原理图。

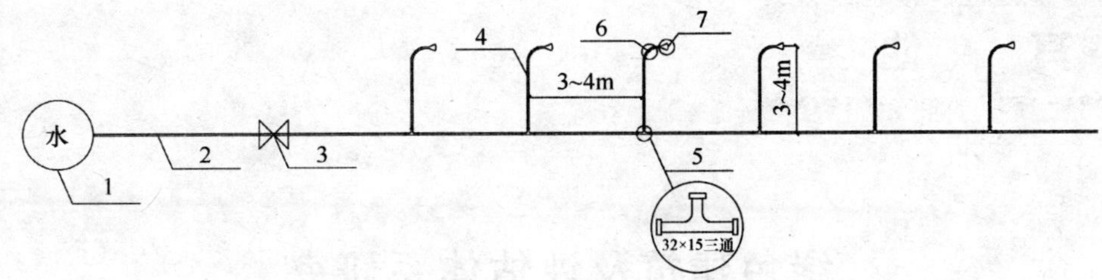

图 3　工作原理图

1—市政水源；2—焊接钢管 *DN*32；3—截止阀；4—焊接钢管 *DN*15；
5—镀锌三通 *DN*32×15；6—镀锌 90°弯头 *DN*15；7—微雾喷头

3　结论

施工道路自动喷雾防尘装置的研制成功，解决了施工道路及现场的扬尘问题，喷水射程远，雾化效果好，喷雾的水量分布合理，水滴大小均匀，而不像水管洒水降尘造成局部径流，浪费水资源。同时没有改变原有洒水车的路面洒水性能。新研制的施工道路自动喷雾防尘装置，由于降尘效果优良，机动性强，节省采场降尘费用，可望在其他施工道路、施工现场等场所得到广泛推广应用，改变我国目前靠人工推车洒水降尘的落后状况，并将创造较大的经济效益、社会效益和环境效益。

其　他

绿色建筑及评估体系研究

鲁荣利
（中国建筑一局（集团）有限公司）

【摘　要】本文介绍了绿色建筑的发展及目前国内外绿色建筑评估的研究成果，对不同建筑评估体系进行对比，指明现有绿色建筑评估体系的不足并探讨改进，为我国绿色建筑及其评估发展和完善提供参考。
【关键词】绿色建筑；评估体系

1　绿色建筑研究发展史

20 世纪 60 年代，美籍意大利建筑师保罗·索勒瑞把生态学（Ecology）和建筑学（Architecture）两词合并在一起，提出了著名的“生态建筑”（绿色建筑）新理念。20 世纪 70 年代工业发达国家开始注重建筑节能研究，绿色建筑成为建筑发展的先导。1992 年巴西里约热内卢“联合国环境与发展大会”的召开，使“可持续发展”这一重要思想在世界范围达成共识。绿色建筑渐成体系，并在不少国家实践推广，成为世界建筑发展方向。1996 年美国亚特兰大奥运会中已开始尝试使用一些可再生性能源和高效交通措施；2000 年澳大利亚悉尼奥运会中，绿色建筑思想开始在奥运场馆及其配套设施的建设中有所体现。北京 2008 年奥运会提出“绿色奥运”、“科技奥运”和“人文奥运”的口号，建成了一批以科技手段实现可持续发展的绿色奥运建筑。30 多年来，绿色建筑由理念到实践逐步完善。目前许多发达国家已在生态技术研究方面取得了大量成果，发展了较完整的适合当地特点的绿色建筑集成技术体系，建造了各具特色的示范工程，以展示其绿色理念、技术及产品等成果，引领未来建筑发展方向，推动建筑的可持续发展。

2　绿色建筑发展现状

2.1　国外绿色建筑的发展

（1）美国已建造出各具特色的绿色建筑，如美国国立资源保护委员会总部办公楼被称为绿色办公室，主要材料使用废旧回收物品的再生材料，如墙壁由麦秸秆压制，经过高科技加工而成，地板由废玻璃制成，办公桌由废旧报纸与黄豆渣制成。Fox&Fowle 建筑事务所设计孔戴·纳斯特大厦，几乎利用了所有节能的技术，是运用绿色建筑原则建立的办公大楼范例之一。耗资高达90亿美元的拉斯维加斯CityCenter工程已成为世界最大绿色建筑。

（2）加拿大温哥华国家工作园区计划将降低能源消耗约60%，降低二氧化碳排放量约231t。抗干旱的园林规划不需要永久的灌溉系统，雨水管理和节约的马桶冲水系统节约大约76%的水。75%的建筑材料为本地的产品，其他25%的产品是本地收集的，包括混凝土材料中的20%为高质量的航空垃圾。可调节的窗户和灯光创造了更舒适的个人工作环境，室温和湿度都可以自由调节。

（3）英国科学家研制的生态住宅，采用自我通风结构，大大减少室内二氧化碳含量，代替了排放破坏臭氧层的氯氟碳的空调设备；热水只在需要时才供应，免去了储水塔；照明使用轻巧的荧光高能效和不闪烁光源等。

（4）日本九州市的绿色高层住宅，电力由风车提供，温热水由太阳能供给。东京比埃克斯设计事务所推出的“无化学”住宅，采用具有防虫效果的桧叶油、干馏木和密蜡加工楼板、地板材料，在地板下铺炭层，利用其吸湿性防霉菌和白蚁；用涩柿子汁和米糠调合的新配方代替油漆，在芋头、木薯的淀粉里添加食用抗菌素等作黏和剂等。

2.2 国内绿色建筑的发展

20世纪90年代，绿色建筑概念引入我国。随后北京、上海、广州、深圳、杭州等经济发达地区结合自身特点积极开展了绿色建筑实践。例如北京的北潞春绿色生态小区、锋尚国际公寓，广州的汇景新城，上海的万科朗润园等。以“上海生态世博”和“北京绿色奥运”为背景的“上海生态建筑示范楼”、“清华超低能耗示范楼”、“鸟巢”、“水立方”等绿色建筑示范项目业已建成并向国内外开放，成为我国绿色建筑技术展示、教育基地和后续研发平台。综观目前我国绿色建筑的发展状况，绿色建筑才刚刚起步，还存在许多问题制约其发展：如缺乏绿色建筑的意识和知识，缺乏强有力的激励政策和法律法规，缺乏有效的新技术推广交流平台等，而我国目前每年城乡新建房屋建筑中85%以上为高能耗建筑，既有建筑中95%以上是高能耗建筑。

3 绿色建筑的概念

英国建筑设备研究与信息协会（BSRIA）指出：一个有利于人们健康的绿色建筑，其建造和管理应基于高效的资源利用和生态效益原则。美国加利福尼亚环境保护协会（Cal/EPA）指出：绿色建筑也称为可持续建筑，是一种在设计、修建、装修或在生态和资源方面有回收利用价值的建筑形式。绿色建筑要达到一定的目标，比如高效地利用能源、水以及其他资源来保障人体健康，提高生产力，减少建筑对环境的影响。

在2005年《中国绿色建筑发展现状与趋势调研报告》中，中国的专家们对绿色建筑的研究提出了自己的看法：

（1）目标说。栗德祥（清华大学建筑学院教授）认为，绿色建筑主要是在谈人、自然、建筑这三者的关系问题。绿色建筑就是节材、节能、高效、环保、舒适、健康，如果这几个方面做好了，就是绿色建筑。余庄（华中科技大学建筑与城市规划学院智能建筑研究所所长）认为，绿色建筑应该满足六条简单标准：一是满足国际履约类标准；二是再生、可回收类；三是能够改善区域环境；四是能够改善居室内环境；五是保护人类健康；六是提高资源与能源利用。

（2）过程说。强调绿色建筑不是一个绝对的、高不可攀的理想，而是根据不同情况下提出的有针对性的、通过努力可以达成的目标。曾捷（中国建筑科学研究院建筑设计研究院副院长）认为，全生命周期、“四节一环保”思想、人的需要以及与自然和谐共生四大要素构成绿色建筑。

我国国家标准《绿色建筑技术导则》和《绿色建筑评价标准》中，将绿色建筑明确定义为：“在建筑的全寿命周期内，最大限度地节约资源（节能、节地、节水、节材）、保护环境和减少污染，为人们类提供健康、适用和高效的使用空间，与自然和谐共生的建筑。”

4 绿色建筑评估体系发展现状

4.1 国外绿色建筑评估体系发展现状

20 世纪 90 年代以来，世界各国都发展了各种不同类型的绿色建筑评估系统，国际上发展较成熟的绿色建筑评估系统有英国 BREEAM、多国 GBC、美国 LEED、日本 CASBEE 等，这些体系的架构和应用，成为其他各国建立新型绿色建筑评估体系的重要参考。（1）1990 年由英国的建筑研究中心提出的《建筑研究中心环境评估法》（简称 BREEAM）是世界上第一个绿色建筑综合评估系统，也是国际上第一套实际应用于市场和管理之中的绿色建筑评价办法。BREEAM 主要包含的评估条款覆盖了管理优化、能源节约、健康舒适、污染、运输、土地使用、位址的生态价值、材料、水资源消耗和使用效率九个方面，分别归类于“全球环境影响”、“当地环境影响”及“室内环境影响”三个环境表现类别。（2）美国绿色建筑协会（USGBC）编写的《能源与环境设计先导》（简称 LEED）问世于 1995 年。评估内容包括场地规划、能源与大气、节水、材料与资源、室内空气质量和技术创新等六大方面。（3）1998 年 10 月，由加拿大自然资源部发起，美国、英国等 14 个西方主要工业国共同参与的绿色建筑国际会议—“绿色建筑挑战 98”（Green Building Challenge’98）。之后的两年更多的国家加入，成果 GBC2000 在 2000 年 10 月荷兰马斯特里赫特召开的国际可持续建筑会议上得到介绍，GBC2000 评估手册的评价标准共分 8 个部分：即环境的可持续发展指标、资源消耗、环境负荷、室内空气质量、可维护性、经济性、运行管理和术语表。（4）2001 年日本开发了一套建筑物综合环境评价方法（简称 CASBEE），以各种用途、规模的建筑物作为评价对象，从“环境效率”定义出发进行评价。评估体系分为 Q（建筑环境性能、质量）与 LR（建筑环境负荷的减少）。Q 包括：Q1 为室内环境；Q2 为服务性能；Q3 为室外环境。LR 包括：LR1 为能源；LR2 为资源、材料；LR3 为建筑用地外环境。

4.2 国内绿色建筑评估体系发展现状

1996 年国家自然科学基金会正式将“绿色建筑体系研究”列为“九五”计划重点资助课题。1999 年国际建筑师协会第二十届世界建筑师大会发布了《北京宪章》，明确要求将可持续发展作为建筑师和工程师在新世纪中的工作准则。2001 年 5 月建设部住宅产业化促进中心发布了《绿色生态住宅小区建设要点与技术导则》，9 月我国学者和研究人员完成了“中国生态住宅技术评估体系”的制定，出版了《中国生态住宅技术评估手册》。2003 年 8 月由科技部立项，汇集清华大学、中国建筑科学研究院等 9 家单位推出了国内第一个有关绿色建筑的评价、论证体系——绿色奥运建筑评估体系。2004 年 3 月出版了《绿色奥运建筑实施指南》，同年 8 月正式设立了“全国绿色建筑创新奖”。2006 年建设部颁布了《绿色建筑评价标准》，并与科技部共同颁布了《绿色建筑技术导则》，明确了发展绿色建筑的原则和技术要求。2007 年 8 月住建部颁布了《绿色建筑评价标识管理办法》《绿色建筑评价技术细则》，同年 10 月住建部科技发展中心印发了《绿色建筑评价标识实施细则》。2008 年 4 月 14 日成立了绿色建筑评价标识管理办公室（简称“绿建办”）。

5 国内外绿色建筑评估体系的差异

与国外绿色建筑评估体系相比，我国绿色建筑评估体系的创新主要表现在：绿色奥运建筑评估体系按照过程控制的方法，把评估体系分成规划阶段、详细设计阶段、施工阶段和验收与运行管理阶段。通过对各个阶段的控制，保证最终绿色建筑的实施。这完全不同于国外（如美国的 LEED 体系）仅限于对最终项目的绿色评估。

绿色奥运建筑评估体系采用了 Quality（质量）和 Load（环境负荷）双指标模式，追求最小的 L 下获得最大的 Q。这与国外（如美国 LEED 体系）标准相比，更能准确地刻画被评估对象的绿色性。绿色奥运建筑评估体系设计了评估纲要和评估手册，前者指出了绿色奥运建筑的设计要点，后者给出了评价方法和具体的指标体系，有效地综合了美国 LEED 和日本 CASBEE 绿色建筑评估体系框架设计上的优点，可指导评价和自评。同时引进建筑材料全生命周期分析，提出 4 个定量指标，即资源消耗、能源消耗、环境影响、本地化等。

6 绿色建筑评估体系存在的问题及改进探讨

目前许多国家和地区仍在绿色建筑评价领域积极地进行研究和探索，由于受到技术、观念和知识的制约，对于绿色建筑和环境的关系的综合认识还不完全，评价体系仍存在一定的不足：

（1）在绿色理念上，更多对建筑物的自身系统方面进行了绿色节能效率的考察，忽视了从更大的综合系统层面上对建筑物的整体效率进行评价。

（2）在评价因素上，更多地注重对建筑环境因子方面的评价，忽视了建筑以外但跟建筑相关的社会因子和经济文化因子方面的考量。

（3）在评价主体上，注重专业机构的定量评定，忽视了消费者的需求和使用者的评价。

（4）在评价方法上，由于技术和知识的制约导致基础数据缺乏或不充分，定量评价的标准难以科学地确定，系统的权重平衡系数尚需进行审慎的研究。

（5）在评价阶段上，对施工阶段比较忽视，如在 BREEAM、LEED 和 GBTOOL 中几乎都只有施工废弃物处理的条款涉及施工阶段。然而在我国，施工阶段却扮演一个重要的角色。

基于以上分析，在汲取我国现有研究进展的基础上，综合国外相关绿色建筑评价研究的成果，绿色建筑评价改进要点应包括：

（1）评估系统既要包含建筑物寿命周期分阶段评价指标，也要包含整体及综合层面的评价指标。

（2）评估面向规划设计、施工、居住使用的部分或全部阶段、面向建筑物的整体环境、面向不同用途的建筑单独评分。

（3）采取指标定性与定量、评测与实测相结合的方式进行评价，合理确定权重平衡系数。

（4）评估认证机构必须具有权威性，建议由政府部门推动，建立相应的行业协会。绿色建筑离不开政府政策支持、投资者支持和建筑师等支持，并应得到公众理解和接受。

（5）重视建造施工阶段的评估研究，关注使用者的需求和评价。

7 结束语

随着全球环境保护意识的觉醒，以及"可持续发展"理念的提出和发展，"绿色建筑"逐渐成为建筑界关注的焦点。绿色建筑评估体系也正处在快速发展和不断完善的时期，世界许多国家和地区都在这一领域积极研究、探索和实践。相信各国的实践经验会对我国的相关工作起到很好的借鉴作用。绿色建筑理论作为一个新兴的学科，其技术和方法研究仍处在不断的探索和摸索之中，由此产生的绿色建筑评估体系应当是一个开放的体系，它的技术和研究方法应更具先进性和前瞻性，以接受不断涌现的新的可持续的绿色建筑评估体系的出现和实践。

参考文献

［1］ 仇保兴．推行绿色建筑加快资源节约型社会建设［J］．建筑与文化，2006（4）：8-15.

［2］ Shelley. 世界各地的神奇绿色建筑［J］．数字社区 & 智能家居，2006（10）；110-112.

［3］ 王飞．世界上什么建筑最美丽［J］．环境新观察，2006（1）：36-38.

［4］ 黄献明，黄俊鹏，邵凯．中国绿色建筑发展现状与趋势调研报告［R］．北京：TopEnergy.org 绿色建筑论坛，2005 年 12 月：44-48.

［5］ 江亿，秦佑国，朱颖心．绿色奥运建筑评估体系研究［J］．中国住宅设施，2004（5）：9-14.

［6］ 周建亮，孙碧襄．我国绿色建筑评价体系的不足与改进［J］．建设科技，2007（14）：62-63.

绿色建筑之绿色建造理论内容体系框架研究

鲁荣利

（中国建筑一局（集团）有限公司）

【摘　要】 绿色建筑是人类社会可持续发展战略在现代建筑业中的体现，绿色建筑的研究和实施需要绿色建造理论体系的支持。本文在可持续发展战略的理论内涵的基础上，结合绿色建筑的和绿色建造的相关研究，建立了绿色建造理论体系的初步框架。

【关键词】 绿色建筑；绿色建造；理论框架

1　绿色建造的提出

建筑业是国民经济的支柱产业，它既为人类创造新的物质文明，同时又是消耗资源的大户，是产生环境污染的源头产业，并正在对人类的生存与发展造成严重威胁。因此，各国的环境战略经历了一场新的转折，全球性的产业结构调整呈现出一种集资源优化利用与环境保护治理于一体化的新建筑——“绿色建筑”，即“在建筑的全寿命周期内，最大限度地节约资源（节能、节地、节水、节材）、保护环境和减少污染，为人类提供健康、适用和高效的使用空间，与自然和谐共生的建筑”。

随着“绿色建筑”理念的盛行，结合国内外建筑市场的发展趋势以及“绿色建筑”的迅速兴起和发展，以及国内建筑承包商、监理单位、设计单位的企业现状，本人借助于可持续发展战略的有关理论，根据绿色建筑的特点，提出“绿色建造”的理念，并对“绿色建造”的理论体系框架进行初步的探讨。

2　绿色建造的概念及相关理论基础

2.1　绿色建造的概念

参照“绿色建筑”的基本内涵，绿色建造可以定义为：绿色建造是一个综合考虑环境影响和资源消耗的现代建筑建造模式，其利用先进的绿色建筑技术进行绿色建筑设计和建造，采用绿色建筑部品和绿色建材，开展建筑的绿色施工过程，在建筑的寿命周期内最终实现建筑对环境负面影响最小，资源利用率最高，并使企业经济效益和社会效益协调优化的综合目标。

2.2 绿色建造的相关理论基础

2.2.1 绿色建造的要素

结合绿色建造的概念，绿色建造至少要做到“四绿”，即绿色设计、绿色建筑技术、绿色建材和绿色建筑部品、绿色施工。其要素关系如图1所示。

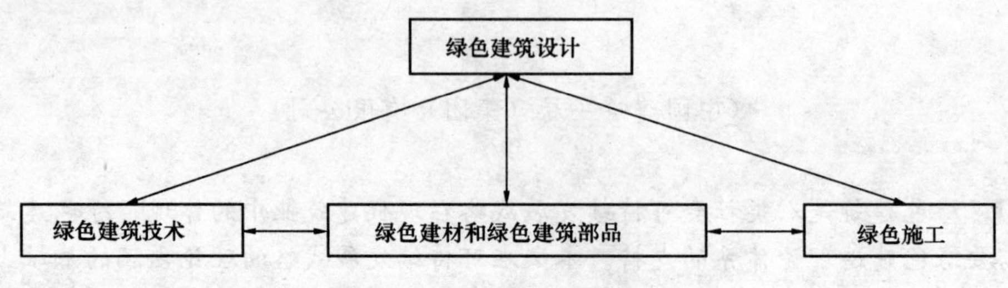

图1 绿色建造的要素关系

2.2.2 绿色建造的“三度”理论

可持续发展战略的“三度”理论：

(1) 发展度。发展度是指人类社会发展的程度，主要指是否在发展，是否在健康地发展。可持续发展决非反对发展，而只是反对以牺牲环境利益和子孙后代利益的发展，强调健康地发展。

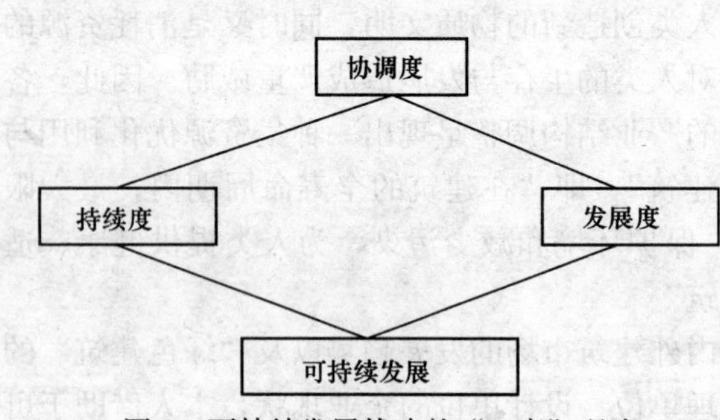

图2 可持续发展战略的“三度”理论

(2) 持续度。持续度是从“时间维”上去把握发展度，强调人类长远发展的需要，强调了自然生态环境的需要。

(3) 协调度。协调度强调了发展度与持续度的平衡关系，强调了当代人的利益与子孙后代利益的协调、发展速度与生态环境效益的协调。

“三度”之间的关系如图2所示。

参照可持续发展战略的“三度”理论，绿色建造的“三度”理论可用图3描述。

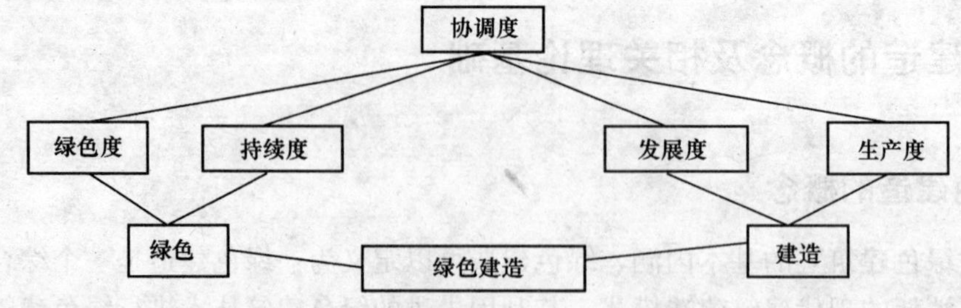

图3 绿色建造的“三度”理论

“建造”的目的是创造财富，推动人类社会的发展，因此，“建造”对应着“发展度”；结合建筑业的特点，可用“生产度”来代替“发展度”。“绿色”强调的是“环境影响极小”、“资源效率极高”，应与“持续度”相对应；结合绿色建筑的特点，可用“绿色度”

来代替“持续度”。仍采用“协调度”表示“绿色度”与“生产度”的协调关系，因此绿色建造中的“三度”为“生产度”、“绿色度”和“协调度”。

2.2.3 绿色建造的资源论

当前，环境问题的主要根源是资源消耗后的废弃物及其对环境的影响，因此，资源问题不仅涉及人类世界有限的资源如何可持续利用问题，而且它又是产生环境问题的主要根源。建筑业在将资源转变为建筑产品的建造过程中产生的废弃物（也称废弃资源）是建筑业对环境污染的主要根源。由于建筑数量多、规模大，因而对环境的总体影响很大。因此，绿色建造的根本途径是优化资源的流动过程，使得资源利用率尽可能高，废弃资源尽可能少，这就是本文提出的资源论，如图 4 所示。

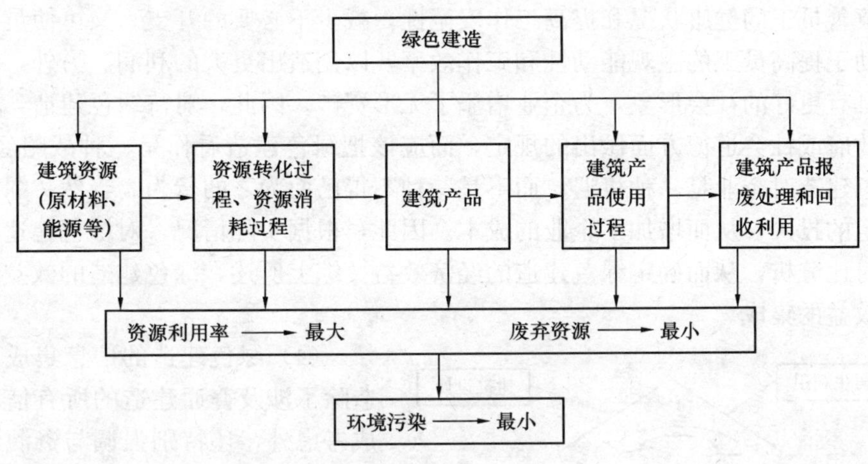

图 4 绿色建造的资源论

2.2.4 绿色建造的集成特性

绿色建造的集成特性是指领域的集成、问题的集成、效益的集成、信息的集成和过程的集成。

（1）绿色建造的领域集成。从绿色建造的定义可知，绿色建造涉及的领域包括三部分：①建造领域，包括建筑产品生命周期过程；②环境领域；③资源领域。绿色建造就是这三大领域内容的交叉和集成，如图 5 所示。

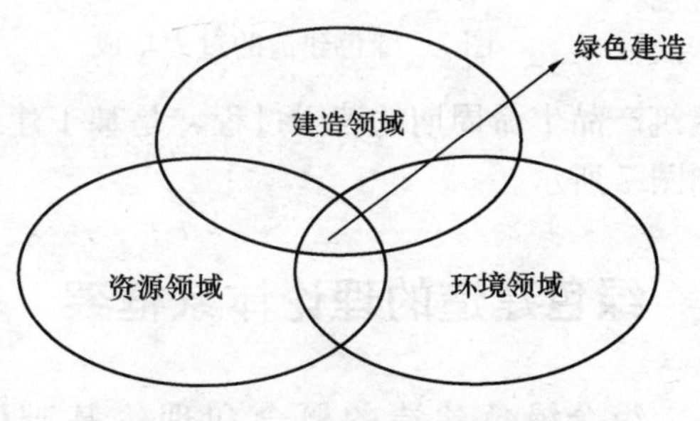

图 5 绿色建造的领域集成

（2）绿色建造的问题集成。绿色建造的内容涉及建筑产品生命周期的若干问题，主要是“四绿”问题的集成，如图 6 所示。

其中绿色设计是关键，这里的“设计”是广义的，它不仅包括建筑产品设计，也包括建筑产品的建造过程和建造环境的设计。绿色设计在很大程度上决定了建筑材料和建筑部品、建筑施工和建筑产品寿命终结后处理的绿色性。

（3）绿色建造的效益集成。绿色建造不仅是一个社会效益显著的行为，也是企业取得显著经济效益的有效手段。例如，实施绿色建造，可最大限度地提高资源利用率，减少资

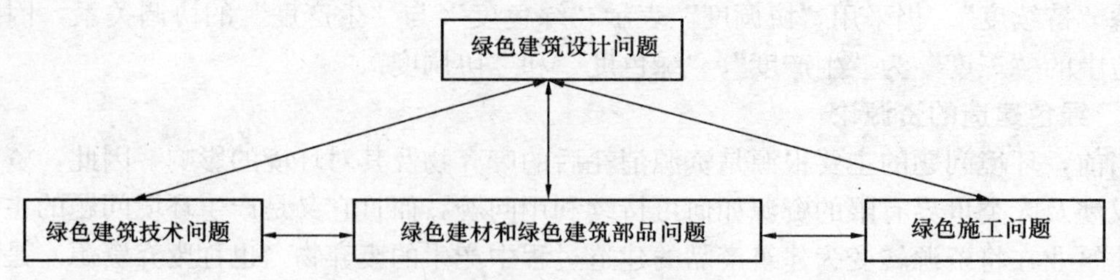

图 6　绿色建造的问题集成

源消耗，可直接降低成本。同时，实施绿色建造，减少或消除环境污染，可减少或避免因环境问题引起的不必要的损失。并且，绿色建造环境将全面改善或美化企业员工的工作环境，既可改善员工的健康状况和提高工作安全性，减少不必要的开支。又可使员工们心情舒畅，有助于提高员工的主观能动性和工作效率，以创造出更大的利润。另外，绿色建造将使企业具有更好的社会形象，为企业增添了无形资产。因此，对待绿色建造，不应该被动地遵守政府或社会道德方面做出的规定，而应该把绿色建造看作是一种战略经营决策，即实施绿色建造对企业是一种机遇，而不是一种不得已而为之的行为。当然，绿色建造本身需要一定的投入，从而增加了企业的成本。因此，根据实际情况，对绿色建造的效益与成本进行对比分析，从而确定绿色建造的经济效益。综上所述，绿色建造的效益是社会效益和经济效益的集成。

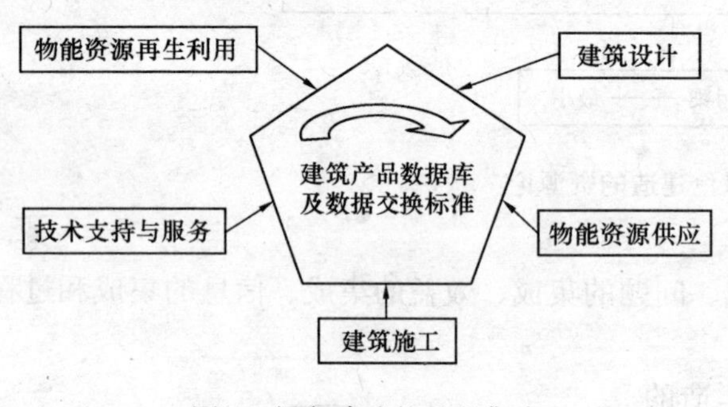

图 7　绿色建造的过程集成

(4) 绿色建造的信息集成。绿色建造除了涉及普通建造的所有信息及其集成考虑外，还特别强调与资源消耗信息和环境影响信息有关的信息应集成地处理和考虑，并且将建造系统的信息流、物料流和能量流有机地结合，系统地加以集成和优化处理。

(5) 绿色建造的过程集成。绿色建造所揭示的概念表明，绿色建造覆盖了建筑产品生命周期的若干过程，是基于建筑数据库及其数据交换标准的建造过程的集成，如图 7 所示。

3　绿色建造的理论体系框架

综合绿色建造的概念和理论基础研究，可建立绿色建造的理论体系框架，如图 8 所示。

上述理论体系框架仅是一个初步框架，内容上有待于丰富和完善，各理论要点之间的关系也有待于进一步深入研究。

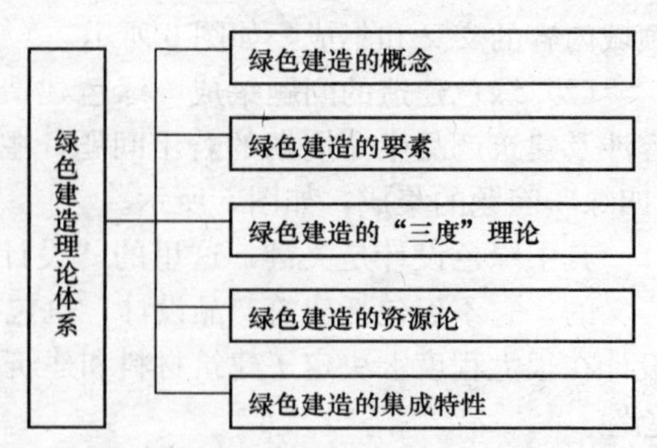

图 8　绿色建造的理论体系框架

4 绿色建造研究的内容体系

总结上述的研究工作，可建立绿色建造的研究内容体系，如图 9 所示。

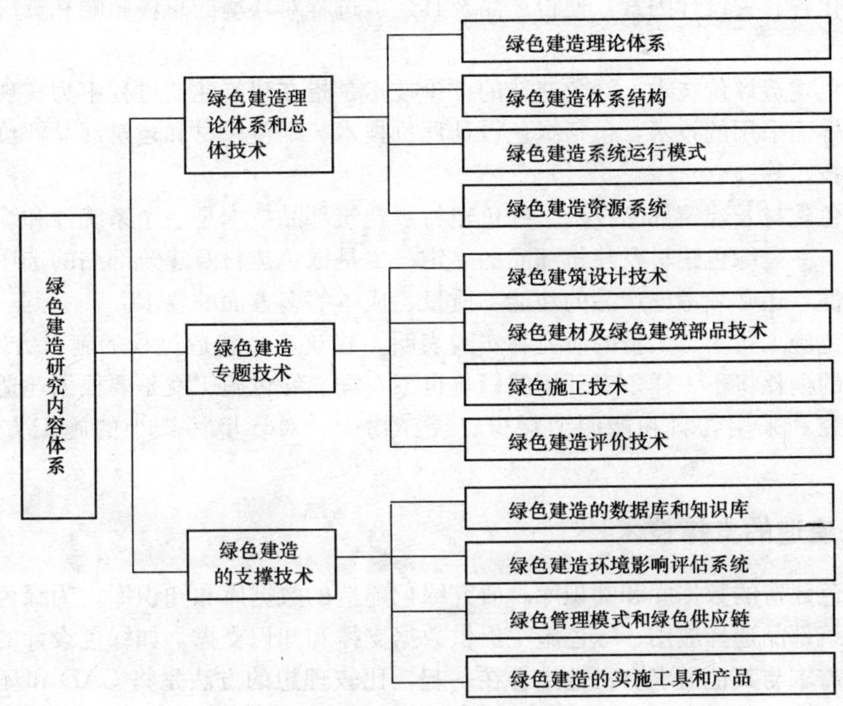

图 9 绿色建造研究的内容体系

4.1 绿色建造的理论体系和总体技术

绿色建造的理论体系和总体技术是从系统的角度，从全局和集成的角度，研究绿色建造的理论体系、关键技术和系统集成技术。

（1）绿色建造的理论体系。包括绿色建造的资源属性、建模理论、可持续发展战略，以及绿色集成特性等。

（2）绿色建造的体系结构。包括绿色建造的目标体系、功能体系、过程体系等。

（3）绿色建造的系统运行模式。绿色建造系统只有从系统集成的角度，才可能真正有效地实施绿色建造。绿色建造系统将企业各项活动中的人、技术、经营管理、物能资源、生态环境，以及信息流、物料流、能量流和资金流有机集成，并实现企业和生态环境的整体优化，达到建筑产品生产周期短、质量高、成本低、功能好、有利于环境并赢得竞争的目的。

（4）绿色建造的物能资源系统。鉴于资源消耗问题在绿色建造中的特殊地位，且涉及绿色建造全过程，因此应建立绿色建造的物能资源系统，面向环境的建筑材料选择、物能资源的优化利用技术、建筑产品建造过程的物流和能源的管理与控制等问题，研究建造系统的物能资源消耗规律。

4.2 绿色建造的专题技术

(1) 绿色建筑设计技术。绿色建筑设计是指在建筑产品及其生命周期全过程的设计中，充分考虑对资源和环境的影响，在充分考虑建筑产品的功能、质量、建造周期和成本的同时，优化各有关设计因素，使得产品及其建造过程对环境的总体影响和资源消耗减到最小。

(2) 绿色建造评价技术。绿色建造的评价技术是指在建筑建造过程中为实现绿色建筑技术评价指标而采用的技术，包括绿色设计评价技术、绿色建材和建筑部品评价技术、绿色施工评价技术等。

(3) 绿色建材及建筑部品技术。绿色建材及建筑部品技术是一个系统性和综合性很强的复杂技术。一是绿色建材及建筑部品的界定。二是绿色建材及建筑部品的选用，不能仅考虑其绿色性，还必须考虑产品的功能、质量、成本等多方面的要求。

(4) 绿色施工技术。大量的研究和实践表明，建筑产品建造过程的施工方案不一样，物料和能源的消耗将不一样，对环境的影响也不一样。绿色施工就是要根据建造系统的实际，尽量研究和采用物料和能源消耗少、废弃物少、对环境污染小的施工方案和施工路线。

4.3 绿色建造的支撑技术

(1) 绿色建造的数据库和知识库。研究绿色建造的数据库和知识库，为绿色设计、绿色建材及建筑部品选择应用、绿色施工提供数据支撑和知识支撑。如绿色设计的目标就是如何将环境需求与其他需求有机地结合在一起，比较理想的方法是将 CAD 和环境信息集成起来，以便设计人员在设计过程中，像在传统设计中获得有关技术信息与成本信息一样，能够获得所有有关的环境数据，这是绿色设计的前提条件。只有这样设计人员才能根据环境需求设计建筑产品，获取设计决策所造成的环境影响的具体情况，并可将设计结果与给定的需求比较，对设计方案进行评价。由此可见，为了满足绿色设计需求，必须建立相应的绿色设计数据库与知识库，并对其进行管理和维护。

(2) 绿色建造环境影响评估系统。环境影响评估系统要对建筑产品建造过程中的资源消耗和环境影响的情况进行评估，评估的主要内容如下：建造过程物料的消耗状况、建造过程能源的消耗状况、建造过程对环境的污染状况等。建造系统中资源种类繁多，消耗情况复杂，因而建造过程对环境的污染状况多样、程度不一、极其复杂。如何测算和评估这些状况，如何评估绿色建造实施的状况和程度是一个十分复杂的问题。因此，研究绿色建造的评估体系和评估系统是当前绿色建造研究和实施急需解决的问题。

(3) 绿色管理模式和绿色供应链。在绿色建造的过程中，企业的经营和生产管理必须考虑资源消耗和环境影响，及其相应的资源成本和环境处理成本，以提高企业的经济效益和环境效益，因此绿色建造的管理模式和绿色供应链的研究成为绿色建造支撑技术的重要内容。

(4) 绿色建造的实施工具和产品。研究绿色建造的支撑软件，包括绿色建造的决策支持系统、绿色建造评价系统、绿色建造信息管理系统、计算机辅助设计系统等。

5 结语

绿色建造理论体系对绿色建筑和绿色建造研究的实施有着重要的支持作用。本文对此问题进行了探讨，建立了绿色建造理论内容体系的初步框架。该框架包括绿色建造的概念、绿色建造的要素、绿色建造的“三度”理论、绿色建造的资源论、绿色建造的集成特性等一系列理论要点，并且对绿色建造研究的内容体系进行了初步探讨。

参考文献

[1] 刘飞，陈晓慧，张华．绿色制造［M］．北京：中国经济出版社，1998.

[2] 刘飞，曹华军，何乃军．绿色制造的研究现状与发展趋势［J］．中国机械工程，2000，（2）：105-110.

城市轨道交通

隧道内注浆措施在盾构下穿风险源施工中的应用与研究

钱 新[1] 黄雪梅[2]

（1. 北京住总集团；2. 北京市政建设集团有限责任公司）

【摘 要】 随着国家对基础建设投入的加大，很多城市陆续展开了轨道交通建设，盾构工法作为一种日益成熟的工艺在轨道交通施工中应用越来越广，同时盾构下穿建构筑物的施工也越来越多，穿越建构筑物的风险级别也越来越高，所以对盾构施工中地表沉降量的控制要求也更加严格。以往我们为了保护建构筑物的安全往往采取从地面注浆加固的措施，但随着城市化程度的增加，地面注浆措施所需作业面很难获得，如何只从洞内进行注浆就能够控制好地表和建构筑物的沉降，是我们逐渐面对和亟待解决的难题。

【关键词】 盾构；超前注浆；径向注浆

盾构隧道施工改变了原地层的状态，必然会引起或多或少的地层位移和地表沉陷，它将影响到邻近建筑物及地下管线的安全，对周围的环境造成一定的损害。在盾构隧道施工前采用地基加固的方法对临近重要建筑物、管线以及铁路基础进行地基预加固处理，是盾构隧道施工过程中常用的措施。

有时在地面条件不允许的情况下，不能从地面对建构筑物基础进行预先加固，譬如多股道铁路群、两轨铁路间隙小；重要建构筑物群间距小，密集度大没有加固所需的空间。如何在这些不利于地面预注浆条件下，只从盾构施工本身解决地层缺失，以及减少对地层的扰动，从而最终控制地面沉降，是个急需解决的问题。

我们结合北京市轨道交通大兴线工程盾构隧道（黄村火车站—义和庄车站）下穿建构筑物群及12股铁路群隧道内注浆施工加固的措施，研究了超前预注浆、径向注浆等注浆措施在控制地表沉降量所起到的作用，为类似工程的施工提供研究思路。

1 工程概况

北京地铁大兴线黄村火车站—义和庄站区间采用盾构法施工，线路全长3735m，其中右线1872m，左线1863m。先以350m曲率半径依次下穿义和庄村东民房区和兴鑫工业厂房区等一级风险源，然后沿义新路向东，下穿一级风险源民房密集程度非常大的义和庄村义秀路民房区，最后以300m半径的曲线下穿特级风险源京沪、京沪12股铁路股道以及黄村火车站站房（三层）、通讯铁塔、接触网塔等风险源群，最后于黄村火车站接收（图1)。本工程风险源密集，风险性较大。

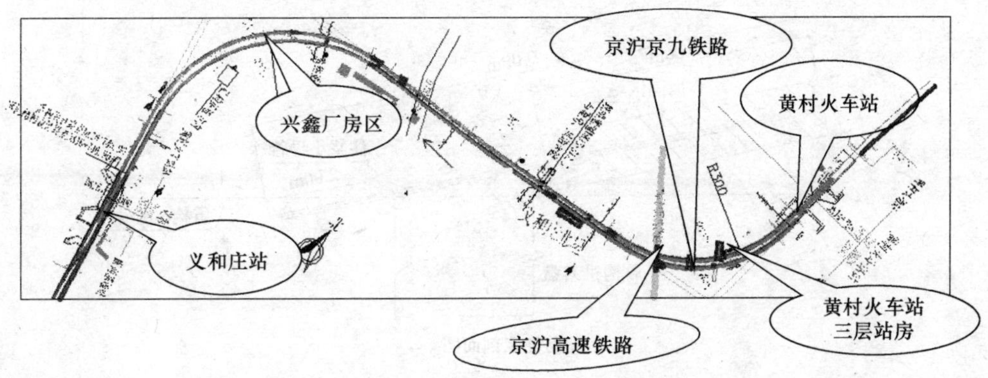

图1　义和庄车站—黄村火车站区间线路图

本工程采用2台德国海瑞克土压平衡盾构机施工，盾构机刀盘为面板式，刀盘直径6280mm，同步注浆采用的是单液浆注浆系统。隧道采用标准单圆盾构衬砌结构，衬砌管片外径6000mm，厚度300mm，内径5400mm，环宽1200mm，采用错缝拼装。

2　沉降机理及相应对策研究

2.1　沉降机理

地面沉降的基本原因是盾构掘进所引起的地层损失和隧道周围地层受到扰动或剪切破坏的再固结。地层损失引起的地面沉降，大都在施工期间呈现出来。而再固结引起的地面沉降，在砂性土中呈现较快，但在黏性土中则要延续较长时间。盾构推进过程中产生的地面变形由以下五个阶段的变形组成：

（1）盾构到达前的地面变形（δ_1）。盾构推进对前方土体产生挤压变形，主要是由于土体受挤压后有效应力增加而引起的。

（2）盾构到达时的地面变形（δ_2）。这是由于盾构推进引起土体应力状态改变而产生的变形。

（3）盾构通过时的地面变形（δ_3）。盾构外壳与土层之间会形成剪切滑动面，剪切滑动面附近的土层内产生剪切应力，剪切应力引起地表变形。

（4）盾构通过后的瞬时地表变形（δ_4）。这主要是由建筑空隙造成的，建筑空隙是由于管片拼装后与盾构外壳之间形成空隙以及盾构偏移隧道轴线引起的空隙总和。

（5）地表后期固结变形（δ_5）。这是由于盾构推进对周围土体扰动引起的，后期固结变形会或多或少地存在，是无法消除的。

2.2　相应对策研究

针对本工程特点结合地面沉降变形的机理不难发现，减小地层损失，防止隧道周围地层受到过大的扰动，是盾构施工必须遵守的准则，为了能使盾构顺利、安全下穿各类风险源群，在下穿兴鑫厂房时，我们研究了超前注浆措施（图2）。在300m小曲率半径下穿京沪、京九铁路时，为了减小铁路后续运营的风险，采取了后期径向注浆措施。

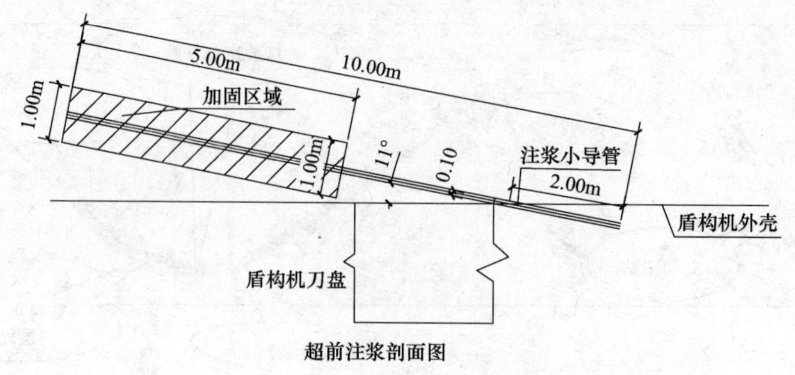

超前注浆剖面图

图 2　超前注浆示意图

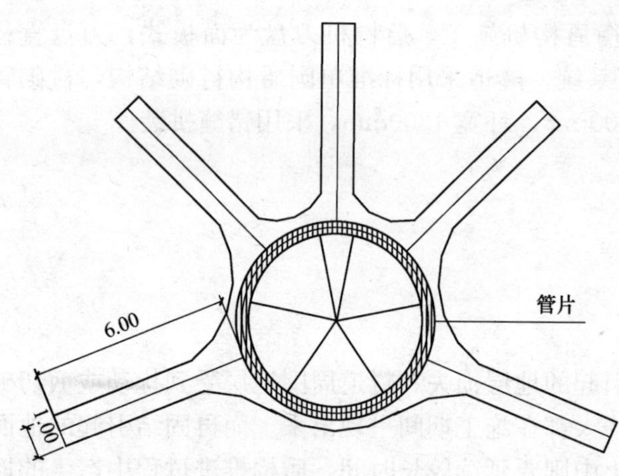

图 3　后期径向注浆示意图

注：1. ϕ36 注浆管（从管片预留吊装孔打入），L=6m；
2. 注浆扩散半径 0.5m；
3. 注浆压力 0.5～1.0MPa，不超过 1.0MPa

δ_1 和 δ_2 的变形是由于推进引起的应力状态发生改变产生的，采取超前注浆措施进行超前加固的目的是，密实盾构穿越前土体，形成一个闭合的半圆形壳体，在较大程度上减少了盾构推进过程中对刀盘前上部土体的扰动，减小地层的沉降。

利用盾构机上方的 8 个注浆孔进行注浆，注浆与盾构推进同步，超前 5m，注浆采用超细水泥、水玻璃双液浆，注浆压力结合注浆量双重控制，以量控制为主，具体如图 3 所示。

2.2.1　施工方法

钻孔作业→下管作业→注浆。

(1) 盾构机前盾上方内设有 8 注浆孔，与盾构机壳成 11°角，进行对称注浆。注浆孔直径为 100mm，注浆前在中盾搭设注浆脚手架及操作平台，准备完善后将注浆孔密封盖打开，进行成孔施工。

(2) 注浆时分两次注浆，分别从两个注浆管进行。第一次从长 5m 注浆管进行封堵注浆，注入约 5m 距离，直到回流管有浆液流出结束本次注浆。第二次从长 10m 的注浆管注至盾构机刀盘前方 5m 左右距离，根据注浆压力及注浆量结束本次注浆。每次 8 个钻孔注结束，能够保护 5m 左右的地层范围。注浆结束后开始推进盾构机，正常掘进 3 环后再进行超前注浆。如此循环反复，直到完成所有地段加固工作。

2.2.2　注浆参数

(1) 在粉细砂、粉土、粉质黏土中采用 HSC 超细水泥、水玻璃双液浆。

双液浆配比：(单位 kg) A 液配比 ($1m^3$) 为 HSC 超细水泥：水=715：715；B 液配比为水玻璃采用 40Be 的纯水玻璃。浆液比例为（体积比）A 液：B 液=1：0.5。

孔深：从盾构对接法兰向前 10m。

初凝时间：30s。

注浆压力：正常注浆时压力为5～8bar，超过10bar则停止注浆。

（2）δ_3 的变形是由于剪应力面的剪切变形引起的，与推进速度有很大的关系，盾构推进过程中推进速度越快，剪切应力越大，地表位移也越大。因此严格控制盾构推进速度是减小 δ_3 变形的关键。

（3）δ_4 的变形是由建筑地层缺失引起的，由于本工程采用德国海瑞克盾构机，其外径大于盾构隧道结构外径，形成260mm的建筑空隙是造成地面沉降的直接原因。及时进行同步注浆，使浆液在合理的时间范围内凝固，是控制 δ_4 变形量的关键。如果同步注浆不满足填充空隙的要求，应进行二次补浆措施。根据沉降量大小进行补浆，补注浆孔位置为隧道顶部两侧的管片。

（4）δ_5 的变形量是由于盾构推进对周围土体扰动引起地面的隆起或沉降，地面后期固结变形多数只占地面总变形量的5%～30%。但是由于在京沪、京九12股铁路动荷载条件下进行隧道施工，为了减小后期沉降给铁路的运营造成影响和铁路运营对地铁隧道的安全风险，控制它的后续沉降，采取了在洞内预留注浆孔的方式，在盾构机头约30m后，及时对隧道上方土体进行深孔注浆，挤密、劈裂受扰动的土体，有效地控制地面的最终变形。利用拱部和侧部的5个管片吊装孔打入长6m、ϕ36×3.25的钢花管对隧道周围土层进行注浆加固。

3 洞内注浆措施利弊分析

通过对下穿建筑物段时超前注浆措施的研究，我们发现：

（1）在其他施工工序控制合理的情况下，同步注浆及时，二次补浆充足，采用超前注浆能够将沉降量控制在5mm之内，见图4、图5。

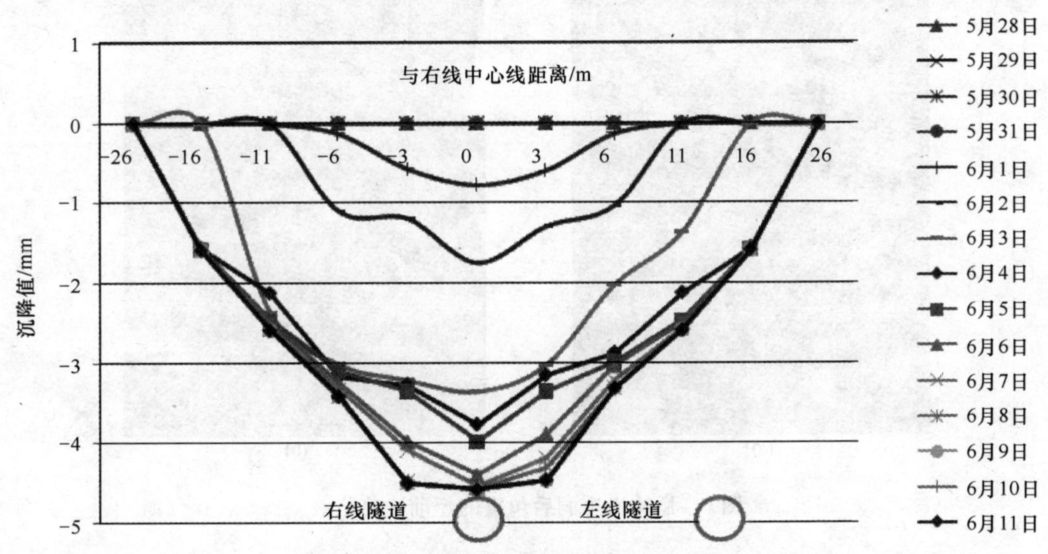

图4　超前注浆措施试验段沉降曲线图

（2）虽然超前注浆量能够很好地控制沉降量，但部分超前注浆的浆液包裹了盾壳造成盾构外径增大（超前注浆浆液包裹盾构机如图6所示），推进阻力增大，推力增加到

2000kN 以上，推进持续性减小，需开仓清理，为了防止刀盘抱死和超前注浆浆液包裹住盾构机机壳现象发生，下穿铁路段取消了超前注浆措施。

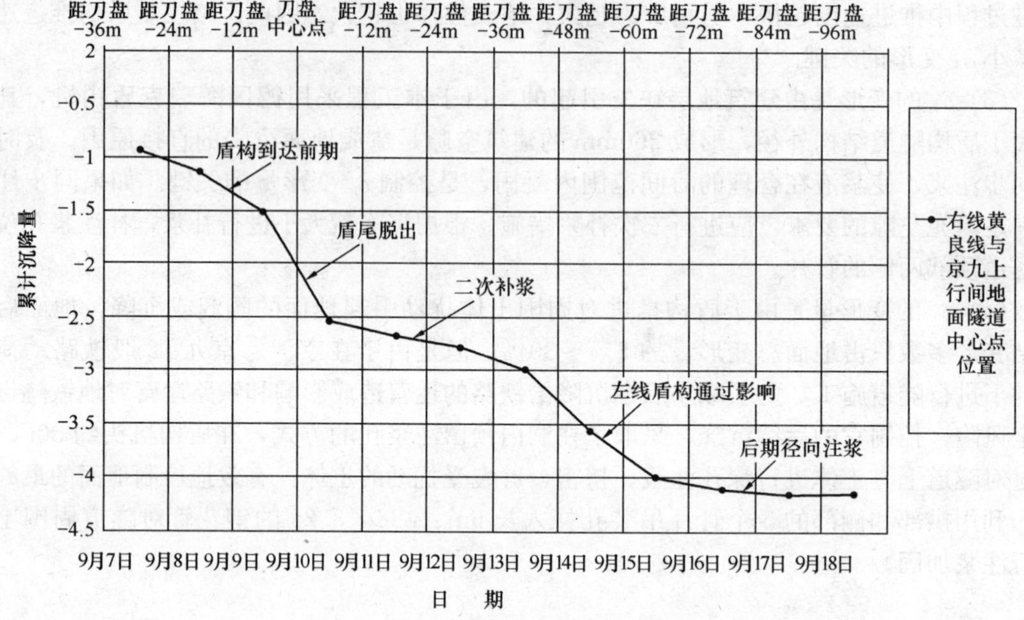

图 5 径向注浆措施试验段沉降曲线图

通过对下穿京沪、京九段径向注浆措施的研究发现：在其他施工工序控制合理的情况下，同步注浆及时，二次补浆充足，推进速度控制在 15～20mm/min 时，采用径向注浆能够将最终沉降量时间缩短为 10d，为减小最终沉降量提供强有力的技术支持。

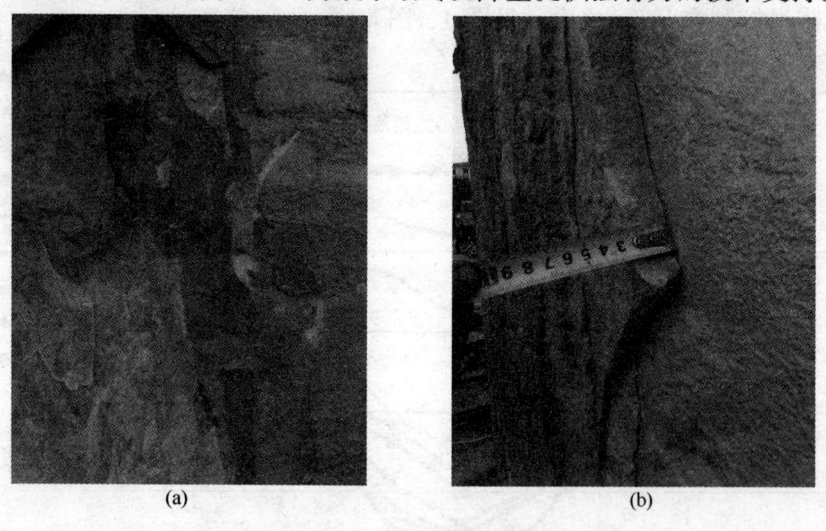

图 6 盾构机出洞后包裹的超前注浆浆液

4 结论

(1) 盾构施工产生地面隆起或下沉是必然的，但是通过精心施工，合理设定目标土压力值，严格控制出土量，仔细调整控制盾构姿态，均衡施工，做好盾构停推时的准备工作，采用多次同步注浆，加强地表变形监测、采用信息化施工等综合技术措施，可以控制并将盾构法施工对土体的扰动降低到最小。

（2）超前注浆作为控制沉降量的措施行之有效，但盾构施工过程中由于不易保证施工的连续性、均匀性，在下穿既有线施工过程中，暂时不可用。此施工工艺需要更加合理地优化，使盾构施工能够匀速地连续进行，或者间隔很短的停歇时间，一定能够发挥其更加重要的作用。目前其可以作为应急准备措施进行抢险施工，切实可行。

（3）在动荷载条件下下穿既有线施工，为了减小它的后期沉降给铁路的运营造成的影响以及运营铁路对地铁隧道的影响，后期径向注浆发挥了很大的作用，但必须合理控制注浆压力，否则会引起地面隆起，给铁路正常运行带来影响。后期径向注浆在今后的盾构下穿既有线施工中值得推广和应用。

（4）盾构施工阶段引起地面沉降的主要因素是施工引起的地层损失，主要通过同步注浆和调整盾构施工参数来控制。同步注浆的浆液质量对管片快速凝固起决定性的作用，合理的浆液配比尤为重要。

参考文献

[1] 杜建华，王玉林，沈仁强．浅谈盾构隧道施工引起的地表沉降［J］．山西隧道，2006，(3)：116.
[2] 肖广梁．盾构在软土地层穿越既有铁路施工技术［J］．隧道建设，2008，28（6)：328.

控制盾构隧道管片上浮技术研究

常　江[1]　王　岩[1]　钱　新[2]

（1. 北京住总集团；2. 北京市政建设集团有限责任公司）

【摘　要】 盾构隧道在掘进阶段管片的上浮问题一直是较难解决的技术问题。根据北京地铁大兴线黄—义区间盾构工程中遇到的管片上浮问题，主要从盾构机械、壁后注浆、盾构姿态等方面查找原因，并进行分析研究，提出了相应的控制盾构隧道管片上浮的技术措施。实践证明，所制定的措施是可行、有效的，为其他类似工程施工提供了一定的借鉴与参考。

【关键词】 盾构隧道；管片上浮；同步注浆；盾构姿态；控制

盾构隧道管片位移控制是确保隧道线型符合设计要求、满足隧道建筑限界的关键。在盾构掘进过程中，盾构管片的上浮一直是较难解决的技术问题。引起管片上浮的因素很多，如工程水文地质、壁后注浆、盾构姿态、盾构机械等方面。北京市轨道交通大兴线黄村火车站～义和庄站区间，右线盾构于 2008 年 12 月 15 日开始掘进，在盾构掘进至 86 环时经测量发现隧道管片有明显上浮现象，且随着盾构的掘进，上浮量继续呈增大趋势，在盾构掘进至 120 环时，部分管片相对上浮量超过设计轴线 100mm，致使部分管片错台、开裂、破损，直接影响管片质量及超出设计轴线范围。本文依据管片上浮的工程实例，从盾构机械、壁后注浆、盾构姿态控制等方面分析管片上浮的原因，并提出了控制管片上浮的针对性措施。

1　工程概况

北京市轨道交通大兴线黄村火车站～义和庄站区间左线长度 1863.462m，右线长度 1872.057m，总长度共计为 3735.519m。本工程采用 2 台德国海瑞克土压平衡铰接式盾构机施工，盾构机刀盘为平板式，刀盘直径 6280mm，中盾外径 6250mm，盾尾外径 6230mm，含 16 组液压推进油缸，按上下左右分 A、B、C、D 四个区，油缸伸长量均为 2000mm。工程采用标准单圆盾构衬砌结构，衬砌管片外径 6000mm，内径 5400mm，厚度 300mm，环宽 1200mm，采用错缝拼装。衬砌管片分为 6 块，其中 3 块标准管片（A 型）、2 块邻接管片（B1 和 B2 型）和 1 块封顶块（C 型），相邻管片环间沿圆周均匀布置 16 个纵向连接螺栓，环向管片间设 12 个螺栓，每环共计 28 个螺栓，均为弧形螺栓。壁后同步注浆系统为 4 根内置式单液注浆管，设计采用惰性浆液。盾构施工右线先从义和庄站始发，左线随后平行施工。

2 工程地质水文概况

黄村火车站站～义和庄站区间地层主要为人工填土、第四纪新近沉积层和一般第四系沉积层，区间覆土厚度为9.42～12.58m，区间隧道结构穿越及地基持力层主要为③层粉质黏土和③1层粉土及③2层粉细砂，属中压缩性土。该场地类别为Ⅲ类，场地土类型为中软土，场地饱和的粉土和砂土均不液化；本区间隧道结构在地下稳定水位以上。

本工程隧道管片上浮区段地层主要为③层粉质黏土和③1层粉土及③2层粉细砂，属中压缩性土，地下稳定水位在隧道结构以下。

3 隧道管片上浮情况

盾构掘进过程中，对管片姿态的测量频率为每日一次，出现上浮情况后测量频率变为每日两次。2009年1月13日，在区间隧道右线盾构掘进完成第120环后，发现拼装完成的管片向上垂直位移较大，部分管片相对上浮量达到110mm，严重超标，且个别管片错台达到30～50mm，破损严重，部分管片测量的相对上浮量如上图1所示，部分管片上浮量较大。

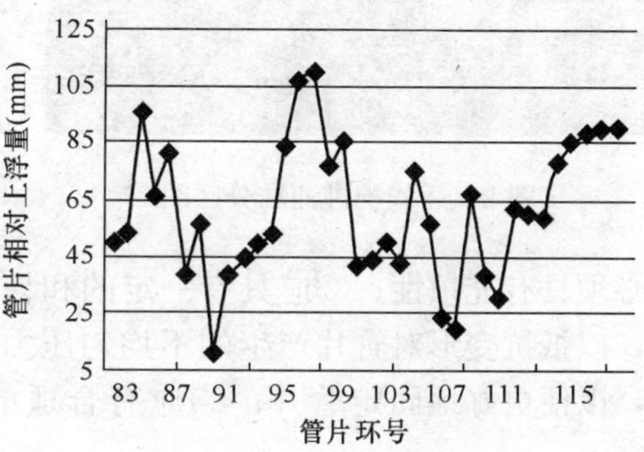

图1 隧道管片相对上浮曲线

在盾构隧道出现管片上浮后采取压低盾构推进轴线的方法控制隧道上浮量在设计轴线范围之内，并对部分上浮较大管片采取打开底部管片拼装孔泄压的方法降低浮力，但此方法造成部分管片出现破裂且与设计轴线不符，无法真正解决管片的上浮问题。

4 管片上浮原因分析

4.1 管片上浮的空间条件

本工程所选用的海瑞克盾构机在掘进中刀盘开挖直径6280mm，与盾尾外径6230mm会造成盾尾上部的外壳与围岩约有50mm的间隙，而下部盾尾外壳与围岩的间隙为零。在盾构机的结构设计上，管片与盾尾的设计间隙量为$\Delta D=75$mm，所以管片与围岩的理论间隙量为：$L_{上}=165$mm，$L_{下}=115$mm，$L_{左}=140$mm，$L_{右}=140$mm。管片脱离盾尾后，一般情况下，对于上方及两侧土体，在自身重力作用下，会向管片靠拢以至消除该间隙，管片纵向上一定长度范围相当于一个两端固定的梁，一端受到盾尾的约束，另一端受到已凝固浆液固体的约束，由于管片具有纵向抗弯刚度，所以在管片下部，该建筑间隙在一定范围内存在，管片会局部上浮。

4.2 管片上浮的原因分析

4.2.1 盾构机械

在2009年1月13日隧道管片上浮后开始分析原因，经过对盾构油缸检查分析，发现油缸伸长量无法达到设计值的2000mm，在推进至1780mm时，油缸顶靴与盾尾刷保护层发生摩擦和碰撞，无法继续推进，其中8～12号及1号推进油缸尤为严重（见图2），油缸相互不平行，呈外张状态，且盾构机油缸缸体与盾壳间隙量不一致，间隙量最大差值达到40mm。油缸的偏差导致千斤顶作用在管面的力不平行，将在管环间产生垂直分力，进而产生管环间扭矩，一定程度上造成了管片的上浮及错台。

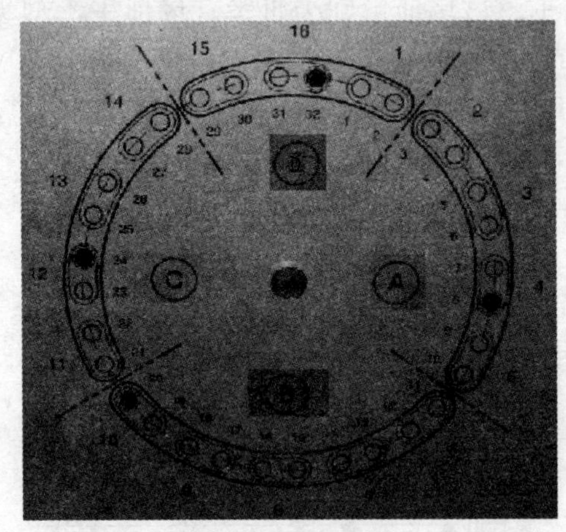

图2 盾构推进油缸分区图

4.2.2 壁后注浆

壁后注浆的目的有三个方面：一是防止地层变形；二是确保管片的稳定（位移变形）和受力均匀；三是提高隧道的抗渗性。要达到上述目的，关键问题是选择的注浆浆液应满足：①必须具有充填性；②应具有一定的和易性且离析少；③应及早凝固且有一定的早期强度，以抵抗变形对管片产生的不均匀压力；④浆液硬化后的体积收缩率要小，渗透系数小，以便更好地固定管片；⑤应有合适的稠度，以便不被地下水稀释，无公害，价格便宜。

本区间盾构同步注浆采用惰性浆液，其主要成分为砂、粉煤灰、膨润土和水，这类浆液24h强度很低（基本无强度），浆液初凝时间长（大于12h），浆液在初凝前很容易被稀释。因此，本区间盾构在自稳性较好的粉质黏土层掘进，上覆土体不会在短时间内发生沉降，致使管片脱出盾尾后存在一定的空隙，而低强度、未初凝的惰性浆液无法对管片提供约束作用，相反会使管片在浆液中浸泡，必然会产生管片上浮；同时，在盾构机掘进振动和隧道内电瓶车运行振动影响下，未凝固的浆液材料很可能被挤到隧道底部或地层其他间隙，进一步加剧了隧道上浮。

4.2.3 盾构姿态

盾构机在掘进过程中的运动轨迹实际上是围绕着隧道轴线的一条蛇形曲线，要通过不断调整各分区油缸千斤顶的推力来确保盾构姿态。本区间盾构管片上浮较大段位于缓直线上，且在盾构油缸存在部分偏差及盾构机右侧铰接油缸伸长量一直为零的情况下导致盾构机出现“栽头”现象，因此需要加大底部B区千斤顶推力（见图2盾构推进油缸分区图），这样就导致上部D区千斤顶和下部B区千斤顶的推力差，管片受到偏心压力，在已安装的环面上产生一个力矩作用，压力差越大，力矩值越大，管片环面上受力不均，加剧了管片的上浮。

5 管片上浮的控制措施

5.1 盾构机械

在发现盾构油缸存在偏差后，项目部立即联系海瑞克公司的专家进行维修，根据盾构机械图纸比例对各推进油缸进行了调整，随后进行试推进，管片上浮量有所减小。

5.2 选择合适的注浆浆液及方法

根据隧道管片在纵向长度两端固定梁的假定，只要管片浸泡在盾构机掘进形成的“圆形坑道”内的“液体”之中，管片就永远存在上浮的趋势。要消除这一趋势，就必须使管片脱出盾尾后不再受到盾尾约束的同时受到其他介质的约束。因此，必须确保盾尾空隙注入的浆液具有充填性、初凝时间段、具有一定早期强度等特点。

在结合现场实际地质资料并经过多次试验后，同步注浆浆液改用单液硬性浆液，并在浆液中加入石灰与减水剂，防止浆液的离析和降低泌水率，提高浆液的和易性、流动性，同时增加浆液的后期强度，改进后的单液硬性浆液配合比见表1。

改进后的单液硬性浆液配合比 **表1**

材料	水泥	砂	粉煤灰	水	膨润土	白灰	减水剂
用量（kg）	300	1600	1150	1200	160	90	7

注：表中数据为每缸 $2.5m^3$ 水泥砂浆的材料用量，初凝时＞5h。

在注浆孔位及注浆量上，根据本区间施工经验并结合管片上浮规律及盾构推进姿态，盾构上部1、4注浆孔位的注浆压力和注浆量要明显大于下部2、3孔位，有时下部的2、3孔甚至可以不注浆，以减小管片的上浮量。同时，注浆速度应根据盾构推进速度确定，以每循环达到总注浆量并且能均匀注入为宜。

5.3 盾构姿态的控制

盾构推进中，过量的蛇形运动造成的纠偏过程会使管片环面受力不均以及扰动周围土体，所以要控制好盾构机的姿态，发现偏差时应逐步纠正，控制油压差不宜过大，与盾构中心线相对称区域的千斤顶油压差应小于5MPa，其伸出长度差应小于120mm，不得过急过猛地纠正偏差。同时要跟踪测量管片法面的变化，及时利用环面粘贴石棉橡胶板纠偏，粘贴时上下呈阶梯状分布；也可根据管片拼装后上浮经验值，将盾构机推进轴线高程降至设计轴线下一定数值，以此来抵消管片衬砌后期的上浮量，但此方法不值得推荐。

6 控制效果

施工实践证明，经过对盾构机械、壁后注浆浆液及盾构姿态的调整，管片上浮趋势得到了扼制，基本控制在5～10mm。特别是同步注浆调整对控制管片上浮所起的作用是至关重要的。因此，在盾构推进过程中应依据不同地质、水文、隧道埋深等情况的变化不断调整浆液性能，以控制地表的沉降和保证管片的稳定。

7 总结

（1）管片上浮问题实质上是同步注浆稳定管片与管片上浮在时间上的竞赛，因此，控制好浆液质量、注浆压力及注浆量最为关键。

（2）严格控制推进千斤顶油缸的压力，确保各千斤顶对管片均匀受压。

（3）严格控制盾构机掘进姿态及科学地进行管片选型，尽量减少盾构机蛇行超挖量。

参考文献

［1］ 叶慷慨．盾构隧道管片位移分析［J］．隧道建设，2003，23（5）：8-10.

［2］ 朱建春，李乐．北京地铁盾构同步注浆及其材料研究［J］．建筑机械化，2004（11）：26-29.

［3］ 竺维彬，鞠世健．复合地层中的盾构施工技术［M］．北京：中国科学技术出版社，2006.

地铁明挖车站军便梁变形监测

张兆龙　刘利强　田文杰　吕军斗
（北京长城贝尔芬格建筑工程有限公司）

【摘　要】 北京是轨道交通工程在建项目最多的城市，变形监测对地铁工程的安全施工有着重要意义，同时监测数据能够直接用来评价地铁施工对周边环境的影响。本文重点讲述了北京地铁车站一军便梁变形监测的方法，介绍了测点布设、所用仪器及观测方法，最后通过数据整理绘制变形曲线图分析当前监测情况。

【关键词】 沉降监测；位移监测；历时曲线图

1　工程概况

北京地铁大兴线黄村西大街站位于兴华大街和黄村西大街交叉路口下，车站总长度232.2m，总宽度为20.9m，顶板覆土厚度为3m，车站为地下2层三跨箱形框架结构、岛式车站，车站采用明挖法施工。站后设小交路折返线，与车站合槽施工，折返线结构为多跨单层箱涵结构，顶板覆土8.8m，总宽度20.9m，总长度251.65m。车站总建筑面积18466m^2。兴华大街与黄村西大街为大兴区主干道路，属商业繁华路段，地面交通十分繁忙，车流量大，车站施工采用明挖法施工，交叉路口处采用铺盖法施工。

军便梁架设施工段为交叉路口铺盖法施工段，此段先期施行交通导改，施工围护桩及冠梁，待开挖第一层土方并架设第一道钢支撑完毕后，架设军便梁，恢复路面交通。

2　车站临时铺盖工程施工设计总说明

为了最大限度减小车站施工对地面交通的影响，同时满足车站工期要求，结合车站范围内的地质资料，黄村西大街站路口站位处采用满足城市A级道路荷载和交通能力要求的军便梁等构件快速形成临时路面系统，保证东西向15m宽（4车道）通行能力。

车站铺盖段基坑东西宽22.5m，南北长30m，拟采用24.48m的加强型六四式铁路军便梁铺设。六四式铁路军便梁是我国自行研制的适用中等跨度的一种铁路桥梁抢修制式器材，是一种全焊构架、销接组装、单层或双层的多片式、钢桥面体系的拆装式上承钢桁梁。本设计采用单层结构，选用单层六四式军便梁，由三脚架和辅助端构架组合而成。

3　铺盖桥变形观测内容

因军便梁铺设在冠梁顶面，为了保证桥体正常使用及基坑开挖安全，需在使用过程中对桥体及冠梁进行变形量实时监控。

3.1 目的和意义

(1) 通过准确地了解本车站主体基坑的各项变形监测成果和结构安全性能分析、变化及发展趋势，及时地把握施工安全状态。

(2) 通过对变形监测成果的分析和研究，在预报下一施工步骤地层、支护的稳定和受力情况和地表沉降等时，对施工措施提出相关建议，保证能够正确监控施工，并为设计和施工提供依据。

(3) 通过对军便梁变形监测成果的分析和研究，保证军便梁安全使用和施工正常进行，对今后相关工程提供可靠的基础数据。

3.2 监测项目和内容

军便梁监测项目、内容见表 1。

军便梁监测项目、内容一览表 **表 1**

序号	监测项目	仪器设备	测点布置	监测频率
1	军便梁周边地表沉降观测	DiNi03 精密电子水准仪	军便梁周边	从车站基坑开挖至军便梁拆除前 1 次/天
2	军便梁承台（冠梁）垂直位移观测	DiNi03 精密电子水准仪	军便梁承台（冠梁）	从车站基坑开挖至军便梁拆除前 1 次/天
3	军便梁承台（冠梁）水平位移观测	槟得 R－322NX 型全站仪	军便梁承台（冠梁）	从车站基坑开挖至军便梁拆除前 1 次/天
4	军便梁位移观测	槟得 R－322NX 型全站仪	军便梁南、北两侧	从车站基坑开挖至军便梁拆除前 1 次/天
5	军便梁下钢支撑轴力	轴力计	军便梁下支撑	从车站基坑开挖至军便梁拆除前 1 次/天

3.3 各监测项目监测点布设

3.3.1 军便梁周边地表沉降监测

采用本单位既有施工控制水准点作为基准点，并且进行周期性连续监测。工作点的测设，用二等水准测量要求，将基准点的高程引测到军便梁附近。

(1) 监测目的。监测车站基坑开挖和军便梁使用过程中坑边土体的稳定性。

(2) 监测点布置与埋设（如图 1 所示）。地表监测点埋设时先用工程水钻在地表钻孔，然后放入沉降测点。测点采用直径为 22mm、长 1000mm 半圆头螺纹钢筋制成。将钢筋埋入原状土层以下，钢筋底部与土层结合部分回填混凝土，上部回填细砂，并做标识进行保护（如图 2 所示）。

(3) 监测方法及精度要求。采用精密水准仪及铟钢尺测读地表监测点的高程，量测精度为 0.3mm。

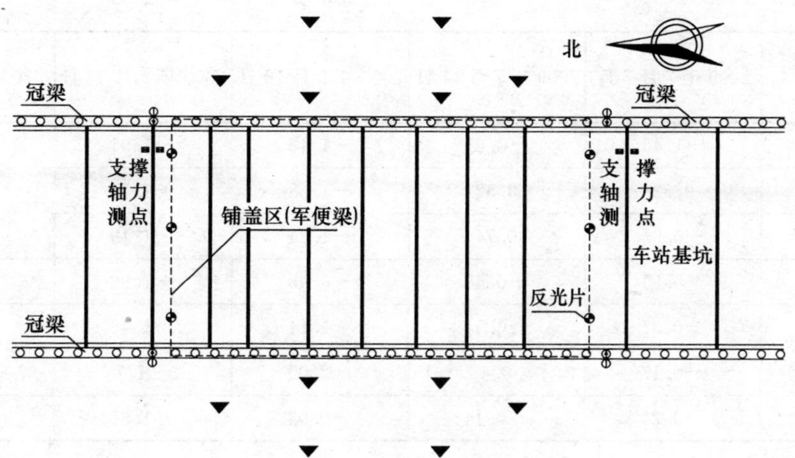

图1 军便梁监测布点图

(4) 沉降值计算。地表监测基点为标准水准点（高程已知），监测时通过测得各测点与水准点（基点）的高程差 ΔH，可得到各监测点的标准高程 Δh_t，然后与上次测得高程进行比较，差值 Δh 即为该测点的沉降值。即：

$$\Delta H_t(1,2)=\Delta h_t(2)-\Delta h_t$$

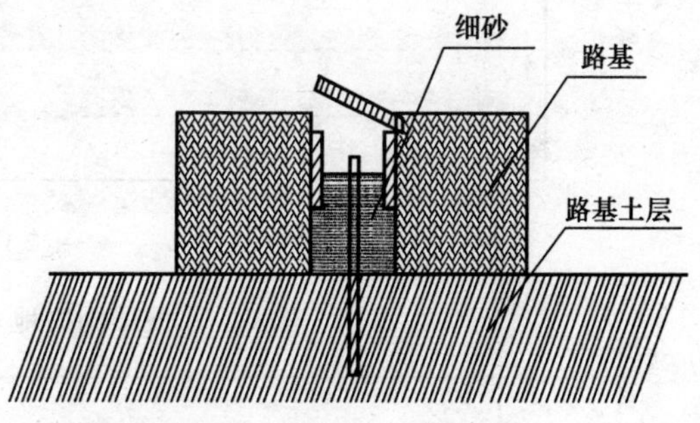

图2 地表点布设示意图

(5) 监测数据及历时曲线分析。图表具有较好的视觉效果，可方便查看数据的差异、图案和预测趋势。在沉降量曲线图中，可以直接查看到最小沉降点和最大沉降点，当沉降趋势较明显时，可引起关注（见表2及图3、图4）。

军便梁周边地表沉降量统计表（选取12个测点的5期数据） **表2**

日期 点号	2009年7月7日	2009年7月11日	2009年7月16日	2009年7月22日	2009年7月27日
pg1.1	0.36	0.48	−0.27	−0.51	−0.02
pg1.2	−1.11	−1.16	0.09	−0.69	−0.99
pg2.1	0	0.58	−0.85	−0.99	−0.59
pg2.2	0.22	0.43	−0.92	−0.87	−0.51
pg2.3	−0.75	−1.38	−1.03	−2.37	−2.73

续表

点号 \ 日期	2009 年 7 月 7 日	2009 年 7 月 11 日	2009 年 7 月 16 日	2009 年 7 月 22 日	2009 年 7 月 27 日
pg2.4	−1.46	−0.67	−1.48	−1.94	−2.36
pg3.1	0.32	0.52	−1.58	−1.51	−0.95
pg3.2	−0.05	0.74	−1.24	−1.19	−1.09
pg3.3	−0.55	−0.48	−0.98	−1.92	−2.31
pg3.4	−0.37	−0.54	−1.11	−1.46	−1.9
pg4.1	−0.17	0.4	−2.09	−1.7	−1.14
pg4.2	−0.24	−0.14	−0.93	−1.86	−2.19

注：沉降量单位为 mm。

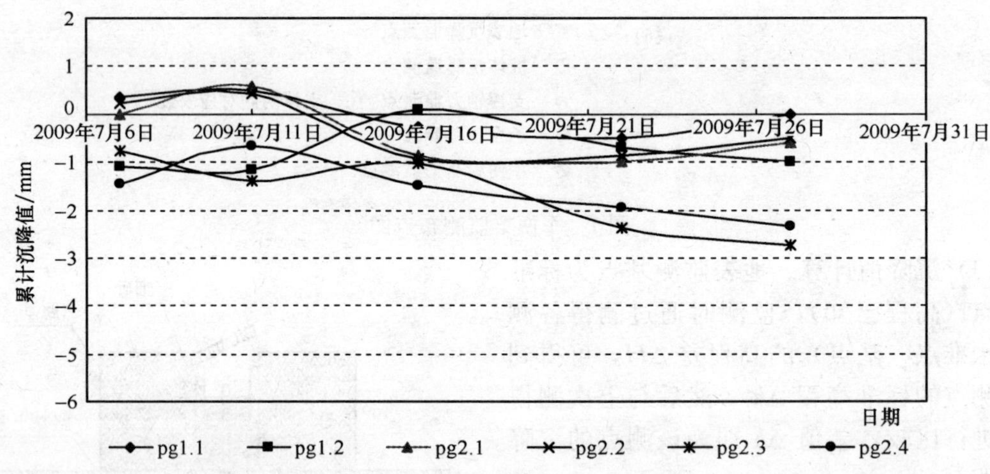

图 3　军便梁周边地表沉降历时曲线图（一）

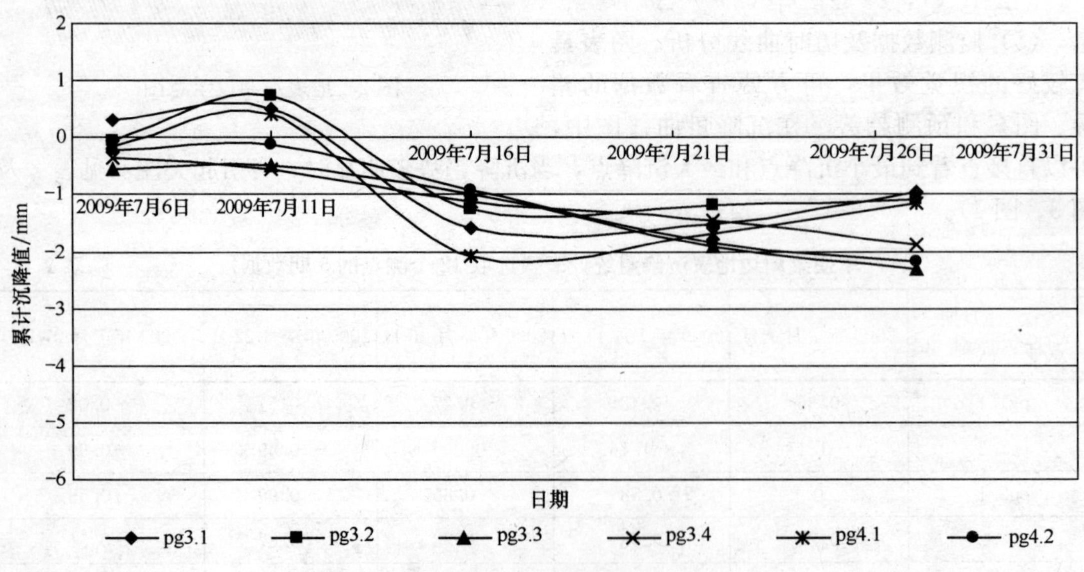

图 4　军便梁周边地表沉降历时曲线图（二）

3.3.2 承台（冠梁）垂直位移监测

（1）监测目的。军便梁架设在车站冠梁上，自身重力加之过往车辆的重力对承台（冠梁）造成垂直位移。

（2）监测点布置与埋设。测点布设见图 1。

承台（冠梁）垂直位移测点埋设时先用工程冲击钻在承台（冠梁）钻孔，然后放入沉降测点。测点采用直径为 12mm、长 100mm 半圆头螺纹钢筋制成，用水泥胶把测点粘固使其稳定。

（3）监测方法及精度要求。采用精密水准仪及铟钢尺测读地表监测点的高程，量测精度为 0.3mm。

（4）沉降值计算。监测点相邻周期的高程之差。

3.3.3 承台（冠梁）水平位移监测

（1）监测目的。监测车站基坑开挖和军便梁使用过程中桩墙背后土压力和围护桩的稳定性，以便及时调整施工工艺参数，保证施工安全、顺利进行。

（2）监测点布置与埋设。测点布设见图 2。

承台（冠梁）水平位移测点与承台（冠梁）垂直位移测点为同一点，即在测点顶端做个十字标记。

（3）监测方法及精度要求。用槟得 R－322NX 型全站仪从施工控制点引测到军便梁附近的工作用点上，采用前方交会法观测水平位移测点，量测精度为±2″。

（4）位移值计算：

$$X_{位移量}=X_{本次}-X_{上次}$$
$$Y_{位移量}=Y_{本次}-Y_{上次}$$

（5）监测数据及历时曲线分析，见表 3 及图 5。

承台（冠梁）水平位移累计位移量统计表（选取 8 个测点 Y 坐标轴的 5 期数据）　表 3

日期 点号	2009 年 7 月 11 日	2009 年 7 月 15 日	2009 年 7 月 19 日	2009 年 7 月 24 日	2009 年 7 月 28 日
CZQS-01	−1.00	−4.00	−3.00	−2.00	−3.00
CZQS-02	1.00	−2.00	−2.00	−4.00	−5.00
CZQS-03	−1.00	−4.00	−5.00	−4.00	−4.00
CZQS-04	1.00	−2.00	−2.00	−4.00	−3.00
CZQS-05	1.00	−1.00	−3.00	−3.00	−2.00
CZQS-06	0.00	0.00	0.00	0.00	0.00
CZQS-07	−1.00	−1.00	0.00	2.00	1.00
CZQS-08	−1.00	−2.00	−2.00	−3.00	−4.00

注：位移量单位为 mm。

3.3.4 军便梁水平位移监测

（1）监测目的。监测军便梁使用过程中自身位移，以便及时调整施工工艺参数，保证施工安全、顺利。

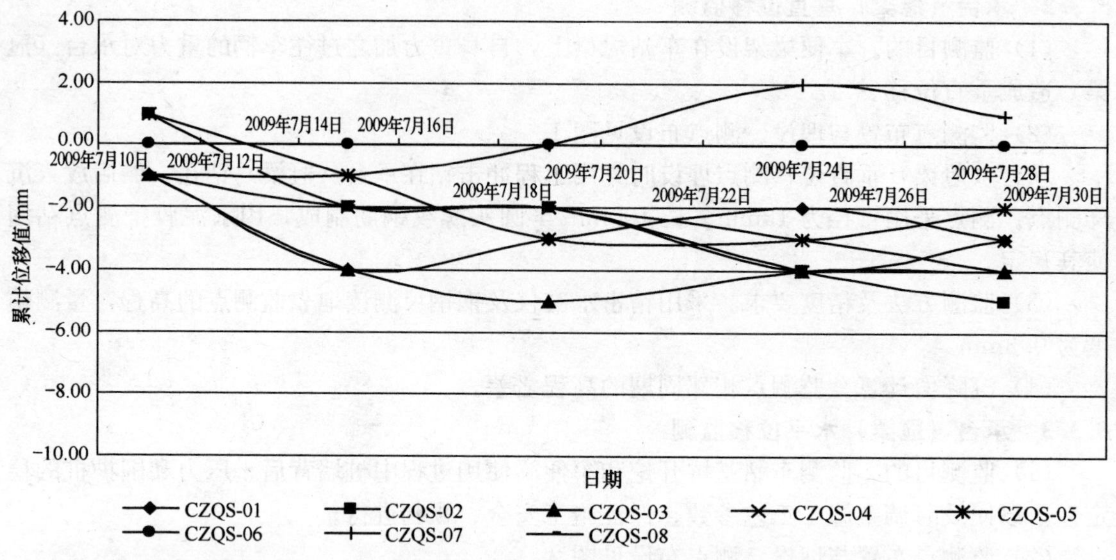

图 5　承台（冠梁）水平位移累计位移量历时曲线图

（2）监测点布置与埋设。测点布设见图 1。

在桥体两侧军便梁底部玄杆上各贴 3 个反光片，均匀布置。

（3）监测方法及精度要求。用槟得 R－322NX 型全站仪从施工控制点引测到军便梁附近的工作用点上，采用前方交会法观测军便梁上反光片，量测精度为±2″。

（4）位移值计算：

$$X_{位移量}=X_{本次}-X_{上次}$$
$$Y_{位移量}=Y_{本次}-Y_{上次}$$

3.3.5　军便梁下钢支撑轴力

（1）监测目的。了解车站明挖基坑在开挖过程中维护桩支护体系的稳定性（保证军便梁使用安全），以便及时调整施工工艺参数，保证施工安全、顺利进行。

（2）监测点布置与埋设。测点布设见图 2。

轴力计安装在工字钢围檩与围护桩墙间，有专用的支持器以保证安装了轴力计的工字钢围檩的正常工作，起到应有的支撑作用。

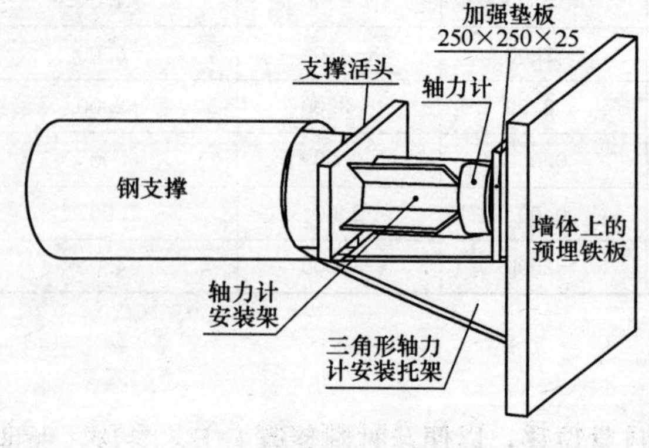

图 6　轴力计安装示意图

轴力计的量程要满足设计轴力的要求。在需要埋设轴力计的钢支撑架设前，将轴力计焊接在支撑的非加力端的中心，在轴力计与钢围檩、钢支撑之间要垫设钢板，以免轴力过大使围檩变形，导致支撑失去作用。轴力计安装完毕后，要做好编号工作。支撑加力后，即可进行监测。

轴力计埋设与安装（见图 6）：

1）轴力计安装架与轴力计一起与立柱及临时钢支撑固定在一起，安装架圆形钢筒没有开槽的一端面与支撑的牛腿（活络头）上的钢板点焊焊接牢固，点焊时必须使钢支撑中心轴线与安装中心点对齐。

2）冷却后把轴力计推入焊好的安装架圆形钢筒内，并用圆形钢筒上的4个M10螺栓把轴力计牢固地固定在安装架内，使支撑吊装时不会把轴力计滑落下来即可。

3）测读轴力计的初始频率，是否与出厂时频率相符（≤±20Hz），然后把轴力计的电缆妥善地绑在安装架的两翅膀内侧，使钢支撑吊装过程中不损伤电缆。

4）吊装到位后与结构上的钢板对上，最好在轴力计与墙体间增加一块钢板，防止钢支撑受力后轴力计陷入墙体，测值不准。

5）引线并保护，施加钢支撑预应力达到设计标准后开始量测。

（3）监测方法及精度要求。用ZXY－Ⅱ型频率接收仪测出频率值通过公式转换出轴力，监测精度为0.15%F.s

（4）轴力值计算：

计算公式为：

$$P=K\left(F_i^2-F_0^2\right)+b\Delta T+B$$

式中 P——应力值；

K——仪器标定系数；

F_i——测量频率；

F_0——标定频率；

b——温度修正系数；

ΔT——温度变化；

B——计算修正数。

4 结语

地铁工程施工难度较大，对于本工程而言军便梁架设在车站冠梁上，对车站基坑、车辆、行人有一定危险性。因此，须有针对性地对监测重点进行及时观测，及时反馈，同步甚至超前指导施工，做到施工监测与施工的互动，并预测施工对环境的影响。

参考文献

［1］ GB 50308—2008 地下铁道、轻轨交通工程测量规范［S］.

［2］ GB 50299—1999 地下铁道工程施工及验收规范［S］.

［3］ JGJ 8—2007 建筑变形测量规程［S］.

［4］ CJJ 73—1997 全球定位系统城市测量技术规程［S］.

［5］ GB 50026—2007 工程测量规范［S］.

［6］ CJJ 13—1987 城市测量规范［S］.

［7］ CJJ/T 76—1998 城市地下水动态观测规程［S］.

［8］ DB11/489—2007 建筑基坑支护技术规程［S］.

［9］ DB11/490—2007 地铁工程监控量测技术规程［S］.

［10］ 南京水利科学院勘测设计院，常州土木工程仪器有限公司．岩土工程安全监测手册［M］．北京：中国水利水电出版社．2008.

［11］ 胡伍生，潘庆林，黄腾．土木工程施工测量手册［M］．北京：人民交通出版社．2005.

管　理

远程项目管理实现方法与延伸问题研究

于学光
（中国建筑一局集团有限公司）

【摘　要】 对施工企业实施的远程项目管理的实现方法进行了归纳，通过当前施工领域中远程项目管理必须面对的比较突出的问题的分析，提出了解决策略与例证方法，对未来远程项目管理的发展趋势做了一些研究，为提高远程项目管理能力提供了借鉴思路。
【关键词】 建筑业；施工企业；远程项目管理；问题研究

市场转移战略的推进必然对项目管理工作的跟进提出了“随动转向”的要求，以市场为导向的建筑施工企业都无法回避总部与项目部之间的远程项目管理问题。如何采取有效措施保持本企业项目管理的方法与特色，能够在目标市场得到全方位“复制”和适应当地环境的运行，同时探索解决实现“便捷”管控的低成本手段，已经成为当前大型施工总承包企业必须要正视和面对的系统化课题。

1　目前普遍采用的基本实现方法

1.1　建立管理信息化网络平台

随着当前网络信息化日新月异的发展，施工企业也纷纷通过建立局域网自动化办公平台（OA）、各种管理信息化系统、专业管理论坛、业务QQ群、飞信、远程视频会议系统等多种形式构建了远程项目管理信息沟通与交流的渠道。

通过技术手段和网络载体，项目管理的信息流、指令、程序、评审、指导、服务等项目管理工作得到了不同程度的远程实现。

1.2　增加组织机构层级

随着任务规模的逐年扩张，施工企业总部光凭总部自身的力量已经无法驾驭点多面广的庞大履约市场，为维护品牌必须强化总部的项目管理能力，但单纯扩张总部管理人员，采取“飞行管理”的差旅成本是管理费无法支撑的。意识到这一矛盾后，为减少管理幅度，一般会采取增加贴近市场所属地的组织机构层级的办法，即增加区域公司、城市分公司、大片区、办事处、分局等非法人机构，作为法人机构的分支机构或派出机构代行一大部分法人单位总部的管理服务职能，从而在时空距离上变“远程项目管理”为近距离“贴身管理”。

1.3 总部迁移

有一部分施工企业由于历史形成的原因，总部地处建筑市场欠活跃地区，而主要任务市场则集中于经济发达地区。为了自身获得更好发展，采取“昔孟母择邻处”的方式，将总部主要力量迁移至战略目标市场地区。这方面比较典型的实例是中建系统：二局总部由唐山迁至北京；四局总部由贵阳迁至广州；七局总部由洛阳迁至郑州；八局总部由济南迁至上海。

1.4 组建联合体

对于一部分重大影响力项目、超大型专业性复杂项目、高难长周期项目等法律法规许可的、可以联合体投标的项目，总部往往要抽调各业务系统拔尖的业务骨干组成项目管理团队，并由总部主要领导亲自挂帅主持工作，组建联合体项目，因为其特殊的目标要求和责任领导的管理地位，管理层的地位基本上变成了总部“垂直管理”，管理者的实际管理和总部业务部门的直接管理的双重身份集于一身，决定了其远程项目管理的实现变成了“直接操盘”。这种既能体现项目管理水平又能体现总部管理意图的方式效果较好，但因其数量极为有限，只能作为例外管理项目来看待，不具有普遍意义。

2 延伸问题的分析与对策研究

2.1 两个市场协调发展

施工企业的市场可以概括为招投标市场和资源配置市场，即签约市场和履约市场。

签约市场的经营主要是新客户的开发及老客户的“伴随服务”。目前远程项目管理的项目对象中应该说，老客户的新区域市场比例较大，施工企业与业主之间由于相互间文化认同、管理熟悉，双方的关注点是如何共同克服在外部环境中的困难，如期实现项目期望目标。为了在当地市场可持续发展，总部实施远程项目管理的重点工作首先是要去除项目部窄视野的“游击”思想，其次是通过确立“项目绩效做好、项目管理做强、市场影响做大”这一思路，逐步开拓属地新市场。也就是说在新市场地区远程项目管理的要侧重于属地市场调研与策划。对战略区域内的市场谋篇布局和品牌项目经理的打造等关键工作，总部要实行“近视”管理。

履约市场的经营主要的成本节约方向来自于周转、集中采购和中长期专业合作伙伴，以及总部管理人员的快速服务支持。在远离总部的环境中，使得自有临建、机械、模板脚手架等周转料具、物资采购的大客户价格、熟悉分包商和总部管理人员的快速服务支持优势被严重削弱。寻求一个在当地的比较稳定的资源配置网络体系，其构建和培育均需要一个过程，市场成熟度越低的地区这一过程将越缓慢、受制约的外部因素越多。实施远程项目管理的重点是加强引导，总部要实行“高频”节点考核管理，以不断推进属地化资源配置市场的建设速度和质量，为后续市场共享资源配置成果奠定良好基础。

2.2 信息化的局限

不可否认的是依赖于信息化技术这种交流手段存在相当大的局限性，一是难免“管中窥豹”。二是语言描述和数字报告人都有一种“趋利避害”的自然心理属性，所反映的情况存在“失真”成分，并且因为接受报告的管理者缺乏与现场实际相互印证的过程，容易给项目管理工作带来误导，可能存在较大的管理风险。三是没有人与人面对面交流的氛围，匮乏“人情味”，使得项目管理工作变成了僵硬的程序化任务，经常产生管理僵化的抱怨，进而影响管理效果的实现，不利于形成积极向上，团队认同，传承有序的项目管理文化。如果失去自身特色，项目管理将与社会一般水平趋同，造成核心竞争力丧失。

为了消除“管理上让步等于市场上退步”的影响，在远程项目管理的主要方法不否定信息化手段主体地位的基础上，应树立“采用但不依靠”、“人机交替”的原则。对关键信息流的管理应设定现场检验机制，要建立适当频次的现场履约检查动态考核制度，以便总部各业务系统对分支机构的两层管理职能履行情况和项目部层级的项目管理运行进行掌控监测与及时修正。

2.3 项目部组织的扁平化

当前在施工一线基层农民工普遍采用的是小班组工序承包计价方式（计件分包），可以预见这一新的变化将对施工企业项目部传统的生产组织方式带来深刻影响。它与以往已经成熟和习惯的平方米包干、分块包干等方式的本质区别之处在于，在劳务队伍层面是否存在管理能力较强的一级生产管理组织来分担施工企业的生产一线管理工作负担和管理成本。

但实际情况是，即使是所谓的成建制的较大的劳务队伍，现在也不得不承认和接受农民工在向产业工人过渡的漫长转型期间所必须经历的这一段特殊过程，也不得不屈从于这一变化。所以不可避免地直接面对小班组，少有自有管理层，或自身管理十分弱化。而实力一般的劳务队伍在劳动力资源全面紧缺的前提下，则彻底放弃了垂直管理，直接改为简单的管理费“管理”。在实施远程项目管理的地区这一现象则尤为突出。

为适应这些新时期的新特点，就要求在远程项目管理的过程中，总部应该对项目部的组织机构职能设置给予高度关注。一线最基层生产管理机构必须做出调整的核心在于，如何处理小班组和项目部之间的管理弱化或缺位问题。目前，短期内采取“下沉和上移”双管齐下的办法较为可取。所谓“下沉”，简单表述就是项目部直接指挥和服务施工现场施工的部门，如工程、质量、测量、安全等部门必须扁平化，将现有职能向下扩大和延伸，根据实际情况对班组的管理缺位或弱化的部分直接进行弥补；所谓“上移”，简单表述就是劳务队伍要通过招聘、培养等各种方式补充自有一线生产管理力量，将一部分业务素质高，有上岗资格的管理人员直接向上纳入项目部管理组织序列。

总部在对劳务队伍实行远程集中管理的过程中，也应转变观念，不再单纯地以报价为选择确定的依据，而应该将劳务队伍的管理服务能力和管理人员的配置作为更重要的指标加以重点考虑。生产能力与服务水平并重，这点也是未来期施工企业实施远程项目管理的重要着眼点。

2.4 跨区经营与跨区管理

在施工企业实行区域化管理的过程中，由于一部分业主对特定区域负责人、项目团队的信任与“偏好”，在业主项目布局不断在各区域调整时，经常直接提出“原班人马”必须跟随的要求。自然会给企业内部带来跨区经营与跨区管理的问题。作为总部应对这些项目在实施远程项目管理时，给予必要的管理协调和公正的利益分判，突出强调项目管理的胸怀与视野，淡化“诸侯”思想，使项目管理在区域内同质化而不分化。

3 结束语

总之，远程项目管理给每个的施工企业都提出了类似的课题，虽然解决的策略与方法难分高下，但唯一可以肯定的是谁能主动反应、快速适应，谁才能谋求到市场发展的主动权。

常用计算机技术在项目施工管理中的应用

同平武
（北京城乡建设集团有限责任公司工程承包总部）

【摘　要】从项目施工管理实践出发，施工管理中常用的几种计算机技术的应用方法和操作要点。针对几种常用软件的特点，结合项目施工管理服务要求的特性，整合不同计算机管理技术的互补优势，使之服务于项目管理。可以避免当前一些基于建设项目管理共性基础上开发的管理软件对于特定施工项目的不适合性。通过联合应用常用的计算机技术同样可以达到预期的项目管理目标，能提高项目管理水平和素质，也能节约项目部在计算机管理软件投入方面的开支。这是施工项目管理中计算机技术应用实践的新思路，具有实用的参考价值。

【关键词】计算机软件特点；项目施工管理；整合互补；应用

1　概述

建筑施工管理是个周期长、过程复杂的统筹过程，关系到计划、技术、质量、安全、物资、劳务、核算、合同、调度等各个方面。各种影响要素之间的有机筹划安排，很大程度上决定了项目经理部实现项目管理责任目标的程度和绩效。但是传统施工管理采用手工管理，而且很多工作都是靠经验来完成的，信息整合或交流和实际施工需要和管理安排存在时差上的落后性，以致在一些计划实施上起不到事前安排的控制服务作用。这一点在小型施工项目的管理上尤其显得突出。当前随着计算机技术的快速更新发展以及在建筑施工企业中应用的日益普及，应用计算机进行辅助管理确实取得显著效果。但是，遗憾的是由于建筑施工是个经验共性和产品特性深为结合的管理层次，虽然当前可用于管理方面的软件泛而又多，比如招投标制作、预算与造价管理、进度管理、财务管理、脚手架设计、资料管理等，但对于一个特定项目来说，由于人员因素和项目特性，这些管理软件并不能很好地直接服务于理想的管理目的。相反，如果能够结合在施项目的实际情况，选择和使用相应的计算机管理技术，不但可以节省人力、物力、完成项目责任目标的计划管理，还有利于提高项目成员的综合管理素质，提升项目经理部整体的业务管理水平。

在外企国际公寓项目施工管理中，我们应用常用的几个软件进行合理的搭配，依据目标分解的特性，充分发挥各个软件的特长进行组合使用，既满足了工程管理的需要，同时又节省了项目开支，取得了良好的效果。

2 管理服务

2.1 计划管理

2.1.1 总控计划管理

施工进度控制应基于项目进度总目标和阶段分解目标。目标分解可按单项工程分解为交工分目标。按照不同的目标编制相应的控制计划。总目标是根据施工合同确定的开工日期、竣工日期和总工期为控制点。各分部分项工程的开竣工时间，质量检查验收等主要事件为里程碑确定的粗略型目标计划，是项目全过程施工进度的宏观控制计划。因此，适合以 Auto CAD 制作时标网络计划。大型施工项目工期往往经年累月，因此横向进度标尺可以以周为时间刻度。纵向则是根据施工任务、工程量、季节要求、组织顺序列出分部工程即可。进度安排上宜粗不宜精，能够反映出各分部工程允许的施工时间和必要的搭接时间即可。对于质量检查验收等里程碑事件需标注于相应事件刻度点上。这种粗放型计划便于项目经理对整个施工过程的控制管理，对主要材料、构配件提前加工订货，施工人员进场安排和现场布置调整，工程款收支做出事前控制计划。

2.1.2 月进度计划管理

由总控制计划分解而来的月进度计划和各分部分项工程进度计划适合以 Microsoft Project 2000 计划管理软件编制。由于 Microsoft Project 2000 是一个功能强、管理细腻、操作方便的优秀项目管理网络计划软件。因此，对于短时间内考虑施工可变因素的最大可能影响编制分部分项工程的月进度计划，同时优化配置施工的人员机械和材料供应计划，便于月进度协调会议精神的落实执行。而且也为专业工程师对本专业的计划管理提供了平台。此软件的优势在于只需要提供基本的数据，如项目任务的名称、持续时间、在任务上工作的人员和设备的工作量，以及项目任务之间的关系就足够了，其他的工作它都会自动地完成。可以自动计算出关键路径，自动计算出每个任务和整个项目的开工、完工日期，告诉您项目能否能如期竣工，资源分配是否合理。一个项目就是由众多具有特定依赖关系的任务组织起来的。首先，应从总计划中确定月进度计划所应该完成的工作任务，为了确保总计划的顺利完成，月进度计划应尽可能的合理紧凑，尽早插入相应工作，作到人、材、物的合理搭配使用。Project 2000 把一个任务划分为以下四个阶段进行管理，即：比较基准计划（原始计划）、当前计划、实际计划和待执行计划（剩余计划或未完成计划）。比较基准计划（原始计划）这里的计划数据记录了最初制定项目计划时项目的状态情况。项目启动以后，由于主观或客观的原因，有些任务提前，有些任务拖后，计划总是处在变化之中，完全按原始计划执行的几乎没有，这才真正反映项目实际。“实际计划是已经实际执行的计划”在项目管理中的重要性有两点，即它是计算项目产值的依据，也是规划和预测当前和未来计划的基本信息。待执行计划是系统会根据完成情况自动计算剩余工作量，并重新测算需要的工期和成本。

Project 2000 早已为项目、为任务、为资源计算投入/产出分析指标作好了准备，它可以计算：BCWS 工作计划执行的预算成本、BCWP 工作已经执行的预算成本、ACWP 工作已经执行的实际成本、SV 进度差异（工作已经执行预算成本和工作计划执行预算成本差异）、CV 成本差异（工作已经执行的预算成本和实际成本差异）。

正是由于 Microsoft Project 2000 对任务的划分和资源优化实现了程序作业控制，因此非常便于专业负责人检查计划落实、资源利用情况，从而可以及时对计划任务进行调配。另外，由于 Microsoft Project 2000 的强大输出功能，为资源分析和跟踪提供了 8 种图形，包括了资源各方面的信息，它既可以显示单个资源的信息图，也可以显示全部资源的信息图。包括资源需求曲线图（资源在各个时间区段需求数量）、资源工作量图（资源在各个时间区段的工作量数）、资源累计工作量图（到某个特定日期为止，资源的累计工作量数）、超分配工作量图（超出现有的资源强度的工作量数）、资源已经分配的百分数图（资源的使用效率）、资源当前可用工作量（为进行新的资源分配提供可供再分配的资源工时情况）、成本图（各个时间区段的动态成本，费用在项目生命周期内分布情况）、累计费用图（到某个特定日期为止，累计费用数）。即便于项目经理部及时调整施工部署，这些成型资料也为每月的监理协调会、监理月报工作提供详细而准确的资料，避免了工程形象进度、工程量确认和工程款拨付中出现的“莫名”误差。

2.1.3 周进度计划管理

施工进度控制是个由整体到具体的指导过程，同时也是由具体实施到整体实现的完成过程。因此，月进度和总进度的计划完成，依赖于每周各任务的实际完成情况。因此，周进度计划是整个进度计划控制的基础。对于具体工程来说，每周的进度计划既受总计划和月计划的约束，又依赖于上周工程进展情况，是项目经理部根据计划进度作出的以周为周期的任务情况。

周进度计划有以下特点：

（1）施工任务明确，计划的可操作性强。

（2）人员、材料、机械、工作面、气候等影响施工的条件相对稳定。

（3）工作内容相对固定，计划完成的要求和严格性明确。

（4）项目部监理工作例会的重要依据材料。

因此，应以月进度为指导，结合各专业队伍之间工作的搭接和交叉情况，分专业编制周进度计划。可以根据工作面情况，按工程流水段划分，组织流水施工。周进度计划的特点要求周计划必须明确表述出本周内各个施工段的形象进度和物资供应保证情况。利用 Microsoft Excel 方便的表格编辑功能，可以绘制出各专业的详细周进度流水施工组织计划。计划中，要清楚表明各专业施工队伍在每一施工流水段上的工作持续时间，以及专业自行检查和监理检查验收的时间点，应以精确到半天为准。也可以根据实际情况，将检查时间精确到小时。这样，既可以让施工班组明确每天的施工任务、合理调配施工人员数量，也方便项目部和项目监理工程师质量、安全检查工作的安排。

2.2 技术支持

2.2.1 工程计算

Auto CAD 作为已经广泛应用于建筑施工项目管理工作中，是施工技术人员必备的基本技能之一。但往往只是利用了软件的绘图功能，而作为施工管理单位，这种绘图作业又相对比较简单和分散。若通过加大开发利用软件的强大功能，再结合其他软件，既可以使工作事半功倍，又可以提高项目管理水平、开阔思路。

通过 Auto CAD 的查询功能，可以方便地得到不规则线长、面积、体积以及相应点的坐标和标高，与以往通过图纸手工计算相比，节约了时间和劳力。通过三维建模可以绘制复杂节点的钢筋绑扎层次关系，隐蔽部位混凝土浇筑次序、振捣点布置，脚手架搭设次序和要点，以及墙地面砖的预排等，并结合文本格式以附图的形式对施工班组进行技术安全交底。方便了工作的布置和施工人员的理解和操作。CAD 的建模功能又可以作为输入文本，生成 Ansys、FEM 等结构计算软件的计算模型。从而缩短直接在分析计算软件上建模的时间，而且操作起来也更便捷。

2.2.2 会议演示

施工管理中，除了日常性的监理例会汇报工作外，还有质量检查、安全检查、评比验收、安全文明施工宣传以及专项技术难题会诊等重要活动和会议。通过 Microsoft Power Point 对演示材料制作成简单明快的演示文稿，也是规范项目管理、提高管理水平和企业形象的一个重要方面。

演示文稿制作首先应该明确演示的目的和对象。目的和对象决定了所选用的材料是否能够充分反映论证所要表达的内容和目的的切合程度。比如监理例会汇报要求展示项目部上一工作周期的工作进展和下一工作周期计划安排，因此，利用 CAD 三维建模技术生成工程形象进度，并合理插入现场的实物图片，着重反映工程质量好的样板和需要改进的质量缺陷。安全文明宣传强调的是施工文明安全的重要性，配置以安全事故照片、宣传资料，可以在工人入场教育时给以强烈的观感冲击，从而收到良好的宣传效果。而对于需要讨论协商决定的专项施工方案和技术，则通过软件方便的连接转换功能，使不同技术方案效果产生对比，有利于对问题解决方案的共同认可。

演示文稿制作不宜繁冗，或者以大段的文字性描述而失去了演示观感的效果。原则是能用图片说明的则不用文字描述，文字描述只显示讲解的纲领性文字，详细的解说可以随演示播放进行，以免造成喧宾夺主、不知所云的演示效果。

2.2.3 统计分析

应用 Microsoft Excel 结合相应施工管理资料系统软件，可以方便地完成材料统计、数值分析等工作。Microsoft Excel 是当前最流行、强有力的电子表格软件，利用它可以轻而易举地实现对数据的编辑、修改、保存和使用，还可以进行一些统计分析和预测，并能方便地从工作表生成了图表，从而非常直观地观察到数据之间的关系。便于项目部进行材料、机械以及成本核算的管理。

Excel 除保持传统表格软件的优点外，还吸收了数据库在数据管理方面的许多功能，如搜索、筛选、排序、汇总、合并等，它提供一系列操作，可以方便地在数据清单中处理和分析数据。在执行数据库操作中，例如查询、排序或汇总数据时会自动将数据清单视作数据库，以便管理和组织数据。在 Excel 中，我们经常使用“数据透视表”功能，它能够对大量数据进行排序、汇总和计算，从而建立交叉列表的交互式表格，同时可根据数据透视表创建数据透视图，以更直观地观察到数据的变化规律。

利用其函数功能可以完成必要的分析计算工作。如大体积混凝土浇筑测温、同条件养护试块强度增长曲线，结合图形软件和施工计划顺序，可以方便地形成混凝土重点养护部位分布图和模板拆除顺序图，用于指导项目施工。

3 结束语

随着计算机技术的飞速发展，管理技术、网络技术对于实现建设项目精确化管理将产生更深远的影响。但是，只有充分认识软件自身的优势和管理对象的特点，把两者进行不断的整合，从实际需要出发，充分发挥各种计算机技术和软件的优势，才能更好地服务于项目施工管理。

参考文献

［1］ 赵志缙，等．施工组织设计快速编制手册［M］．北京：中国建筑工业出版社，1998.
［2］ 邵丹．Power Point 2003 实例教程［M］．北京：科学出版社，2004.

网络环境下建筑企业档案管理刍议

宋国凤
（北京城乡建设集团有限责任公司）

【摘　要】 在企业大力实施信息化建设的背景下，文件与档案管理迎来了巨大的创新机遇和空间。计算机网络在为用户提供服务、加强各项事务管理以及促使档案管理现代化方面发挥了重要作用。对此我们既要看到网络在档案管理中的积极作用，同时也应关注网络带来的各种问题。作为建筑企业有其特殊性，积极开展网络环境下档案管理研究显得尤为重要。本文针对建筑企业的自身特点，客观、翔实地分析了网络环境下的企业档案管理。

【关键词】 网络；建筑企业；档案管理

在信息化高度发达的今天，计算机网络的应用非常普遍，已渗透到了各个领域。其中企业的档案管理同样也积极利用网络来创造更高的效益，充分享受网络带来的快速与便捷。

针对建筑企业，应该设立综合档案室，将档案室隶属总经理办公室，由总经理分管，设档案室主任1名，专职档案员1～2名（根据企业规模而定），并聘任若干名责任心强的兼职档案员。保证综合档案室有较大的工作空间（一般建筑面积不小于120m^2），并配备现代化的办公和保管设施、设备，拥有企业内部局域网。

1　在网络环境下企业的档案管理工作中积极发挥网络信息平台的作用

（1）建立集团档案室网页，开展网上利用服务。随着企业内部局域网的建立，档案室可以充分利用集团下属二级公司及各项目部的网站制作自己的网页，积极组织上网数据和信息，使档案管理服务系统联上下属各单位网站，实现档案信息的网上汇总和检索，为用户或集团机关的合理决策提供服务。

（2）电子文件的自动上传收集使归档更为便捷。目前在单机上形成的电子文件的收集工作，已成为企业档案管理部门不容忽视的手段。与传统纸质档案收集有很大差异的是，许多电子文件的形成通过下载和上传就完成了。因此，档案部门可以改变传统工作模式，在网页上建立电子文件自动上传的工作窗口，在第一时间将其收集到，并在档案室的服务器上归档。

例如：为了方便下级部门或用户通过网站传送自己单位的档案全文，档案室可以自行开发“电子文件全文自动上传归档系统”。该软件可以利用身边联入网站的计算机，足不出户就可将电子文件全文自动上传到档案室服务器归档，而不需跑到档案室，也不必交任何光盘或软盘。

(3) 有了网络，上下级及同级单位之间的信息交流更快捷，使得档案的收集、整理和归档过程也更加方便和准确。网络环境下档案的服务对象跨越了时空限制，利用者可以通过网络向档案室提出自己的信息需求，而档案室则可以通过对因特网、国内网、企业局域网等网络的检索，经过再组织形成信息服务产品，以及时传递给利用者，实现面向全企业的全方位服务。

(4) 网络技术的迅速发展，打破了传统的行业、地域、国籍的界限，档案室一方面把自己的档案信息资源构建成各种层次和级别的档案信息体系提供上网，另一方面还代表本单位参与其他单位的各种活动，除延伸传统档案的征集方法外，档案信息采集方式和途径被大大拓宽，可通过网络传输、下载、共享档案数据库、购买光盘档案数据库和网上档案信息资源的开发等形式扩大馆藏，并将其他企业的前沿信息、热点问题及信息资源接收过来，补充自己的不足，档案信息资源与其他信息资源逐渐一体化。

2　网络环境下的建筑企业档案管理的复杂性

(1) 集团下属单位的各项目经理部是企业档案资源的主要来源，但由于工作的特点，当工程竣工后项目部就会换到别的地方、别的地区，甚至是国外，因此流动性很大。在整个工程的建设和使用过程中，集团档案室无法及时归档工程信息。

(2) 网络环境下的档案管理使档案数字化，数字档案室不再是孤立分散的物理存在，而是相互联合、协作、整体化的，充分实现资源共享的服务网络体系，数字技术与网络环境则提供了实现广泛的档案信息资源共享的条件和可能性。传统的以印刷制品、胶片等载体形式存在的档案作品上网传播的起始步骤是对其进行数字化，使其具备二进制数字状态，这就必须明确数字化权的权利归属问题。

(3) 从传统的纸质档案到数字化档案，是档案存在形式的转变，更是管理人员自身素质的更高要求。

(4) 从建设项目提出、调研、可行性研究、评估、决策、计划、设计、施工到竣工验收等一系列活动中，涉及范围管理、时间管理、费用管理、质量管理、采购管理、人力资源管理、风险管理、沟通管理和综合管理等多方面工作，以及众多参与部门和单位形成了大量的物化的材料——建设工程信息。

3　建设工程档案信息的特点

(1) 内容构成的繁杂性。对与工程建设有关的重要活动、记载工程建设主要过程和现状、具有保存价值的各种载体的文件，均应收集齐全，整理立卷后归档。而且一项工程的完成往往是多部门、多专业、跨地区的综合成果。具体包括：工程开工以前，在立项、审批、征地、勘察、设计、招投标等工程准备阶段形成的档案信息；在工程建设过程中形成的各种形式的信息记录，例如工程准备阶段文件、监理文件、施工文件、竣工图和竣工验收文件等。

(2) 信息形成的阶段性。大致可分为前期准备阶段、工程设计阶段、工程施工阶段、竣工验收阶段和使用维护阶段5个阶段。

(3) 产生时间的延续性。随着整个工程的进展而逐渐产生，并一直延续到工程竣工验收后的管理、使用和维护阶段。

(4) 信息类型和载体的多样性。工程建设过程中项目建议书、可行性研究、初步设计、施工图设计、竣工验收、运行管理等多个阶段均可能产生声、像、图、文、数据等不同类型的信息，这些信息以纸质材料、照片、胶片、磁带等形式存在。

(5) 信息使用的频繁性。建设工程各阶段产生的信息都具有承上启下的作用，各个参与方和管理方产生的信息都具有关联性。

4 网络环境下档案管理面临的问题及应对措施

(1) 项目经理部具有人员流动性大、办公地点不固定、管理相对松散以及硬件设施相对简陋的特点，针对这种实际情况，为了使档案信息准确及时上传，项目部应委派专人负责对档案信息进行录入、整理和分类，对于一般性资料，数据采集采用电话拨号（远程网）及光纤通信（局域网）相结合的方式，对各分散的施工点进行数据采集。对于保密资料应加强管理，做到专人负责、单机贮存，并采用专用的加密/解密和其他安全措施，通过公网上传到集团局域网的档案室，或是通过邮递甚至专人做好移交，从而确保了档案信息及时录入，提高了档案室对档案管理的即时性、准确件和灵活性。另外，在工程竣工后的使用和维护期，还应及时和工程的使用方，即当地的小区或单位的相关部门建立长期的工程质量信息反馈机制，保证工程档案信息的持续和完整。

(2) 前面提到，档案室对以传统载体形式存在的档案作品数字化后，产生的部分数字化档案作品是否受到版权法保护及其权利归属，也就是必须要明确数字化权的权利归属问题。一件作品要受到版权法保护，必须同时具备“独创性”与“有形形式复制”两个基本条件。传统档案作品被数字化，实际上是将该作品以数字化代码形式固定在磁盘或光盘载体上，改变的只是作品的表现和固定形式，作品的独创性与可复制性不会由于其被转换成数字编码形式而丧失。所以，对传统档案作品数字化后产生的数字化档案作品仍然受到版权法保护。

由于作品被数字化后的独创性没有发生变化，不产生新的作品，因此档案室对传统档案作品数字化后，产生的数字化档案作品的版权属于原权利人，而不归档案室。当然，如果被数字化的传统档案作品的版权原本就归档案室所有，则数字化后档案作品的版权也自然归档案室。

(3) 针对建设工程档案信息具有信息使用的频繁性的特点，应建立覆盖本公司的无线局域网，以弥补传统有线局域网的不足，有了无线局域网，用户就可以充分享受无线的自由，无论在办公室还是会议室，或是公司内任何一个其他地方，只要打开笔记本电脑，就可以自由移动上网上传或查阅信息了，与传统的纸质档案管理相比，既方便、快捷，同时又减轻了档案管理人员的负担。

(4) 从传统的纸质档案到数字化档案，档案管理人员必须提高相关的业务素质。

1) 加强计算机领域的理论和技能培训，培训坚持以实用“操作为主、理论学习”为辅的方针，尤其是要培养管理人员的网站管理基础技能。

2）档案管理人员必须有较强的责任心、事业心和高度的保密意识，不仅要有严谨的工作作风，经手的事情件件有头有尾、手续清楚，而且平时还要加强相关保密法律法规的学习，熟悉所管档案的保密级别，认真做好档案的保密工作。

3）档案管理人员必须了解公司发展动向和需求，结合馆藏实际，利用网络信息平台的优势，有目的、有计划地编研一些参考性、指导性的资料，提供公司利用。

（5）在网络环境下为了解决建筑企业档案信息庞杂而难于管理的问题，建立高效实用的档案信息集成管理系统势在必行。其中必须要采用专业的数据库技术和网络技术，并为各种信息提供一个共用的平台，同时依据工程项目管理的具体要求和规律，建立科学和规范的施工档案资料体系，以实现对工程涉及的大量表格、数据及图表等信息进行及时正确地处理。通过采用 Internet 以及移动存储技术实现对信息资料的网上或异地传输。图纸、文件、资料等文档，采用集中管理的方式，进行有效的组织，实现充分共享和重复使用。同时，为相关部门和人员配备电子信箱，利用电子公告板、会议管理系统等共享信息系统，提供有效的信息沟通。

浅谈几个管理定律在施工项目管理中的启示

张正位　赵　硕
（北京城乡建设集团有限责任公司）

【摘　要】 通过对几个管理定律的理解，联系施工项目管理的具体情况，得出一些心得体会。

【关键词】 施工项目管理；木桶原理；蝴蝶效应；破窗效应；墨菲定律；二八定律；责任分散效应；手表定律

管理，是指组织中的管理者，通过实施计划、组织、人员配备、领导、控制等职能来协调他人的活动，是他人同自己一起实现既定目标的活动过程。施工项目管理是指企业运用系统的观点、理论和科学技术对施工项目进行的计划、组织、监督、控制、协调等全过程管理。施工项目经理部随工程开工组建，随工程竣工验收、审计完成而解散，相对来说，施工项目管理更有时间短、针对性强、目标性强的特点。前人和管理专家们发现的管理定律，同样适用于施工项目管理。本文拟通过管理定律对施工项目管理的启示，加深对管理定律的认识，总结出更适用于施工项目管理的手段和方法。

1　木桶效应

“木桶效应”是说一只木桶能盛多少水，并不取决于最长的那块木板，而是取决于最短的那块木板。也可称为“短板效应”。这就是说构成组织的各个部分往往是优劣不齐的，而劣势部分往往决定整个组织的管理水平。

一个项目经理部就好像一个木桶，项目部各个管理人员就是组成这个木桶的“木板”，每块“木板”均为项目部的一个组成部分，通过木桶效应可以发现，一个项目部的整体管理水平不仅决定于项目经理，某一岗位如果业务水平不高或者管理水平低下，往往造成项目部整体管理水平下降。一个不称职的技术负责人可能会导致工程质量不合格，一个不称职的生产经理可能导致工程进度不达标，一个不合格的安全员可能会导致安全事故的发生，一个业务不熟的经营经理可能会使一个项目干得好可是算不好，同样不会盈利……

木桶原理对于工程管理来说，给我们足够的启示。比如，对于工程的关键工序施工，还必须用技术水平高、熟练程度高的操作手进行操作，一个不合格的焊工对钢结构施焊，会影响整个钢结构的结构安全。一道关键工序施工不好，有可能导致我们整个分部分项甚至单位工程的不合格，一块“短板”的操作会影响整个工程的质量评定。

一个项目部要想成为一个结实耐用的水桶，首先要想方设法提高所有“木板”的长度。只有让所有的“木板”都维持足够高的高度，才能充分体现团队精神，完全发挥团队作用。只要项目部里有一个员工的能力低下，就足以影响整个组织达到预期的目标。而要想提高每一个员工的竞争力，并将他们的力量有效地凝聚起来，最好的办法就是对员工进行教育和培训。企业培训是一项有意义而又实实在在的工作，许多著名企业都很重视对员工的培训。

同样，作为项目部的一员，一定要不断学习、不断提高，坚决不做项目部的“短板”，不成为项目部的拖累。对于每一个人来说，都存在自己的“短板”。

2 蝴蝶效应

“蝴蝶效应”是指在一个动力系统中，初始条件下微小的变化能带动整个系统的长期的巨大的连锁反应。其大意为：一只南美洲亚马逊河流域热带雨林中的蝴蝶，偶尔扇动几下翅膀，可能在两周后在美国得克萨斯引起一场龙卷风。此效应说明，事物发展的结果，对初始条件具有极为敏感的依赖性，初始条件的极小偏差，将会引起结果的极大差异。

通过蝴蝶效应，我们发现，一个微小的错误通过放大后可能会直接导致一个项目亏损甚至带来更加严重的后果。

例如：一个扣件未拧紧→支撑架坍塌→重大安全事故→企业形象受损甚至降级→投标失去竞争力→公司经营困难→企业破产！一个支撑架的扣件未拧紧经扩大后会导致一个企业破产，似乎有点危言耸听，但绝不是没有可能！

由此一定要明白，项目管理是一个系统工程，每一个错误都可能产生严重的后果，一次安全事故会导致整个项目亏损；一道混凝土墙体浇筑质量不好会导致“结构长城杯”评不上；资料记录不完善或者不齐会导致工程无法竣工，甚至无法结算；一项关键工程拖延工期会引起连锁反应，导致整个工程工期拖延……

所以在工程管理中必须着眼全局、防微杜渐，要明白细节决定成败。工程管理中，不允许任何一个安全隐患存在，每道施工工序均要严格控制质量等，都是项目部必须要做而且要做好的。

3 破窗效应

“破窗效应”是指如果有人打坏了一幢建筑物的窗户玻璃，而这扇窗户又得不到及时的维修，别人就可能受到某些暗示性的纵容去打烂更多的窗户。久而久之，这些破窗户就给人造成一种无序的感觉。

任何一种不良现象的存在，都在传递着一种信息，这种信息会导致不良现象的无限扩展，同时必须高度警觉那些看起来是偶然的、个别的、轻微的“过错”，如果对这种行为不闻不问、熟视无睹、反应迟钝或纠正不力，就会纵容更多的人“去打烂更多的窗户玻璃”，就极有可能演变成“千里之堤，溃于蚁穴”的恶果。

一个工人在现场抽烟有可能带动一大群人在现场抽烟，继而造成现场火灾发生；一个项目部管理人员在工地现场不戴安全帽，有可能使很多操作工人也“效仿”，继而成为物体打击的受害者；工地现场不经常打扫清理会导致现场越来越乱，文明施工成为空谈；现场一处安全防护被破坏不及时恢复，会导致多处安全防护均遭到破坏，成为高处坠落的诱因；一个工程如果一开始就不控制质量，质量就越来越差，久而久之，管理人员就会熟视无睹，甚至连自己的业务水平都会下降，等想管好的时候已无能为力了；如果现场各种材料均分规格、分品种码放整齐，场地打扫得干干净净，工人在这种环境下素质都会不知不觉地提高，可能连一颗钉子都不会乱扔，但是一旦场地有垃圾出现而未及时清扫，大家就会毫不犹疑地乱倒垃圾，丝毫不觉羞愧。

在项目工程管理过程中，任何不良现象都应该从一开始就坚决消灭掉，只要没有"破窗"，就能让管理行为良性发展，在一种积极的暗示下，久而久之，人人都会遵守规则，认真工作。

4 墨菲定律

"墨菲定律"的主要内容是：事情如果有变坏的可能，不管这种可能性有多小，它总会发生。墨菲定律并不是一种强调人为错误的概率性定律，而是阐述了一种偶然中的必然性。

根据墨菲定律可以知道，任何事都没有表面看起来那么简单，会出问题的总会出问题；如果你担心某种情况发生，那么它就更有可能发生。

墨菲定律告诉我们，在工程项目管理中，不要存在任何侥幸心理。例如：如果怕加大安全投入，就一定会出现安全事故；如果一道工序不合格，就必须返工，否则将会导致后续工程出现更大的质量问题，到时候还得重新返工，对成本、工期均会造成更大的损失。

笔者曾经有过一次亲身经历。在一次地下二层的地下室外墙防水工程施工中，有一个部位未经报验施工班组就进行了保护层（砌筑 12cm 厚页岩砖墙）施工，按要求应该拆除保护层经验收后重新隐蔽，但是当时因侥幸心理作祟，认为一个很小的部位未验收应该不会有问题，就默认工人继续施工。可是后来心里越来越不踏实，一直担心那个部位漏水。等该部位完成了肥槽回填土后，果然这个部位漏水了，被迫决定重新挖出回填土进行防水修理。这次质量事故给项目部造成了很大的损失。

5 二八定律

"二八定律"也叫"巴莱多定律"，是指在任何一组东西中，最重要的只占其中一小部分，约 20%，其余 80%的尽管是多数，却是次要的，因此又称"二八法则"。例如经济学家说，20%的人掌握着 80%的财富，剩余 80%的人却只掌握 20%的财富，这种统计的不平衡性在社会、经济及生活中无处不在。

二八定律在项目工程管理中同样适用：一个项目中 20%的人员创造 80%的利润，作为项目经理，应该主要抓好这 20%的骨干力量的管理，再以 20%的少数带动 80%的多数员工，以提高工作效率。

在工程进度管理中，影响工程进度的关键线路只占总体项目的 20%，而必须要投入 80%的精力来管理和控制，否则会影响关键线路，导致项目不能按时竣工，完不成工程进度目标。

在操作工人中，非常熟练的操作手也只占 20％，其余 80％工人均为普工，配合技工施工，关键工序必须由这 20％的人去完成，否则就保证不了工程的质量。

80％的安全事故的发生，也往往源于 20％的危险源，杜绝每一个安全隐患方可保证安全，保证工程顺利完工。

总之，二八定律要求管理者在工作中不能“胡子眉毛一把抓”，而是要抓重点、抓关键人员、关键岗位、关键项目、关键环节、关键工序、关键部位，集中精力解决主要矛盾。

6　责任分散效应

“责任分散效应”也称为“旁观者效应”，是指对某一件事来说，如果是单个个体被要求单独完成任务，责任感就会很强，会作出积极的反应。但如果是要求一个群体共同完成任务，群体中的每个个体的责任感就会很弱，面对困难或遇到责任往往会退缩。因为前者独立承担责任，后者期望别人多承担点儿责任。举个例子，在大街上有小偷行窃时即使发现的人很多，也很少有人挺身而出，当如果现场只有你一个人，可能你就会毫不犹豫的上前制止。“责任分散”的实质就是人多不负责、责任不落实。

我们在项目管理过程中，任务安排很多时候存在机动性。有时需要对某个任务“打攻坚战”的时候往往需要具体安排某一个人或者某一部分人去完成。对于项目管理，责任分散效应告诉我们，由一个人去完成一项工作可能比由两个人甚至更多人去完成的效率更高，效果更好，当然，前提条件是工作量是一个人能够承受的。比如对工程项目中的钢筋工程管理进行，如果同时设 3 个钢筋工长共同管理，往往使管理更加混乱；如果同时设两个技术负责人可能会使两人均不负责……当然如果工程量大，在一个人不能胜任需要增加管理力量的情况下，建议对他们进行更加明确的分工或者划分不同的区域，各负其责，这样大家都不能推卸责任，会在工作中投入更多的精力。这就是“一个和尚挑水喝，三个和尚没水喝”的道理。

项目经理布置工作一定要责任落实到人，分工明确，杜绝“吃大锅饭”的现象发生。

7　手表定律

只有一块手表，可以知道时间；拥有两块或者两块以上的手表并不能告诉一个人更准确的时间，反而会制造混乱，会让看表的人失去对准确时间的信心。这就是著名的“手表定律”。

手表定律在施工项目管理方面给我们一种非常直观的启发，就是对同一个人或同一个项目不能同时采用两种不同的方法，不能同时设置两个不同的目标，甚至每一个人不能由两个人来同时指挥，否则将使这个项目或者个人无所适从。

在我们的项目管理中，应该分工明确，各司其职，技术负责人就得加强技术质量管理，安全员就需要集中精力把安全抓好，试想，如果技术负责人对操作工人做完技术交底后，生产经理又给工人做一番不同的指示，会把工人搞得不知所措，不知道该怎么施工呢？如果一个项目部设 2 个项目经理，项目管理人员又应该听谁的呢？当然，一个项目管理班子就是一个集体，分工不分家，我们所探讨是针对某个岗位或者某个职能或者完成某项工作，一个主要负责人就足够了，这与以上探讨的责任分散效应是相互对应的。

管理定律还有很多，如何正确运用这些定律，使项目管理方法更加完善，还需要我们继续探索。只要我们在实际工程中大量积累经验，更加深刻地理解每个管理定律，总结更多更有效的管理方法，应该是对施工项目管理工作有益无害的。

工程进度管理在项目管理中的重要作用

赵　鑫

（北京住总集团有限责任公司）

【摘　要】 工程进度控制与投资控制和质量控制一样，是项目施工中的重点控制之一。在工程施工三大目标控制关系中，质量是根本，投资是关键，进度是中心。由此可见，进度控制的地位非常重要，应当给予高度重视。因此，编制合理的进度计划，特别是在施工中对进度计划实施动态控制，是保证工程按期或提前完成，取得经济效益和社会效益的决定因素。

【关键词】 工程进度计划；一般流程；控制与执行

项目管理是一门综合性管理的学科。项目经理在进行工程项目管理时，是从建立和完善项目生产要素配置机制，适应施工项目管理的实际需要开始的。这项工作的目的性很强，就是为了对生产要素进行优化配置，实施动态控制，达到保证工程质量、降低施工成本、获取经济效益的结果。

每一个施工总承包工程都是一个系统工程，必须拥有自己的一个完整的计划保证体系。它需要应用系统的方法来分析影响进度的各方面因素，合理安排资源供应，考虑相应的措施，包括组织措施、技术措施、合同措施、经济措施和信息管理措施等，以达到按期完成工程、降低工程成本为目的，编制出最优的施工进度计划。在执行该计划的施工中，经常检查施工实际进度情况，并将其与计划进度相比较，若出现偏差，便分析产生的原因和对工期的影响程度，找出必要的调整措施，修改原计划，不断地如此循环，直至工程竣工验收。

1　工程进度计划编制的一般流程

1.1　高度重视工程项目施工准备

工程项目施工准备是施工生产的重要组成部分，是拟对工程目标、资源供应和施工方案的选择，及其空间布置和时间排列等诸方面统筹安排，是土建施工和设备安装得以顺利进行的根本保证。因此，认真做好施工前的技术准备、物资准备、劳动组织准备、施工现场准备、施工场外准备等，对合理供应资源，加快施工速度，提高工程质量，确保施工安全，赢得社会信誉都有重要作用。要加强工程项目进度控制，就必须高度重视工程项目准备，做好施工前准备。

1.2 按照项目合同工期要求，编制施工进度计划

按合同工期完成施工任务，这既是合同要求，也是实现企业经营目标的需要。在这一点上，建设单位同施工单位双方的利益是完全一致的。因此，加强施工进度控制，确保合同工期履约，是项目经理的基本职责和主要工作内容。计划是控制的前提，没有计划，就谈不上控制，控制就是将实际值与计划值进行比较，找出期间的偏差，然后进行反馈调整。编制施工进度计划就是确定一个控制工期的计划值，并制定出保证计划实现的有效措施，保证工期计划合同工期的完成。

1.3 项目进度计划的编制依据

根据施工生产经营管理实践和施工进度控制理论知识，项目施工计划的编制依据应包括：

（1）本项目的工程承包合同。合同中工期的规定是确定工期计划值的基本依据，合同规定的工程开工、竣工日期，必须通过进度计划来落实。

（2）本项目的施工组织设计。这个资料明确了施工能力部署与施工组织方法，体现了项目的施工特点，因而成为确定施工过程中各个阶段目标计划的基础。

（3）企业的施工生产经营计划，项目进度计划是企业计划的组成部分，要服从企业经营方针的指导，并满足企业综合平衡的要求。

（4）项目设计进度计划。图纸资料是施工的依据，施工进度计划必须与设计进度计划相衔接，必须根据每部分图纸资料的交付日期来安排相应部位的施工时间。

（5）材料和设备供应计划。如果已经有了关于材料和设备及周转材料供应计划，那么，项目施工进度计划必须与之相协调。除上述五点编制项目进度计划作为主要依据考虑外，还应注意有关现场施工条件的资料，主要包括施工现场的水文、地质、气候环境资料，以及交通运输条件，能源供应情况，辅助生产能力等。还要在编制项目施工进度计划之前，对已建成的同类或相似项目的实际施工进度进行收集，并认真进行分析、整理，列出控制的约束条件，明确影响工期达到强制时限，为编制项目进度作好充分准备。

1.4 项目施工进度网络计划的编制

由于网络图具有明显的逻辑性，它不但能清楚地表示项目控制进度计划中的各项工作内容及时间安排，尤其是能够明确地表达工作之间的内在联系和相制约的关系，能够运用数字方法来分析计划和进行优化，因而网络计划比横道计划有更好更多的优点。网络计划技术在施工企业用来控制工程工期时得到越来越广泛的应用。

1.5 项目施工进度计划的优化

用来控制项目施工进度的计划应该是优化的计划。计划的优化，是提高经济效益的关键。施工工期、资源投入量与成本消耗量，是三个相互联系又相互制约的因素。项目施工进度网络计划的优化，就是通过合理地改变工序之间的逻辑关系，充分利用关键工序的时差，科学地调整工期与资源消耗，使之最小，不断地改善初始的计划，在一定约束条件之下，寻求优化的项目进度计划。

2 工程进度计划控制与执行

2.1 进度动态控制原理

项目进度控制是随着项目的进行而不断进行的，是一个动态的过程，也是一个循环进行的过程。从项目开始，实际进度就进入了运行的轨迹，也就是计划进入了执行的轨迹。实际进度按计划进行时，实际符合计划，计划的实现就有保证；实际进度与进度计划不一致时，就产生了偏差，若不采取措施加以处理，工期目标就不能实现。所以，当产生偏差时，就应分析偏差的原因，采取措施，调整计划，使实际与计划在新的起点上重合，并尽量使项目按调整后的计划继续进行。但在新的因素干扰下，又有可能产生新的偏差，又需继续按上述方法进行控制。进度控制就是采用这种动态循环的方法控制。

2.2 进度控制方法

工程项目进度控制方法是把合同工期目标层层分解，以控制循环理论为指导，经常进行目标值与实际值的比较与分析，不断采取措施调整，并协调参建单位之间的进度关系。工程项目网络计划的资源、时间、费用或工程项目的实际完成情况，以及从施工现场收到的关于形象进度和投资完成情况的信息，按照管理要求格式制成各种报表。通过这些报表将执行情况和工程项目目标进行比较，当输出与计划目标不一致时，就要做出分析并采取纠正措施。

纠正措施之一是在现行网络计划范围内修正输入。如重新安排资源，重新配备劳动力、机械设备等，以使工程进展满足计划目标。

纠正措施之二是重新修订一个从现状到工程项目竣工的新的网络计划，并估算所需的各种资源，以及重新安排投资。对这个新的网络计划还要不断进行优化，以保证实现所期望的工程目标与进度。

2.3 进度控制途径

在工程项目进展的过程中，不同时间、不同施工阶段形成不同形式的工程量的过程，也有不同的进度失控原因和条件。因此进度控制途径包括以下几方面：

（1）突出关键线路。坚持抓关键线路作为最基本的工作方法，作为组织管理的基本点，并以此作为主控目标。

（2）加强配置生产要素管理。配置生产要素包括：劳动力、资金、材料、设备等，并对其进行存量、流量、流向分部的调查、汇总、分析、预测和控制。合理地配置生产要素是提高施工效率、增加管理效能的有效途径，也是网络节点动态控制的核心和关键。在动态控制中，必须高度重视整个工程建设系统内、外部条件的变化，及时跟踪现场主、客观条件的发展变化，坚持每天用大量时间来熟悉、研究人、材、机械、工程的进展状况，不断分析预测各工序资源需要量与资源总量，以及实际机械、工程的进展状况，不断分析预测各工序资源需要量与资源总量以及实际投入量之间的矛盾。规范投入方向，采取调整措施，确保工期目标的实现。

（3）严格工序控制。掌握现场施工实际情况，记录各工序的开始日期、工作进程和结束日期，其作用是为计划实施的检查、分析、调整、总结提供原始资料。因此，严格工序控制有三个基本要求：一是要跟踪记录；二是要如实记录；三是要借助图表形成记录文件。

2.4 进度控制措施

进度控制是一项全面的、复杂的、综合性的工作。原因是工程实施的各个环节都影响工程进度计划。因此要从各方面采取措施，促进进度控制工作。采用系统工程管理方法，编制网络计划只是第一道工序，最关键的是如何按时间主线进行控制，保证计划的实现。为此，采取进度控制的措施包括：

（1）加强组织管理。网络计划在时间安排上是紧凑的，要求参加施工的不同管理部门及管理人员协调配合努力工作。因此，应从全局出发合理组织，统一安排劳力、材料、设备等，在组织上使网络计划成为人人必须遵守的技术文件，为网络计划的实施创造条件。

（2）为保证总体目标实现，对工期应着重强调工程项目各分级网络计划控制。严格界定责任，依照管理责任层层制定总体目标、阶段目标、节点目标的综合控制措施，全方位寻找技术与组织、目标与资源、时间与效果的最佳结合点。

（3）网络计划的实施效果应与经济责任制挂钩。具体落实网络计划内容、节点时间的要求，实行逐级负责制，使有关人员对实际网络计划目标的执行有责任感和积极性。同时规定网络计划实施效果的考核评定指标，使各分部、分项工程完成日期、形象进度要求、质量、安全、文明施工均达到规定要求。

（4）网络计划的编制修改和调整应充分利用计算机，以利于网络计划在执行过程中的动态管理。

加强施工进度控制是规范施工行为、保证施工目标实现的关键，通过监控施工过程中各种不确定因素进而减少对施工进度的不利影响，促进施工成本的最小化和资源消耗的均衡化进而提高工程施工经济效益。

浅谈项目管理及控制

李　洁　宋志英
（北京市政（路桥）集团有限公司）

【摘　要】 本文简要介绍了施工项目的组织机构管理、成本管理、质量管理、安全生产与文明施工管理、组织与信息管理等内容。

【关键词】 项目；管理；控制

1　施工项目的组织机构管理

施工项目组织机构管理与企业组织机构管理是局部与整体关系。组织机构设置的目的是为了进一步充分发挥项目管理功能，提高项目整体管理水平，以达到项目管理的最终目标。因此企业在推行项目管理中合理设置项目管理组织机构是一个至关重要的问题，高效的组织体系和组织机构的建立是施工项目管理成功的组织保证。首先要做好组织准备，建立一个能完成管理任务，令项目经理指挥灵便、运转自如、工作高效的组织机构——项目经理部。其目的就是为了提供进行施工项目管理的组织保证。一个好的组织机构，可以有效地完成施工项目管理目标，有效地应付各种环境的变化，形成组织力，使组织系统正常运转，产生集体思想和集体意识，完成项目部管理任务。组织系统能否正常运转，首先要看项目部领导核心——项目经理。选择什么人担任项目经理，看施工项目的需要，不同的项目需要不同素质的人才。项目经理应具备一定的基本素质：领导才能、政治素质、理论知识水平、实践经验、时间观念。

2　项目成本管理

（1）把握住施工项目的成本预测、成本计划、成本动态控制、成本核算和成本分析各个环节。努力在承包成本和计划成本的基础上降低实际成本，以增加经营利润，保证成本目标实现

（2）规格、成本、进度的平衡点。项目经理必须把握这个平衡点。与客户明确系统规格与公司确定项目成本，再确定合理的开发进度。

（3）公司和项目经理之间的责任项目成本由谁来控制。因为项目成本的决定因数最大，规格和进度都可由增加成本来增加和加快。若由公司来控制，项目经理可根据规格需要而延长开发进度，或根据进度需要随意增加开发人员，很容易超出项目成本范围。若可以由项目经理来控制是最理想的，但为了保证公司的利润，需要在公司和项目经理之间明

确责任和约束。

(4) 建立公司对项目管理的控制体制。建立从开始项目到结束项目中各个环节的制度，以及出现问题的处理方法等一系列对项目规格、成本、进度的控制制度。

3 施工项目质量管理

3.1 建立质量保证体系

为全面系统地把质量工作落到实处，当务之急是建立切实可行的质量保证体系。同时，施工企业依据质量保证模式，建立自已的质量保证系统，编写质量手册，制定质量方针、技师目标，使之更具有指令性、系统性、协调性、可操作性、可检查性。

3.2 人、材、机的控制

(1) 人是质量的创造者，质量控制应以人为核心，把人作为控制的动力，调动人的积极性、创造性，增加人的责任感，树立质量第一的观念。

(2) 材料是构成建筑产品的主体。显然在施工项目中，对材料的质量控制是举足轻重的。

(3) 施工机械是实现施工机械化的重要标志，是现代化施工项目中必不可少的因素。它对施工项目的进度、质量有着直接的影响。因此选好、用好机械设备至关重要。

3.3 控制施工环境与施工工序

在项目施工中，影响工程质量的环境因素很多。有工程技术环境，如工程地质、水文、气象等；工程管理环境，如质量保证体系、质量管理制度；劳动环境，如劳动组合、作业场所、工作面等。因此，根据工程项目的特点和具体条件，应对影响质量的环境因素采取有效的措施严加控制，尤其是施工现场，应建立文明施工和文明生产的环境，保持材料工件堆放有序和道路畅通，为确保质量和安全创造良好的条件。

施工工序是形成施工质量的必要因素，为了把工程质量从事后检查转向事前控制，达到“预防为主”的目的，必须加强对施工工序的质量控制。工序质量的控制应采用数理统计方法，通过对工序部分检验的数据进行统计、分析，来判断整个工序的质量是否稳定、正常，其步骤为：实测—分析—判断。为了更有效地做好事前质量控制：

(1) 严格遵守工艺流程，工艺流程是进行施工操作的依据和法规，是确保工序质量的前提，任何操作人员都应严格执行。

(2) 控制工序活动条件的质量，主要活动条件有施工操作者、材料、施工机械、施工方法和施工环境。只有将它们有效地控制起来，使它们处于被控状态，才能保证每道工序质量正常、稳定。

(3) 及时检查工序活动效果。工序活动效果是评价质量是否符合标准的尺度，因此必须加强质量检验工作，对质量状况进行综合统计与分析，及时掌握质量动态，自始至终使工序活动效果的质量满足规范和设计要求。

(4) 设置质量控制点，以便在一定时期内、一定条件下进行强化管理，使工序始终处于良好的受控状态。

4 施工项目安全生产与文明施工的管理

所谓施工项目安全管理，就是施工项目在施工过程中，组织安全生产的全部活动，通过对生产因素的具体控制，使生产因素不安全的行为和状态减少或消除，不引发事故，从而保证施工项目的正常运行。重点放在安全思想的建立、安全组织的建立、安全教育的加强、安全措施的设计，以及对人的不安全行为和物的不安全状态的控制。

4.1 坚持安全管理原则

坚持安全与生产同步，管生产必须抓安全，安全寓于生产之中，并对生产发挥促进与保证作用。坚持“四全”动态管理，安全工作不是少数人和安全机构的事，而是一切与生产有关的人的共同事情。缺乏全员的参与，安全管理不会有生机，效果也不会明显。生产组织者在安全管理中的作用固然重要，全员性参与安全管理也是十分重要的。因此生产活动中对安全工作必须是全员、全过程、全方位、全天候的动态管理。

4.2 坚持控制人的不安全行为与物的不安全状态

项目经理部作为施工项目安全施工的责任核心，对参加施工的全体职工的安全与健康负责，把安全生产责任落实到每一个生产环节中。分析事故的成因，人、物和环境因素的作用是事故的根本原因，从对人和物的管理方面，去分析事故，人的不安全行为和物的不安全状态，都是酿成事故的直接原因。

4.3 制定安全管理措施

加强施工项目的安全管理，制定切实可行的安全管理制度和措施十分重要。它是管理的方法和手段，对生产各因素状态的约束和控制，根据施工生产特点，安全管理也具有明显的行业特色。要落实安全责任，实施责任管理，加强安全教育，例行安全检查。如何做好文明施工至关重要，首先要健全管理组织机构和文明施工管理制度，做到按专业、岗位、区域等包干负责。在施工项目中对现场各个方面专业的管理，开展文明施工竞赛活动，有布置、有检查、有考评、有奖惩，评比结果公布于众。

施工项目的管理是全方位的，要求项目经营者对施工项目的质量、安全、进度、成本、文明施工等，都要纳入正规化、标准化管理，这样才能使施工项目各项工作有条不紊、顺利地进行。施工项目的成功管理不仅对项目、对企业有良好经济效益，对国家也会产生良好的社会效益。成功的管理，能促进项目和企业的发展，能推动建筑市场不断前进。开拓创新，总结经验，在项目的实践中不断摸索，最终走出一条施工项目管理的成功之路。

5 组织管理与信息管理

协调的重点是工程项目系统与近外层的关系。保证施工按计划进行，解决矛盾，实现进度控制目标。一般考虑以下因素：与政府有关部门的关系、与资源供应有关部门的协调、工程项目生产要素间的协调、时间上的配合协调、施工与试营业、早期投入使用部分工程间的协调等。在协调过程中要灵活、应变，防止单纯依靠业主的授权作简单粗糙的指令和决策。

信息是控制和协调的基础，信息管理是建设工作的重要内容，包括信息的收集、整理、处理、储存、传递与应用。一般有投资控制信息、质量控制信息、进度控制信息、合同管理信息等。通过有组织的信息流通，使决策者能及时准确地获得相应的信息，以作出科学的决策。

以上所述的各项施工项目的管理，在生产实践中是一个有机的统一体，不可分割，要灵活的利用，充分地体现“动态”的内涵。明了以上各个方面管理知识。我们还应了解并做好施工项目的竣工验收工作，依据竣工标准，按照竣工验收程序来组织验收，并收集整理和管理工程档案。

为总结经验，吸取教训，来不断提高施工单位的技术和管理水平，还要对施工项目管理进行全面系统的技术评价和经济分析。从而进行施工项目管理的总结与分析。在上述指标分析的基础上，以施工组织设计、施工日志、施工图、承包合同、施工预算等为依据作出恰当的施工总结，分析合同完成情况、施工组织设计和管理目标情况、项目的质量状况、工期对比状况，以及工期缩短所产生的效益、施工项目的节约状况。

我国企业会计制度变迁的国际趋同探析

邹彤
（北京建工集团）

【摘　要】中国会计准则走到今天来之不易，它不仅是会计规范模式转换的问题，更是会计规范思维方式转变。中国会计准则的进一步发展去向，成为需要研究的重大课题。随着经济的全球化、跨国公司的发展和国际或区域组织的推动，会计活动已经超越了国界。会计国家化与国际化是一对既相互对立又相互统一的矛盾，这个矛盾需要我们破解。
【关键词】会计制度；会计改革；会计制度变迁；国际趋同

会计制度的制定与环境有着密切的关系。在由计划经济向市场经济转型过程中，我国创立了具有中国特色的社会主义市场经济。历史和现实已经表明，这一创举和改革路径是理性的，也是成功的。在这一经济制度背景下，我国的会计标准完成了由适应计划经济需求向市场经济过渡。在这个过程中，我们既坚持中国特色，同时也始终重视吸收和借鉴国际会计准则的成功经验，在所有重大方面都与国际会计准则取得了一致。我国会计制度的建设不仅在社会主义市场经济建设中发挥了重要的作用，而且也探索出了一条基于转型国家会计国际化的道路，赢得了国际会计界的广泛赞誉。

1　我国企业会计制度的变迁

1.1　建国初期

企业单位会计制度混乱、会计核算各行其是。1950 年 3 月，中央人民政府作出了关于统一国家财政经济工作的决定，中财委要求中央各企业主管部门草拟统一会计制度。实际上是部门内的统一，并非全国范围内打破行业、部门限制的统一，并且这种状况沿袭多年。当时“会计制度”基本上是有关会计核算的制度，主要为会计科目和报表格式。1978 年以前这一期间的会计制度改革，只是在繁与简之间进行，并没有改变会计报告的体系和会计制度的框架。

1.2　改革开放以后

财政部门不断拓宽会计行政管理的新领域，从传统上的主要管理会计核算，发展到对包括会计核算、会计人员、会计信息、会计电算化、会计基础工作在内的会计工作各个方面的管理，财政部在恢复一度被撤销的会计制度司的同时，将其重新命名为“会计事务管理司”，后来又改称为“会计司”，并建立了以《企业财务通则》和《企业会计准则》起统驭作用、行业财务和会计制度作为主要规范形式的新的财务、会计制度体系。“两则两制”于1993年7月1日起在全国实行。不仅在国内会计界、经济界引起了比较大的影响，在国际上影响也比较大。会计制度制定出来以后，进行了全国性的培训，其规模之大也是少有的，在国外都很少见。

1.3 1997年发布第一个企业会计准则

随着近年我国证券市场的快速发展和企业股份制改造的日益兴起，公众对上市公司会计信息的需求程度远远高于对非上市公司会计信息的需求。因此，如何提高会计信息质量、保证会计信息的可靠性、提高会计信息的透明度等问题提到了议事日程。尤其是“琼民源”事件发生后，社会公众以及证券监管部门对会计核算和信息披露提出了更高的要求。为此，财政部于1997年发布了第一个具体会计准则——《关联方关系及其交易的披露》，旨在规范关联交易的信息披露，增加关联交易的透明度。这一准则的发布拉开了以后一系列具体准则相继出台的序幕。

1.4 2000年12月29日财政部制定发布《企业会计制度》

从2001年1月1日起暂在股份有限公司的范围内执行。新制度打破了所有制和行业界限，建立了国家统一的会计核算制度，基本上实现了与国际会计惯例的协调。中国国有资产监督管理委员会（国资委）要求，到2005年底为止，国有企业将完成执行新《企业会计制度》的工作。20个世纪90年代末期到21世纪初。这一时期，为了适应我国资本市场发展的需要，在原来“两则两制”的基础上陆续发布了17个《企业会计准则》（16个具体准则和1个基本准则）。2001年我国正式签署协议加入世贸组织后，各个行业的发展都要考虑国际通行做法，会计改革尤其如此。特别是党的十六届三中全会的胜利召开，这是新时期我国又一次重大的思想解放，它明确提出我国现在进入完善的社会主义市场经济时期，这实际上对会计改革又提出了新的挑战，需要加大会计改革力度。

1.5 2006年新会计准则体系正式发布

2006年2月15日，财政部在人民大会堂同时发布新的企业会计准则和审计准则体系，其中新会计准则于2007年1月1日起在上市公司中执行，其他企业鼓励执行，执行新准则的企业不再执行现行准则、《企业会计制度》和《金融企业会计制度》。39项企业会计准则的发布，标志着适应我国市场经济发展要求、与国际惯例趋同的新企业会计准则体系得到正式建立，这是我国会计发展史上新的里程碑。作为“我国会计史上新的里程碑”，它既是旧阶段的终点，也是跨入新阶段的起点，标志着中国会计准则与国际会计准则最终实现了全面接轨。

2 我国企业会计制度变迁的特点及趋势

按照对改革方式进行分类的一般标准，既应包括改革的目标和程序，也应包括改革的速率。据此，中国的会计制度变迁应属于渐进式变迁。而在会计改革过程中，通过在不同所有制、不同组织形式、不同经营方式的企业进行试点，特别是先在外商投资企业、股份制试点企业及上市公司这样一些新的经济成分或新的企业组织形式中率先实行新的会计制度，积累经验，然后再推进全方位的会计制度变迁，具有典型的先易后难、先试验后推广的特征，同时又是一种明显的先“增量”改革，后“存量”改革的策略。时至今日，我国已颁布的几项具体会计准则仍然分为“所有企业执行”和“上市企业执行”两部分。这也说明，我国的会计制度仍处在渐进变迁过程之中。

2.1 我国企业会计制度变迁的特点

我国会计制度的渐进式变迁是由会计制度的特点及中国国情所决定的。会计对经济的发展虽然起着十分重要的作用，但从深层次上看，会计的发展始终依赖于经济环境的变化，会计制度作为经济制度结构中的组成部分，处于一种“配角”地位，而高度依存于其他制度安排。在我国经济体制转轨中，它必须服务和服从于整个经济体制改革的要求。而我国整个经济体制改革是按渐进的方式进行的，这就决定了会计制度变迁也只能是渐进的。期望在短期内使我国所有会计原则、会计程序和方法都达到一种理想状态，显然是不现实的。

我国会计制度变迁的特点：制度变迁可以采取“激进式”和“渐进式”两种方式。所谓激进式制度变迁即一步到位的制度变革。它是一种间断性的跳跃，不具有过渡性的环节。渐进式制度变迁是逐步到位的制度变革。它是通过几个过渡性环节的相互衔接而呈现的连续性变异的演进过程。我国的会计制度变迁基本上是一种渐进的方式，即先在旧制度的边缘衍生出一些新的制度安排，通过新制度的不断发展来逐渐缩小旧制度的空间，然后达到整个会计改革的目标。

2.2 我国企业会计制度变迁的趋势

与旧会计准则相比较，经多次修订后的新体系借鉴了国外宝贵经验，在内容体系、会计政策选择运用上实现了与国际惯例的接轨，体现了“国际趋同”。

会计准则的国际趋同是当前国际会计界讨论的热点问题，是会计国际化发展的必然趋势。中国要发展经济，就必须融入国际经济潮流中，作为国际通用商业语言的会计，自然就得走向国际化。

2006年2月15日，财政部发布了39项企业会计准则，标志着我国与国际惯例趋同的企业会计准则体系正式建立。而“国际趋同”也成为此次会计准则体系建设中的关注点。

随着中国经济的发展，会计信息需要更准确、客观地反映各种越来越复杂的经济业务。而经济的全球化发展趋势以及国际资本市场的全球化进程，使得资本市场的参与者和会计信息使用者对更高质量、更透明、更具可比性的财务信息的需求越加强烈。这必然会对建立和完善一套全球的高质量的会计准则提出迫切需求。中国加入WTO以后，加快了融入世界经济体系和全球资本市场的步伐，会计准则的国际化趋同需要也日益迫切。新会计准则就是在这样的背景下制定和发布的。新会计准则体现了与国际财务报告准则的趋同，顺应了中国经济的发展和国际化的需要。

3 我国企业会计制度国际趋同的背景、原因及现状分析

会计准则的国际趋同是当前国际会计界讨论的热点问题，是会计国际化发展的必然趋势。中国要发展经济，就必须融入国际经济潮流中。作为国际通用商业语言的会计，自然就应走向国际化。如何借会计准则国际趋同的东风，尽可能实现我国会计准则与国际准则的趋同，这是我国会计界必须正视的问题。

3.1 新会计准则国际趋同的背景

3.1.1 GDP 高速增长的需要

“世界迈一步，中国跨三步”，这是对中国经济增长形象的描述。从 1978 年到 2004 年，我国 GDP 剔除价格因素后年均增长 9.4%，与日本和亚洲“四小龙”高速增长时期增速相当，是同期世界经济增速的 3 倍，位居世界之首。与高速增长相伴的是，中国 GDP 总量急剧扩张。根据 2005 年的经济增长率和人民币汇率变动来看，即使不做修正，中国已成为世界第四大经济体。至 2009 年中国经济总量已排名世界第三。中国的经济已经融入全球经济血脉里，这就要求会计制度也必须跟上国际步伐。

3.1.2 应对贸易摩擦高发期需建立长效机制

中国加入 WTO 已满 3 年，跨入了入世 5 年过渡期的后 2 年。在后过渡期，关税和市场准入门槛将大幅降低，但是中外贸易却是摩擦不断，2005 年有 18 个国家对我国发起反倾销、反补贴、保障措施及特保调查 63 起，其中反倾销调查 51 起。应对反倾销的核心工作是会计工作。离开会计，反倾销应诉将寸步难行。倾销是否成立、企业能否获市场经济地位，都是调查机构通过对被诉企业会计资料的审核来判定的。众所周知，欧盟判定“市场经济地位”的 5 条标准之一便是“企业建立一套符合国际会计准则且账目清晰的报表体系，报表应由独立的机构根据国际会计准则进行审计”。因此，我国需要一整套与国际会计准则趋同的新准则，这将为我国应对国际反倾销提供有利支持。

3.1.3 加快中国建立完全市场经济地位的步伐

企业会计准则和审计准则体系建设是完善我国社会主义市场经济体制的一项基础性工程，对于提升我国会计、审计质量，促进财政、金融和国企改革，推动资本市场建设，加快实施企业“走出去”战略，争取国际社会承认我国完全市场经济地位等有着重要而积极的作用。因此，建立统一、与国际会计标准趋同的会计准则体系，就成为我国会计管理工作的当务之急。

3.1.4 中国企业海外并购大势所趋。

如今，在吸引国外企业来华投资的同时，大量中国企业正通过海外并购谋求扩张机会。但由于以往会计准则与国际会计准则存在较大差异，对引进外资和实施“走出去”战略造成了一定的障碍。此外，我国企业境外融资时，需要按照国际会计准则编制报表，大大增加了报表转换成本。会计准则的国际趋同将会提高会计信息的透明度和可理解性，可以降低资本进入的风险，进一步吸引国际资本。

3.2 新会计准则国际趋同的原因

首先，经济全球化的发展趋势，促进了区域或全球资本市场的加速形成。根据

1998 年底的情况，在伦敦证券交易所的股票市价总额中，有 70%来自于非英国公司；德国证券交易所上市公司中，有 80%来自于 60 多个国家的非德国公司；在美国证券交易委员会登记的 13000 家公司中，有 1000 多家为外国公司；在多伦多证券交易所，有 58 家外国公司上市。“由于各资本市场之间的联系日益紧密，投资者和公司都在不断寻找跨越国界的机会，因此对世界通用商业语言的要求也就更为迫切。”其次，经济全球化的发展趋势导致了全球企业兼并步伐的加快。仅在 1999 年，全球企业购并总金额就猛增至 3.31 万亿美元，超过了 1990 年至 1995 年的并购总额之和。然而，在世界购并浪潮中，由于缺乏全球通用的会计准则，造成了企业财务信息不可比，浪费了时间和精力。在最著名的德国戴姆勒。奔驰（Daimler-Benz）案例中，戴姆勒公司 1993 年的经营情况，按德国会计标准计算是 1.68 亿美元的利润，而按照美国公认会计原则计算，却是大约 10 亿美元的巨额亏损，两者差距之悬殊。因此，各国政府、有关国际机构均意识到，减少各国会计准则的差异、推动各国会计准则的趋同，对于提供可比、透明的财务信息是至关重要的。

1997 年亚洲金融风暴的爆发，加快了会计准则国际趋同的步伐。虽然产生亚洲金融风暴的原因较为复杂，但一些亚洲国家金融和会计监管体系不健全、会计和信息披露制度不完善、会计准则的质量较差等肯定都是重要的原因。据联合国的一份调查显示，在受亚洲金融危机影响的国家中，大部分国家没有正确采用国际会计准则，导致财务会计报表未能及时提供有用信息，以帮助会计信息使用者分析引发金融危机的各种重要因素，严重降低了公司和银行财务报告的透明度。

在亚洲金融风暴爆发以后，全世界的投资者对跨国投资，尤其是对亚洲、非洲和拉丁美洲等发展中国家的投资变得更为慎重；同时，世界银行等一些国际开发银行也相继对贷款国家和企业提出了按国际会计准则提供财务信息的要求。

因此，制定全球通用会计准则并促进各国会计准则的国际趋同化，是世界经济一体化和资本市场全球化的必然要求，也是经济危机及其他事件的教训对加强会计监管、提高财务信息质量的推动所带来的结果。

3.3 新会计准则国际趋同的现状

3.3.1 新会计准则国际化是资本市场国际化的产物

在国际资本流动的过程中，不仅资本的供需双方需要了解彼此的财务状况，满足各自需求，而且国际证券监管机构为实施有效监管，也要按照国际标准严格审核跨国筹资公司的财务报告。这就要求在国际资本市场融资的公司按照国际通行的会计准则编制财务报表，而无须对原有财务报告进行重编或调整。新会计准则的实施，是中国融入世界经济的重要一步，对整个国家的经济状况都将发生影响。

3.3.2 新会计准则国际化是国际贸易发展的必然要求

近几十年来，我国与世界各国双边、多边贸易活动日益增多，推动了世界经济的全球化发展。企业从事对外贸易，必然通过客户提供的财务报告来分析评价其资产实力、资信状况和风险状况。会计信息已成为各市场主体达成市场交易的重要媒介，其质量的高低直接影响市场交易质量的高低，并影响全球范围资源的有效配置。因此，作为商业通用语言的会计应按照国际惯例，提供可比和有效的会计信息，以提高国际贸易的高效率。

我国在促进会计准则国际趋同问题上一直保持积极的态度，并提出了协调的策略以及实现的建议，就如何协调我国会计标准与《国际会计准则》的差异在原则上达成了共识。自 20 世纪 90 年代以来，会计国际化进程加快。我国自 1992 年底发布《企业会计准则——基本准则》以来，已颁布 16 项具体会计准则和多项具体准则征求意见稿，我国的会计准则主要参考《国际会计准则》以及英国、美国、加拿大等国家的准则，通过比较并结合我国的实际情况后确定的。就我国制定会计准则的现状而言，其过程始终是与《国际会计准则》的发展联系在一起的。因此，我国会计准则与《国际会计准则》趋同的基础较好。而 2006 年 2 月 15 日新会计、审计准则的发布则是我国会计准则与《国际会计准则》趋同道路上的一个重要里程碑。

4 我国企业会计制度的未来展望

我国正在进行的会计制度变迁与建国后进行的前几次会计制度变迁相比，一个重要的不同点是导向上的差异。20 世纪 80 年代之前的会计制度变迁，总的来说是围绕服务于高度集中统一的计划经济体制进行的，即以建立集中统一的会计制度为制度变迁目标。会计信息仅仅为宏观经济计划管理和内部管理服务，在会计制度变迁目标的定位上并未考虑与国际惯例接轨问题。由于当时不存在真正意义上的资本市场，也谈不上资本市场的导向作用。20 世纪 70 年代末、80 年代初开始的经济改革和对外开放，带来了资本市场的迅速发展和经济国际化程度的不断提高。因此，建立适应社会主义市场经济要求的、既符合中国国情又能较好地与国际惯例协调的会计制度结构，成为这次会计制度变迁的目标。

与国际惯例接轨，是这次会计制度变迁目标的重要组成部分，也是这次会计制度变迁的重要导向。资本市场和贸易的国际化必然要求作为商业语言的会计提高其一致性程度。只有这样，才能提高财务信息的国际可比性，进而为合理配置资本、降低市场风险和筹资成本提供信息支持。

《国际会计准则》在国际之间的会计协调方面正发挥着日益重要的作用。目前，世界各国都在努力使本国的会计准则向《国际会计准则》靠拢。我国在会计准则制定方面是一个后起的国家，这使我们有可能参照市场经济发达国家和国际会计准则委员会已经形成的会计准则体系制定本国的会计准则体系，使我国的会计准则体系目标一开始就定位于“国际水平”。从我国已颁布的几项具体会计准则的内容看，均具有与国际会计惯例较高的协调性。

随着中国经济与世界经济逐步融为一体，中国会计准则的国际化是一种必然的结果。因为决定中国会计去向的最终就是中国经济的走向。中国会计准则的国际化，反过来又会推动中国经济的国际化。随着我国社会主义市场经济体制的逐步完善，会计制度改革也进入了高潮阶段。因此，我们要抓住有利时机。展开对世界各国会计准则的系统研究和合理吸收，同时对现存的有中国特色的会计准则进行辩证思考，使正在建立中的中国会计准则体系真正能既符合国际惯例又适应中国国情。只有这样，才能保证中国会计事业的发展进入一个辉煌灿烂的明天。

5 适应新的需要，加强教育培训，完善内部制度，做好转换调整

贯彻落实新会计准则是我们当前的一项重要工作。首先，我们在思想上要高度重视，充分认识贯彻企业会计准则的重要性，要广泛地开展宣传、教育和培训工作，特别是对企业负责人、分管财务负责人、相关职能部门负责人及财会人员，要采取不同形式进行企业会计准则培训；要结合本单位的经营特点和业务范围，清理完善企业内部财务及管理制度，完善内部控制制度，细化核算内容，规范实务操作，科学制订新准则实施计划，并抓好具体组织实施工作；要做好规范企业确认、计量和报告，保证会计信息质量真实完整；要按规定调整有关科目和金额，做好新、旧会计准则会计科目的转换。

参考文献

[1] 冯淑萍．中国对于国际会计协调的基本态度与所面临的问题［J］．会计研究，2004.
[2] 曲晓辉．我国会计国际化进程刍议［J］．会计研究，2001.
[3] 盖地．大同小异中国企业会计标准与国际会计准则［J］．会计研究，2001.
[4] 汪祥耀，骆铭民．论我国会计准则与国际准则的趋同［J］．财经论丛，2004.
[5] 程梅英，张军．试论我国会计准则国际化问题［J］．浙江统计，2004.
[6] 蒋亚琴．从会计环境看中国会计准则国际化［J］．无锡商业职业技术学院学报，2004.
[7] 初一．新会计准则凸现八大变革［N］．上海证券报，2006－02.
[8] 华笑丛．新会计准则亮相07年年报将现“六变”［N］．新闻晨报，2006－02－17.
[9] 何军，岳敬飞．新会计准则或使五类公司业绩“一飞冲天”［N］．上海证券报，2006－02－17.
[10] 财政部．企业会计准则2002［S］．北京：经济科学出版社，2002.
[11] 汪祥耀．会计准则的发展：透视、比较与展望［M］．厦门：厦门大学出版社，2001.
[12] IASB．国际会计准则2002［S］．北京：中国财政经济出版社，2003.
[13] 跨国公司：经济全球化之舟．新华社2000年12月4日电.
[14] 陆德明，李红霞．金融危机与国际会计准则［J］．会计研究，1999（9）54－56.
[15] 会计全球一体化发展迅速［N］．中国证券报，2003－2－18.
[16] 李慧萍，高路．英国会计国际化进程与启示［J］．会计研究，2003（3）.
[17] 曲晓辉，陈瑜．会计准则国际发展的利益关系分析［J］．会计研究，2003（1）.
[18] 冯淑萍．我国会计标准建设与国际协调［J］．财务与会计，2005（1）.
[19] 刘俊．我国会计准则与国际会计准则双向协调［J］．现代软科学，2006（2）
[20] 阚京华．会计国际化的制度障碍与现实选择［J］．财会通讯，2004（3）
[21] 居尔宁．国际会计学［M］．上海：立信会计出版社，2004（4）.
[22] 郭道杨．会计史研究（第二卷）［M］．北京：中国财政经济出版社，2004（2）.
[23] 刘玉廷．关于中国会计国际协调问题［J］．财务与会计，2005（1）
[24] 姚娟，潘洪鲁．新会计准则与国际财务报告准则的异同［J］．太原城市技术学院学报，2006（1）.

试论企业培训体系

郑树成
（北京市建筑材料供应公司）

【摘　要】 市场的竞争是人才的竞争，员工素质将最终决定企业的竞争优势。企业更加注重将更多的资源投向员工的培训，然而培训工作对企业贡献的难以量化，在培训的投入上对员工提高业绩的影响具有不确定性，受训后的人才流失，种种因素都影响着企业对培训的认识和对培训工作的规划与实施。人力资源管理工作中占有很重要位置的培训工作在企业管理工作中应该发挥怎样的作用，如何建立科学的培训体系，实施人才发展规划，是企业提高竞争力的关键。企业需设计出能够自我完善的培训体系，以保证所有的培训可管理、可度量、可改善，确保企业合理的使用培训资源，所有培训都能贴近企业的需求，实现企业和员工利益的双赢。本文从“需求分析、目标确立、工作实施、效果评估”这四个环节，对如何建立一个动态的、有效的培训体系进行了阐述。

【关键词】 市场；企业；培训体系

市场的竞争是人才的竞争，员工素质将最终决定企业的竞争优势，企业更加注重将更多的资源投向员工的培训。然而培训工作对企业的贡献难以量化、在培训的投入上对员工提高业绩的影响具有不确定性、受训后的人才流失，这些因素都影响着企业对培训的认识和对培训工作的规划与实施。怎样使企业合理地使用培训资源，实现企业和员工利益的双赢？企业需设计出能够自我完善的培训体系，以保证所有的培训可管理、可度量、可改善，所有培训都能贴近企业的需求。

1　培训对于企业的重要意义

培训在现代企业发展中起着举足轻重的作用。

（1）培训可以提升企业竞争力。

（2）培训投资将带给企业更高的回报，通过培训，可以提升员工的整体素质和技能，增加企业产出的效益和企业凝聚力，并为企业的长期战略发展培养后备力量，从而使企业长期持续受益。

（3）培训是解决问题的有效措施。培训有时是最直接、最快速和最经济的管理解决方案。

2　构建企业培训体系的设想

在认识了培训对于企业的重要意义后，就要着手建立起符合企业要求的培训体系。一个完整的培训体系往往包括以下几个：培训需求的分析、培训目标的确定、具体培训工作的实施与培训结果的评估。完善的培训体系的建立，在这四个方面的工作缺一不可。

2.1 建立客观全面的培训需求评估模块

企业培训活动应在年度培训计划的基础上展开，首先要进行培训需求分析。从图1可以看出培训需求分析阶段是整个培训工作的基础，它既是确定培训目标、设计培训规划的前提，也是进行培训评估的基础。培训需求评估从组织分析、任务分析、人员分析、绩效分析四个层面展开。

2.1.1 组织分析

培训需求的组织分析主要是对企业整体能力进行分析，找出它与经营战略目标间的差异，从而产生培训需求目标。例如：某物流企业，为保持和提升行业竞争力，需要实行扩张发展战略，为此，年度销售目标设定为钢材1300万t以上，收入总额达345亿元。这就要求企业对营销人员进行相应的培训，通过他们实现这一战略。

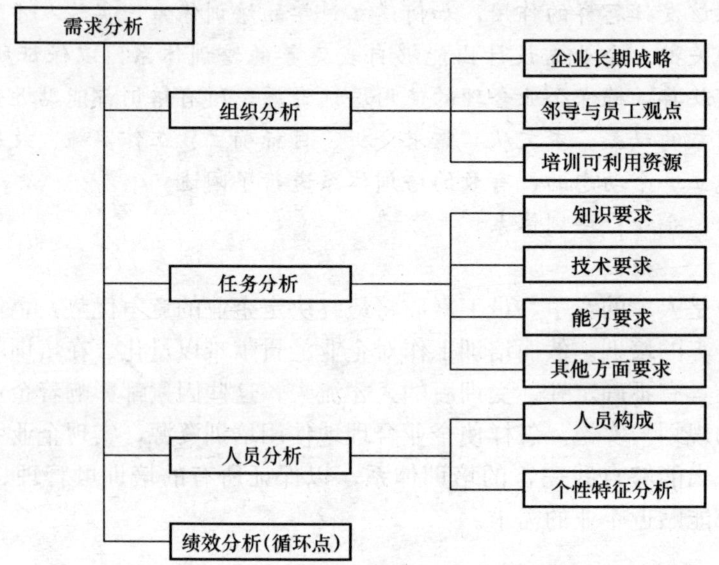

图1 培训需求分析

2.1.2 任务分析

任务分析是通过对员工的能力、态度和业绩的分析，以确定员工在各自的工作岗位上是否胜任所承担的工作，进而确定企业教育培训的需求结构。例如：某公司与外国一家公司合作开发新业务，销售家装内层涂料来达到年度市场份额目标，并实现利润目标200万元。这时所涉及部门要包括研发部技术能力、财务部的投资分析能力、营销部的市场拓展能力等是否能达到任务要求。由此产生培训需求。

2.1.3 人员分析

人员分析除要分析哪些人员需要培训外，还要分析员工是否具备参加培训并达到培训效果的个体特征。这些个体特征包括：（1）基本技能，是否具备相应的阅读能力、认知能力，分析和推理能力。（2）对待培训的态度。影响员工对培训要求的态度的因素有：培训的激励效应；培训对工作业绩改善的作用；员工自我成长的意识。这些因素通过员工的态度会影响到培训的需求与效果，公司在进行培训需求评估的时候要注重这些因素的影响。

2.1.4 绩效分析

通过绩效分析找出员工绩效方面存在的问题，并确定培训的目标。此外，培训的结果也是通过绩效分析来评估的。因此，绩效分析既是企业培训工作的一个起点，也是检验培训效果的重要手段。绩效分析是培训工作一轮又一轮进行的一个循环点，从而在不断的循环中不断地提高企业的竞争力。

2.2 明确培训的目标，实施既全面又有针对性的培训工作

培训工作的目标主要有三种类型：绩效目标、企业长期战略发展目标、个人发展目标。制定出具体而有针对性的培训目标，可以在具体工作中以此指导培训工作的实施，并在培训效果评估的阶段以此来检验培训的效果。如图 2 所示，实现企业的绩效目标是目前企业培训工作最根本也是最直接的目的所在，能够实现短期内的绩效目标。企业整体绩效的提高不仅要求培训工作在员工个体上行之有效，更要求对企业不同部门的员工、不同特点的员工所采取的培训工作相互之间能够彼此很好的配合，从而形成一个有机的系统，其做到培训工作再投入与成效方面有很好的比例。

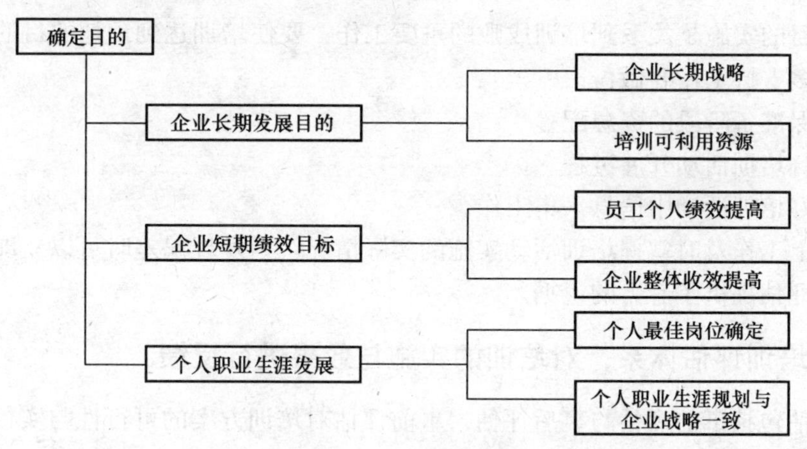

图 2 培训工作的目标

树立以战略为导向，以业务为核心的培训指导思想，而不是市场上什么培训热门，我们就搞什么培训。仍以上述企业为例：年度销售目标为钢材 1300 万 t 以上，收入总额达 345 亿元，就要针对营销目标进行培训设计，其培训特色应是，用营销的思路集合人力资源，用营销的思路开展培训，让有限的培训资源发挥最大的培训效用。作为企业来说，要突出钢材销售经营的龙头地位，培训资源必须向企业的核心业务部门倾斜，确保培训效果最大化。它既体现培训使企业绩效有所提高的目的，更关键的是优秀的培训系统能够使企业始终保持竞争优势，从而获得可持续的发展。实现长期发展计划的培训工作主要有以下三点目标：

（1）实现员工价值观念的转变。

（2）建设一个学习型的企业团队，必须以全新的学习力来全面适应社会的需要。

（3）共同的企业文化的形成。

这时培训已不再像传统培训工作那样只注重员工工作技能的高低，而是更注重员工精神层面影响工作绩效因素的培养。而企业文化是这一层面培训的最高的目标，也是员工整体价值观念的表现形式。

培训是企业与员工共赢的平台，有助于实现员工素质与企业经营战略的匹配，如图 3 所示。这个体系将员工个人发展纳入企业发展的轨道，让员工在服务企业、推动企业战略目标实现的同时，也能按照明确的职业发展目标，通过参加相应层次的培训，实现个人的发展，获取个人成就。

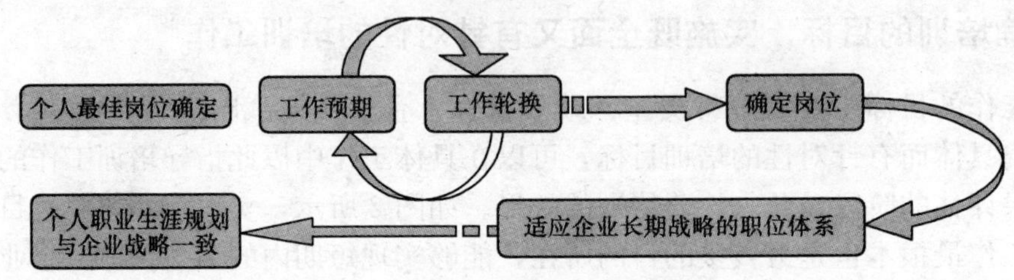

图 3　个人职业发展与企业战略的关系

2.3　健全的培训实施管理体系

培训项目的实施是关系到培训成败的重要工作，要使培训达到预期的目的，实施过程本身还有很多支持工作要做：

(1) 确保准备阶段的资源配置。

(2) 监督培训活动开展过程。

(3) 做好培训活动中信息采集工作。

通过以上工作及时掌握培训活动实施的实际情况，当发现偏差时可以立即纠正，也为以后的培训评估提供了有力的论据。

2.4　建立培训评估体系，对培训的实施与效果进行反馈

培训评估包括事前评估与事后评估。事前评估对培训方案的可行性与实行过程要大体地了解，有利于把培训工作在推向受训者之前对其进行尽可能的改进。而事后的评估主要是对培训的效果进行评估，以便个体判断培训结果的好坏，为以后培训工作的进行准备材料。

培训评估体系的另一个重要作用就是对整个培训体系加以反馈。如图 4 所示，员工在完成其具体某一工作的过程主要可以分为担当任务、执行任务、完成任务三个部分，这三个过程分别要求员工达到相应的能力水平、态度水平以及技术水平，这三个部分正是培训的三个重要目标。因此在工作过程中对这三种水平分别进行的能力考核、态度考核与绩效考核则是对具体的培训结果的一个重要的反馈。根据这些考核中新出现的以及没有解决的压力点进行新一轮的培训，从而完成一个完整的培训过程。

通过需求的评估、目标的确定、培训过程的实施以及对培训工作的反馈四个步骤，建立起一个动态的、相对完善的培训体系。这样的一个体系是一个强调提高企业适应能力的培训体系，因此它的特点主要如下：

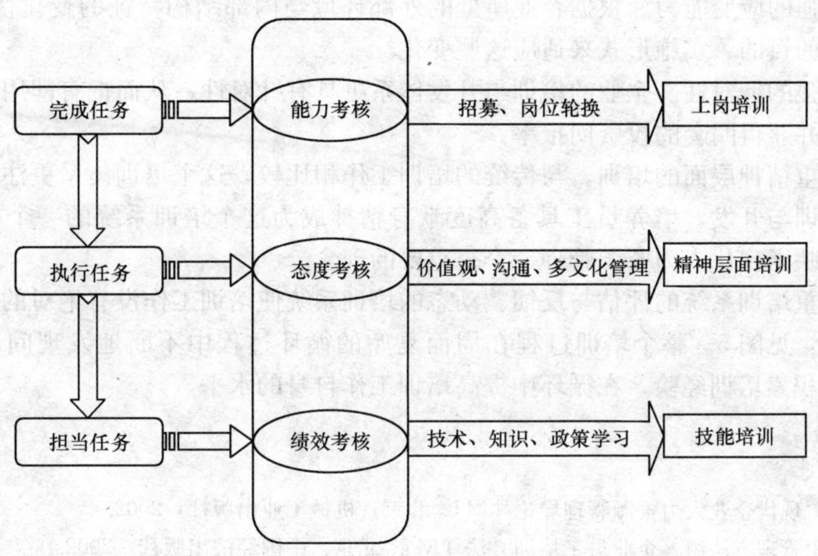

完成任务
能力考核
招募、岗位轮换
上岗培训
执行任务
态度考核
价值观、沟通、多文化管理
精神层面培训
担当任务
绩效考核
技术、知识、政策学习
技能培训

图 4　培训结果评估

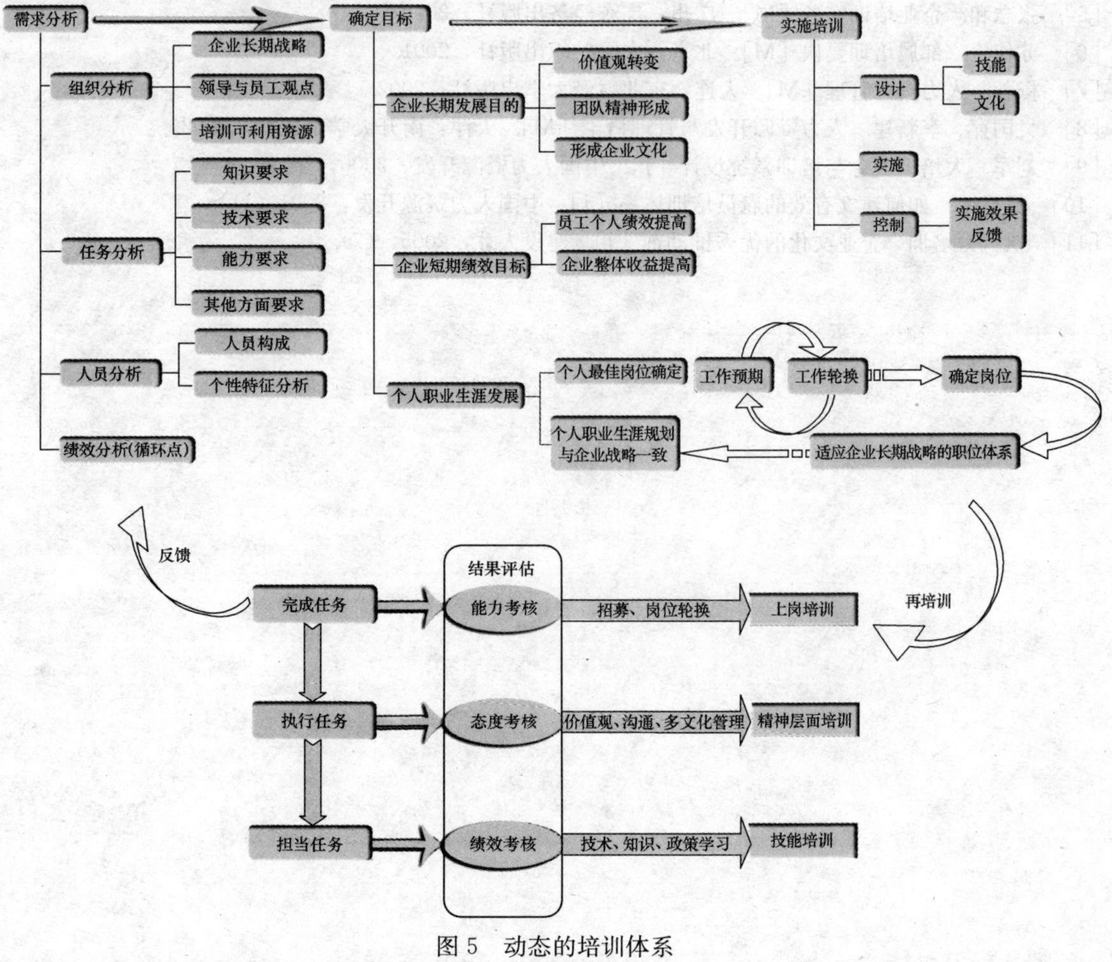
需求分析
确定目标
实施培训
组织分析
企业长期战略
领导与员工观点
培训可利用资源
任务分析
知识要求
技术要求
能力要求
其他方面要求
人员分析
人员构成
个性特征分析
绩效分析(循环点)
企业长期发展目的
价值观转变
团队精神形成
形成企业文化
企业短期绩效目标
员工个人绩效提高
企业整体收益提高
个人职业生涯发展
个人最佳岗位确定
个人职业生涯规划
与企业战略一致
工作预期
工作轮换
确定岗位
适应企业长期战略的职位体系
设计
技能
文化
实施
控制
实施效果
反馈
反馈
再培训
结果评估
完成任务
能力考核
招募、岗位轮换
上岗培训
执行任务
态度考核
价值观、沟通、多文化管理
精神层面培训
担当任务
绩效考核
技术、知识、政策学习
技能培训

图 5　动态的培训体系

（1）很强的应变能力。根据企业所处的外部环境与内部结构特征的变化快速的反应，以调整培训的目的、实施形式来适应这些变化。

（2）较强的针对性。企业的培训与开发体系更具有针对性，从而把有即用的资源投入到培训中，并获得圈套的投资回报率。

（3）注重精神层面的培训。与传统的培训工作相比较，这个培训体系更注重对员工精神层面的培训与开发，培养员工具备高度献身精神成为这个培训系统的一个很重要的目标。这正反映了现代人力资源管理一个很重要的理念。

（4）注重培训系统的评估与反馈。动态的培训系统使培训工作没有绝对的起始点与绝对的终止点，见图 5。整个培训过程在周而复始的循环过程中不断地发现问题、解决问题，不断地积累培训经验，在循环中提高培训工作自身的水平。

参考文献

[1] 郑晓明. 现代企业人力资源管理导论［M］. 北京：机械工业出版社，2002.
[2] 企业员工管理方法组. 企业员工培训方法［M］. 北京：中国经济出版社，2002.
[3] 徐融. 企业培训宝典［M］. 北京：中国商业出版社，2002.
[4] 郭京生，张立兴，潘立. 人员培训实务手册［M］. 北京：机械工业出版社，2002.
[5] 张志和. 企业培训实务［M］. 广州：广东经济出版社，2002.
[6] 苏伟伦. 部属培训要诀［M］. 北京：中国纺织出版社，2001.
[7] 杨蓉. 人力资源管理［M］. 大连：东北财经大学出版社，2002.
[8] 吴国存、李新建. 人力资源开发与管理概论［M］. 天津：南开大学出版社，2002.
[9] 刘军. 大培训观念与培训系统设计［J］. 中国人力资源开发，2000，(4).
[10] 吴裕铭. 如何建立有效的雇员培训体系［J］. 中国人力资源开发，2001 (11).
[11] 执行力培训　企业文化的优秀推动剂［J］. 建设人才，2005，(7).